零基础空调维修

从入门到精通

电控科技 组织编写

化学工业出版社
·北京·

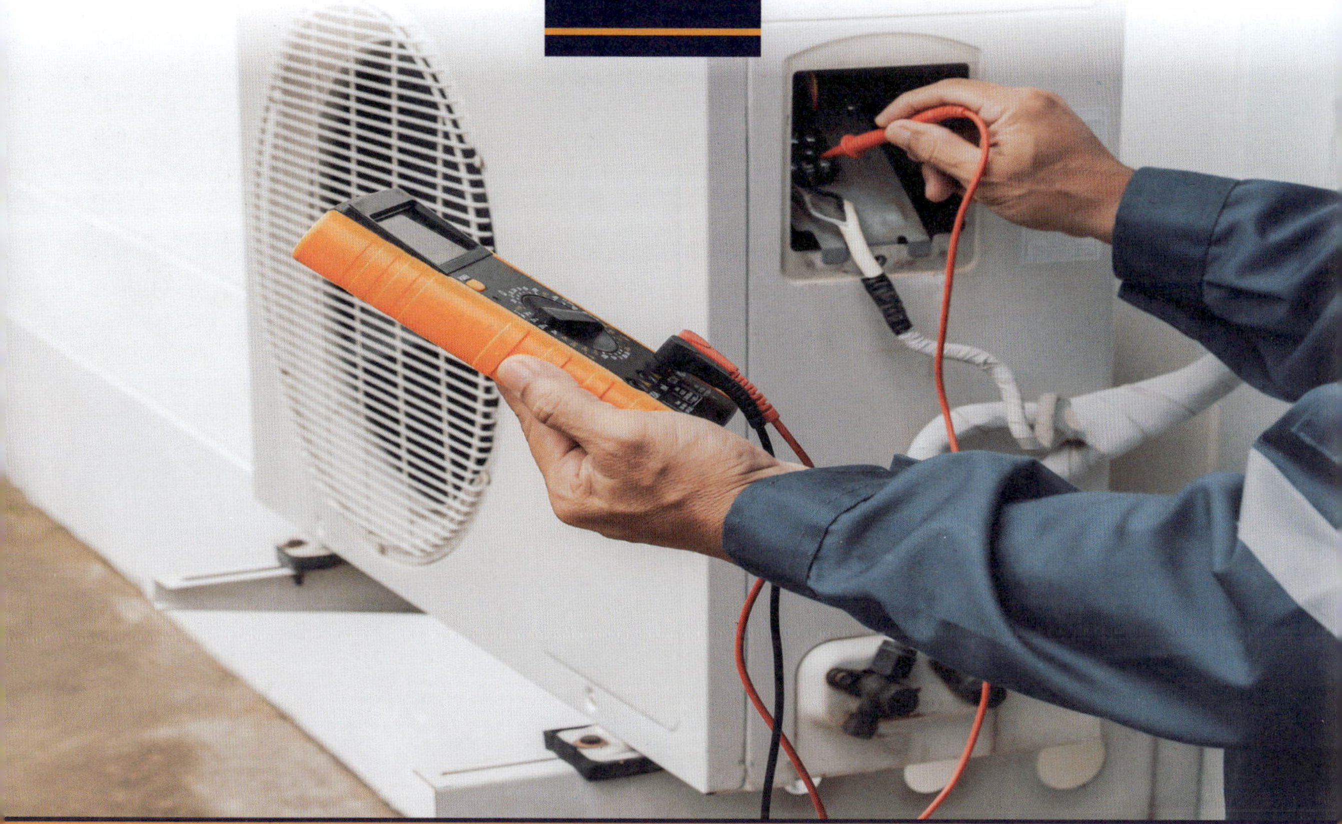

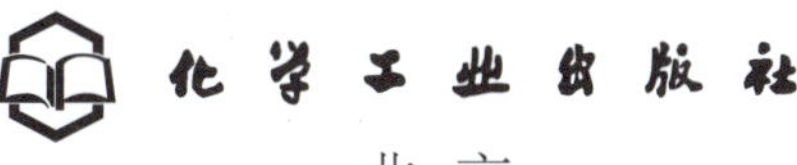

内容简介

本书采用全彩图解的形式，全面系统地介绍了空调器的维修知识和实操技能。主要内容包括：空调器的分类及结构特点，空调器电子元器件及电路，空调器电控原理及电控元件，空调器检修工具及仪表，空调器的拆装与移机，空调器的检修方法和检修技能，定频和变频空调器的结构原理、拆卸，定频空调器风扇组件、启动和保护元件及压缩机的检测代换，变频空调器闸阀和节流组件的检测代换，定频空调器电源电路、控制电路、遥控电路的故障检修，变频空调器控制电路、通信电路、变频电路的故障检修，空调器常见故障检修案例等。

本书内容全面实用，重点突出，对关键知识和实操技能还配有微视频讲解演示，读者用手机扫描本书前言中二维码即可观看学习。同时为了拓宽知识面，书中提供了部分拓展内容的电子版，读者可以扫描相应二维码，根据自身需要选择学习。

本书可供空调维修人员学习使用，也可作为职业院校、培训学校相关专业的教材。

图书在版编目（CIP）数据

零基础空调维修从入门到精通 / 电控科技组织编写. 北京 : 化学工业出版社，2025. 3. -- ISBN 978-7-122-47270-0

Ⅰ. TM925. 120. 7-64

中国国家版本馆CIP数据核字第2025J9L459号

责任编辑：耍利娜　徐卿华　　装帧设计：张　辉

责任校对：李露洁

出版发行：化学工业出版社（北京市东城区青年湖南街13号　邮政编码100011）

印　　装：河北京平诚乾印刷有限公司

787mm×1092mm　1/16　印张14　字数346千字　2025年4月北京第1版第1次印刷

购书咨询：010-64518888　　售后服务：010-64518899

网　　址：http : //www.cip.com.cn

凡购买本书，如有缺损质量问题，本社销售中心负责调换。

定　　价：99.00元

前言

Foreword

随着空调产业的发展和空调的日益普及，空调维修逐渐成为一项专业性很强的实用技能，其对空调维修人员的维修保养技术提出了更高要求，掌握空调器维修的知识和技能是成为一名合格的空调维修人员的关键。为此，我们根据国家相关行业标准，按照岗位技术要求，从初学者角度出发，特别编写了本书。

本书将空调维修知识划分为维修基础、定频空调器维修、变频空调器维修和维修综合案例四个知识模块，全面、系统地介绍空调维修相关知识和技能，内容全面丰富，注重维修实战，满足不同读者的学习需求。

其中，空调器维修基础部分内容包括空调器的分类及结构特点，空调器电子元器件及电路，空调器电控原理及电控元件，空调器检修工具及仪表，空调器的拆装与移机，空调器的检修方法及检修技能；定频空调器维修部分主要介绍了定频空调器的结构原理，定频空调器的拆卸，风扇组件、启动和保护元件及压缩机的检测代换，定频空调器电源电路、控制电路和遥控电路的故障检修；变频空调器维修部分主要介绍了变频空调器的结构原理，变频空调器的拆卸，闸阀和节流组件的检测代换，变频空调器控制电路、通信电路和变频电路的故障检修；最后介绍了空调器常见故障检修案例。

全书采用彩色图解的方式，将空调维修知识和技能通过图解演示的方式呈现，原理图、结构图和实操图配合讲解，理论知识与实际操作相结合，详解空调器维修过程，力求使读者看得懂，学得会，达到学以致用。

为了方便读者学习，本书对关键知识和实操技能配有微视频讲解演示，扫描前言末所附二维码即可观看学习。同时，为了拓宽知识面，满足读者的学习需求，本书将空调器维修相关知识做成电子版，读者可以扫描相应二维码根据自身需要选择学习。

需要说明的是，本书所选用的电路图纸很多都是原厂图纸，电路图中所使用的图形符号和文字符号与厂家实物标注一致（各厂家的标注不完全一致），为了便于学习和查阅，本书对电路图中不符合国家标准规定的图形及文字符号不做修改，在此特别加以说明。

本书由电控科技组织编写，编写人员有行业工程师、高级技师和一线教师，使读者在学习过程中如同有一群专家在身边指导，将学习和实践中需要注意的重点、难点一一化解，大大提升学习效果。

由于水平有限，书中难免会出现疏漏和不足，欢迎读者指正。

编 者

维修视频

关键知识

CONTENTS

目录

CONTENTS

目录

CONTENTS

目录

CONTENTS

目录

CONTENTS

目录

第1章 空调器的分类及结构特点

1.1 空调器的分类

空调器是一种为家庭、办公室等空间区域提供空气调节和处理的设备，其主要功能是对空气中的温度、湿度、纯净度及空气流速等进行调节。在学习空调器的维修之前，我们需要对空调器的种类和性能参数有个明确的认识。

随着人们生活水平的提高，许多场合如商场、工厂等都已安装有空调器。目前，市场上的空调器种类多样，通常可以按照空调器的驱动方式、结构和功能等对其进行分类。

1.1.1 定频空调器与变频空调器

空调器按照其压缩机工作频率的不同，可以分为定频空调器和变频空调器两种类型。这两种空调器的外观也基本相同，通常，我们可以通过空调器的标识或室外机电路对其进行区分。图 1-1 所示为通过标识区分定频空调器和变频空调器。

1.1.2 整体式空调器与分体式空调器

空调器按照结构分类可分为整体式空调器和分体式空调器两大类。

（1）整体式空调器（窗式空调器）

整体式空调器是将室外机与室内机制成一体，形成一个独立个体的空调器，比如老式的窗式空调器，如图 1-2 所示。由于整体式空调器的工作噪声较大，制冷效率较低，目前已经很少使用了。

（2）分体式空调器

分体式空调器是指室外机与室内机单独放置的空调器，也是现在使用较多的一种。常见的分体式空调器又可以分为壁挂式、柜式和吊顶式三种，如图 1-3 所示。

其中分体壁挂式空调器不占使用空间，容易与室内装饰进行搭配，噪声小，制冷量相对较小；分体柜式空调器的功率大、风力强、适合面积较大的房间，但噪声较大，需占据一定的使用空间；分体吊顶式空调器安装于房间顶部，占用空间小，但维修与清洁比较麻烦。

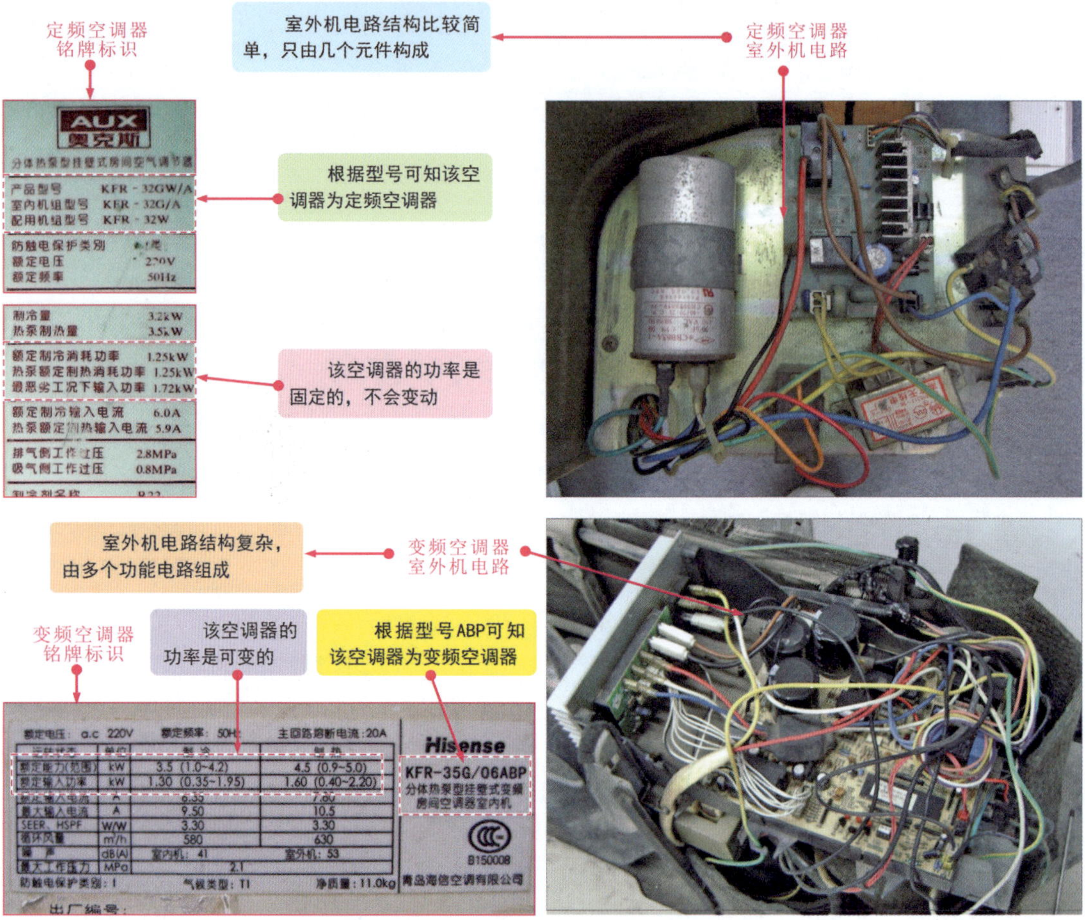

定频空调器
铭牌标识
室外机电路结构比较简单，只由几个元件构成
定频空调器
室外机电路
根据型号可知该空调器为定频空调器
该空调器的功率是固定的，不会变动
室外机电路结构复杂，由多个功能电路组成
变频空调器
室外机电路
变频空调器
铭牌标识
该空调器的功率是可变的
根据型号ABP可知该空调器为变频空调器
AUX
奥克斯
Hisense
KFR-35G/06ABP

图1-1 通过标识区分定频空调器与变频空调器

整体式空调器
室外机与室内机组合在一起
窗式空调器
该空调器工作噪声和振动较大，制冷效率较低
进气栅
出风口

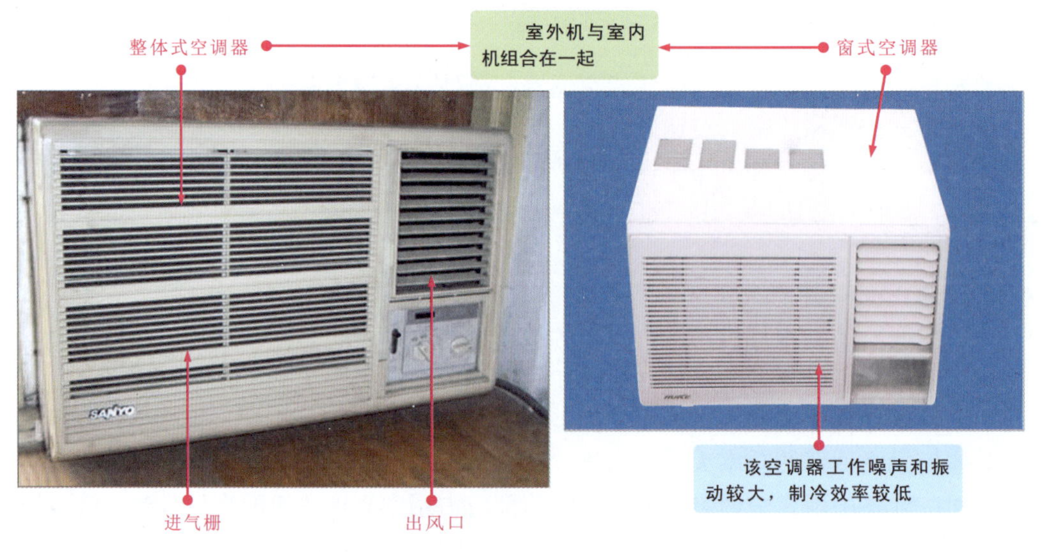

图1-2 整体式空调器

分体壁挂式空调器
室内机
室内机与室外机独立放置，之间通过管路和线缆连接
室外机
该空调器安装在墙壁上，不占用使用空间
分体柜式空调器
室内机
室外机
该空调器位于房间顶部，不便于维修
吊顶式空调器

图1-3 分体式空调器

1.1.3 单冷型空调器与冷暖型空调器

空调器按照功能进行分类，可以依据制冷、制热能力分为单冷型空调器和冷暖型空调器两类，两种空调器外观上没有明显的区别，只能通过铭牌标识或室外机部件进行区分。

(1) 单冷型空调器

单冷型空调器适用于夏季，可以进行制冷和除湿，功能比较单一，其相关参数可以从其铭牌标识上识读。图 1-4 所示为单冷型空调器的产品标识。目前，单冷型的空调器已经逐渐在市场上消失。

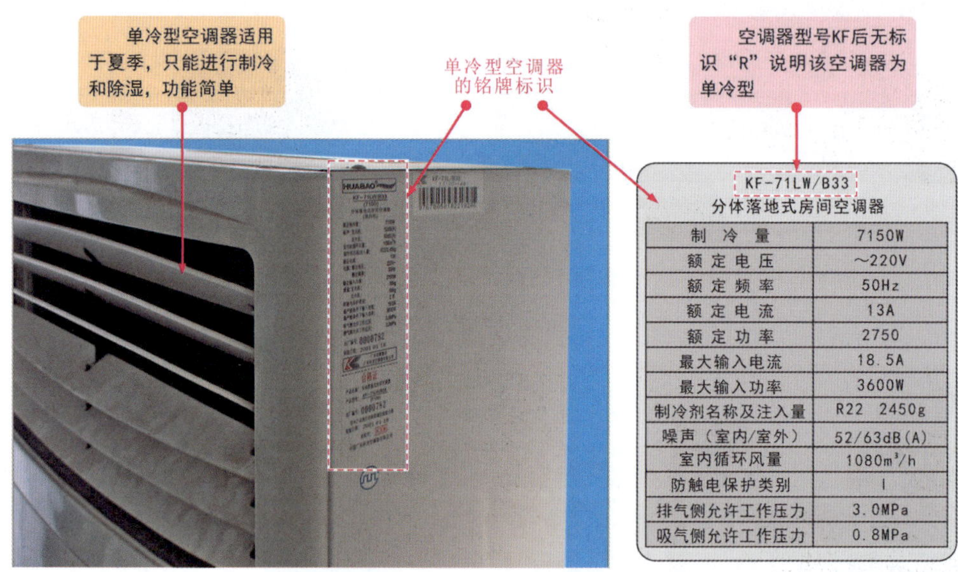

制冷量	7150W
额定电压	~220V
额定频率	50Hz
额定电流	13A
额定功率	2750
最大输入电流	18.5A
最大输入功率	3600W
制冷剂名称及注入量	R22 2450g
噪声（室内/室外）	52/63dB(A)
室内循环风量	1080m³/h
防触电保护类别	I
排气侧允许工作压力	3.0MPa
吸气侧允许工作压力	0.8MPa

图1-4 单冷型空调器的产品标识

(2) 冷暖型空调器

冷暖型空调器不仅可以实现制冷和除湿功能，还能够在温度较低时进行制热，功能更为全面。图 1-5 所示为冷暖型空调器的产品标识。目前，冷暖型空调器已成为市场上的主流产品。

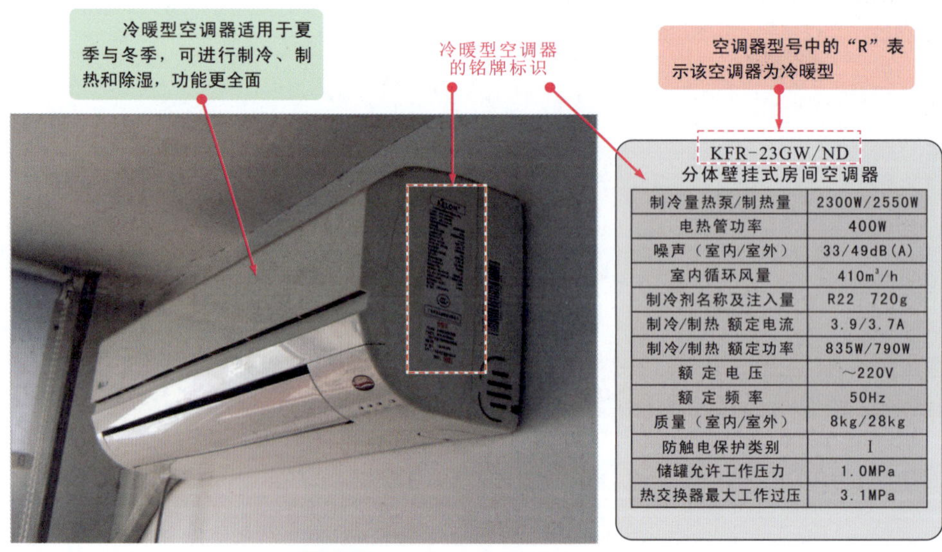

制冷量热泵/制热量	2300W/2550W
电热管功率	400W
噪声（室内/室外）	33/49dB(A)
室内循环风量	410m³/h
制冷剂名称及注入量	R22 720g
制冷/制热 额定电流	3.9/3.7A
制冷/制热 额定功率	835W/790W
额定电压	~220V
额定频率	50Hz
质量（室内/室外）	8kg/28kg
防触电保护类别	I
储罐允许工作压力	1.0MPa
热交换器最大工作过压	3.1MPa

图1-5 冷暖型空调器的产品标识

1.2 空调器的命名方法和相关参数

1.2.1 空调器的命名与铭牌标识

(1)空调器的命名

空调器型号标识的命名方法执行国家统一标准(GB/T 7725—2022),一般由产品代号、气候类型代号、结构形式代号、功能代号、额定制冷量、机组结构分类代号等部分构成。图1-6为我国空调器型号命名的统一格式和相关含义。

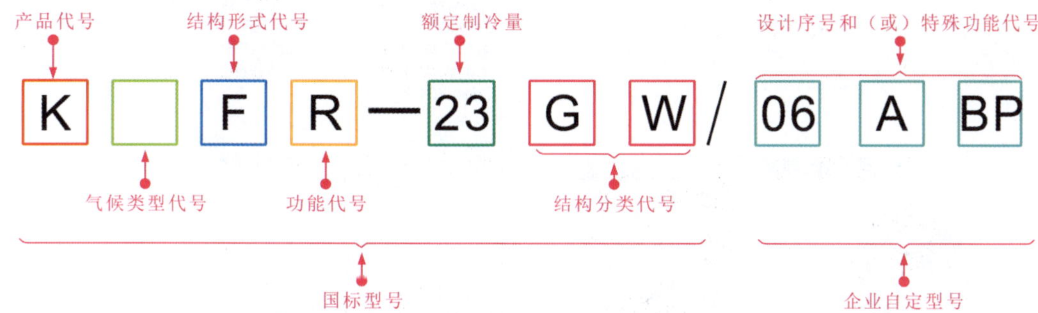

图1-6 我国空调器型号命名的统一格式和相关含义

① 产品代号:家用房间空调器代号用字母K标识。

② 气候类型代号:一般为T1型(温带气候)。T1型气候环境最高温度为43℃,T1型代号省略。

③ 结构形式代号:整体式和分体式。整体式代号为C;分体式代号为F。

④ 功能代号:空调器按功能主要分为冷风型、热泵型及电热型。其中,单冷型代号省略;热泵型(冷暖型)代号为R;电热型(电热装置制热,常见于早期的空调器中)代号为D;RD(或Rd)表示热泵辅助电加热型。

⑤ 额定制冷量:用阿拉伯数字表示,实际结果为数字"×100W",如23表示2300W。

⑥ 结构分类代号包括整体式和分体式分类代号。

整体式结构分类代号:整体式分为窗式和移动式,窗式代号一般省略,移动式代号为Y。

分体式结构分类代号:分体式分室内机组和室外机组,室内机组结构分类为吊顶式(代号D)、壁挂式(代号G)、落地式(代号L)、嵌入式(代号Q)等,室外机组代号为W。

⑦"/"后面为工厂设计序号和(或)特殊功能代号等,允许用汉语拼音字母和(或)阿拉伯数字表示。常见的几种特殊功能代号:D(d),辅助电加热;BP,变频(定频省略代号);ZBP,直流变频;F,负离子;Y,遥控控制(仅限窗式机);J,离子除尘;X,双向换风。

(2)空调器的铭牌标识

空调器铭牌是标识其型号和参数等信息的图表,一般位于空调器室内、外机外壳的侧面或底部,如图1-7所示。识读空调器的标牌是了解空调器基本性能、产品功能及能耗等实用信息的有效途径。

1.2.2 空调器的相关参数

从空调器铭牌标识上可以看到,空调器的参数主要包括制冷量、制热量、额定工作参

图1-7 空调器的铭牌及相关信息

数、循环风量、能效比等。

（1）制冷量

制冷量是衡量空调器制冷能力的重要参数，是指空调器制冷时，在单位时间内从密封空间中散去的冷量，国家标准单位为“瓦”（W）。一般可从空调器型号中识读或直接在空调器室内机标牌参数部分识读。

图 1-8 所示为典型空调器铭牌上的制冷量参数值。

（2）制热量

空调器的制热量是指空调器在单位时间内，向完全封闭的空间里送入的热量。制热量的单位通常也用瓦（W）表示。空调器的制热量一般都比制冷量多 10% ～ 15%。

图 1-9 为典型空调器铭牌上的制热量参数值。

（3）额定工作参数

空调器正常工作时需要满足基本的工作条件，标牌上一般会标识出正常工作状态下的额定电压、电流及功率等参数，如图 1-10 所示。当超出或无法达到工作条件时，空调器将出现异常。

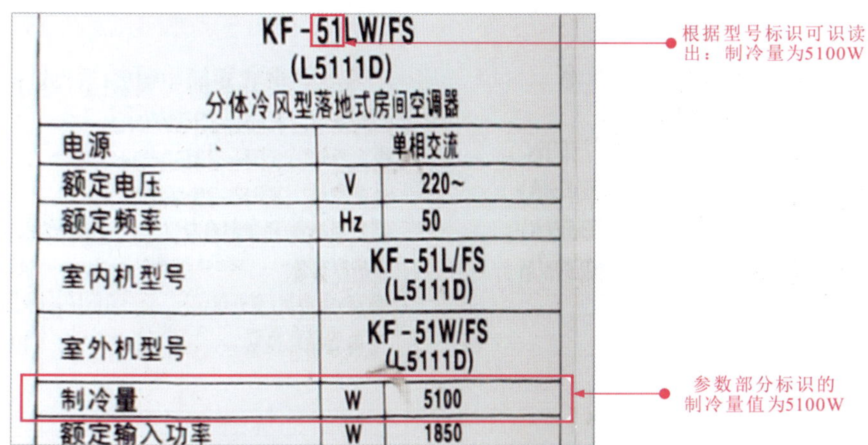

图1-8　典型空调器铭牌上的制冷量参数值

图1-9　典型空调器铭牌上的制热量参数值

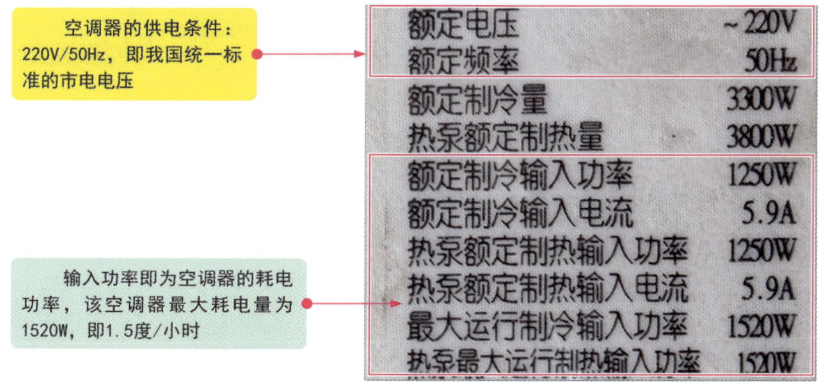

图1-10　典型空调器铭牌上的额定工作参数

（4）循环风量

循环风量是指空调器单位时间内向密闭空间或房间送入的风量，也就是每小时流过蒸发器的空气量。循环风量是空调器的重要参数，选用空调器时，在噪声允许的范围内，风量大的空调器更节能，常见的单位有 m^3/h、m^3/s，如图 1-11 所示。

（5）能效比

能效比是指在额定工况和规定条件下，空调器进行制冷运行时实际制冷量与实际输入功率之比（即能效比 = 制冷量 / 输入功率），反映了单位输入功率在空调器运行过程中转换成的制冷量。空调器能效比越大，在制冷量相等时节省的电能就越多。

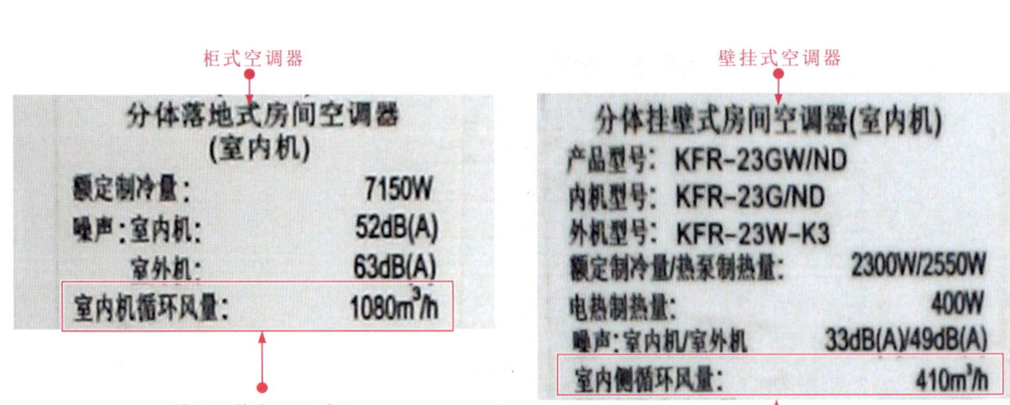

图1-11 典型空调器铭牌上的循环风量

如图 1-12 所示，在空调器各种参数信息中，能效比也是一项比较重要的参数，该参数一般统一标识在能效标识上，并粘贴在空调器室内机外壳上。

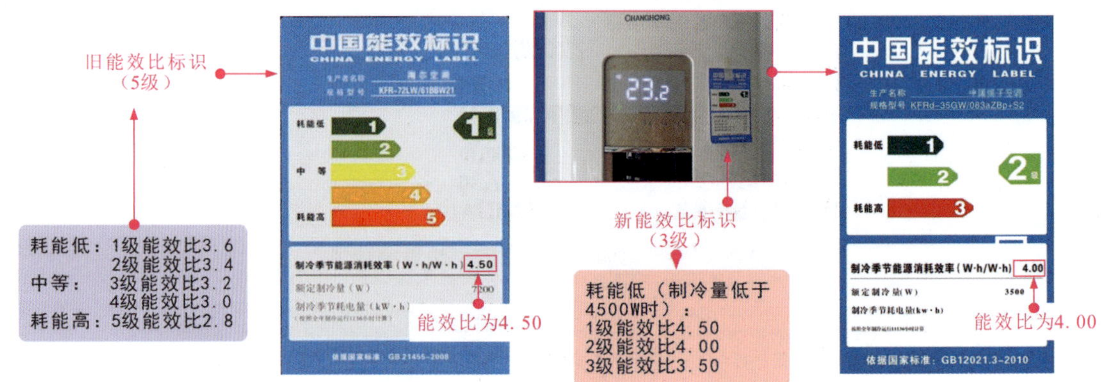

图1-12 空调器上的能效比标识信息

（6）其他参数

在空调器铭牌上一般还标识有制冷剂种类及充注量、噪声、防触电保护类型、排气侧最高工作压力、吸气侧最高工作压力参数，了解和熟悉这些参数对空调器的维修工作十分重要。

1.3 空调器的结构

1.3.1 空调器的整机结构

空调器的整机结构主要包括室内机、室外机、遥控器、连接管路及电源配线等配件部分，如图 1-13 所示。

1.3.2 空调器的电路结构

空调器的电路主要可以分为室内机电路和室外机电路两部分。图 1-14 为典型空调器室内机和室外机的电路关系。

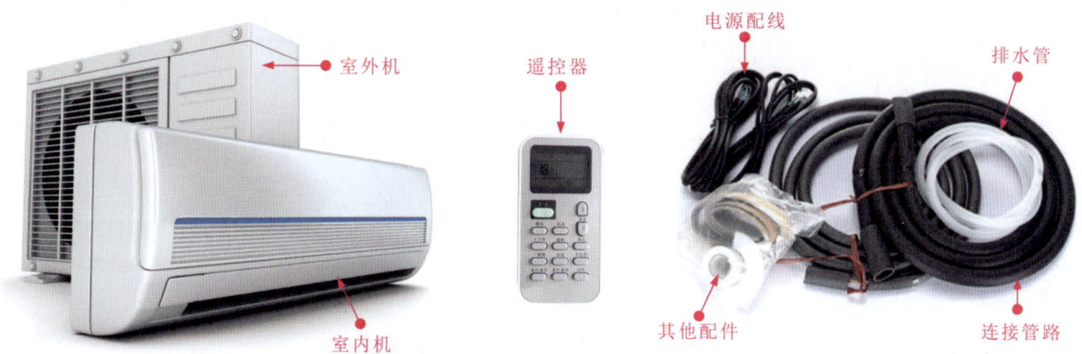

图1-13 空调器的整机结构

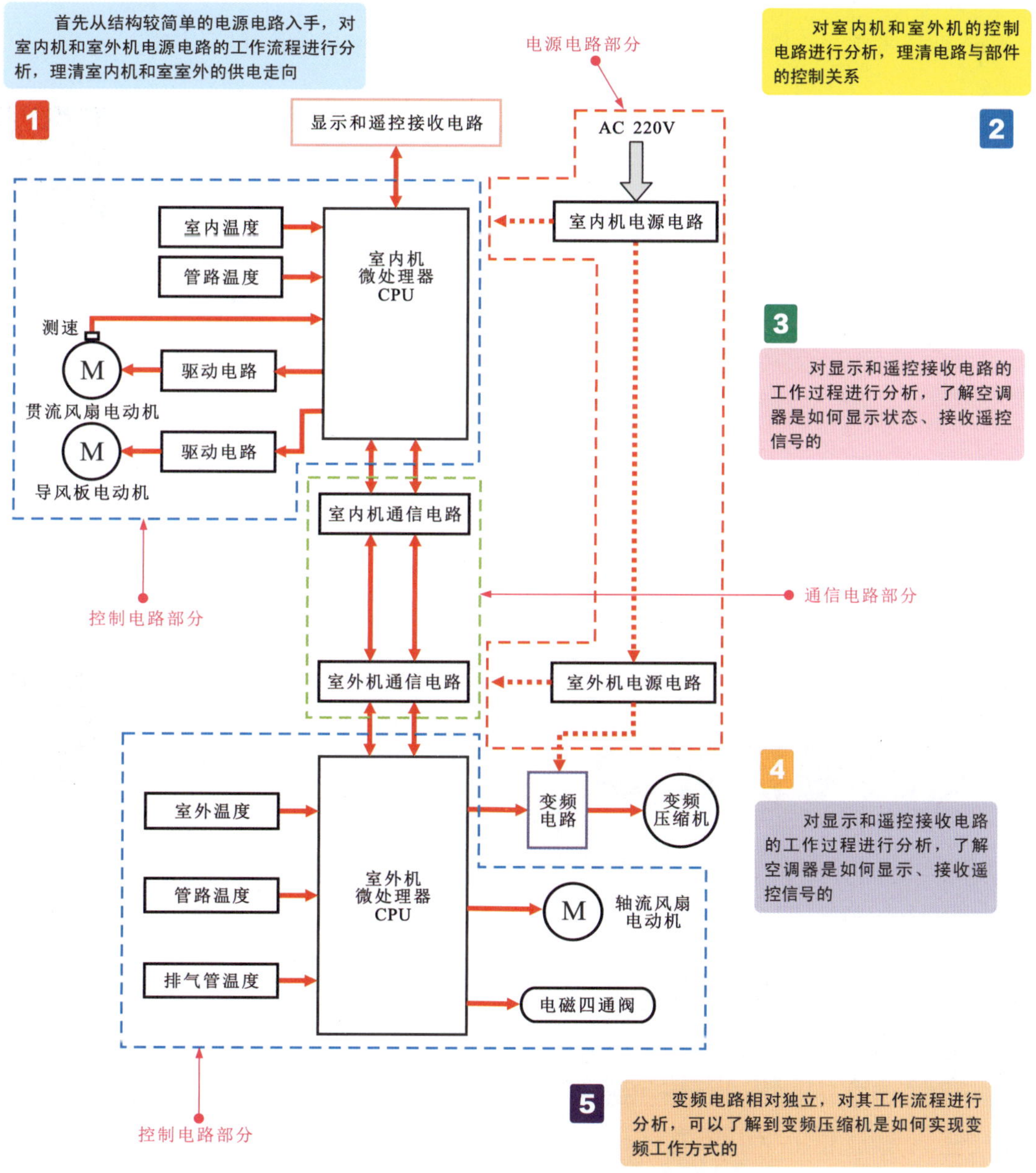

1 首先从结构较简单的电源电路入手，对室内机和室外机电源电路的工作流程进行分析，理清室内机和室室外的供电走向

2 对室内机和室外机的控制电路进行分析，理清电路与部件的控制关系

3 对显示和遥控接收电路的工作过程进行分析，了解空调器是如何显示状态、接收遥控信号的

4 对显示和遥控接收电路的工作过程进行分析，了解空调器是如何显示、接收遥控信号的

5 变频电路相对独立，对其工作流程进行分析，可以了解到变频压缩机是如何实现变频工作方式的

电源电路部分
AC 220V
显示和遥控接收电路
室内机电源电路
室内温度
管路温度
室内机 微处理器 CPU
测速
驱动电路
M
贯流风扇电动机
驱动电路
M
导风板电动机
室内机通信电路
控制电路部分
通信电路部分
室外机通信电路
室外机电源电路
室外温度
变频电路
变频压缩机
管路温度
室外机 微处理器 CPU
M
轴流风扇电动机
排气管温度
电磁四通阀
控制电路部分

图1-14 典型空调器室内机和室外机的电路关系

第 2 章 空调器电子元器件及电路

为方便读者学习，提高效率，本章提供电子版，读者可扫码阅读以下内容。

2.1 基础电子元器件
2.2 基础半导体元器件
2.3 实用单元电路

第 3 章 空调器电控原理

为方便读者学习，提高效率，本章提供电子版，读者可扫码阅读以下内容。

3.1 空调器电控系统
3.2 空调器微处理器控制原理
3.3 空调器温度控制原理
3.4 空调器室内风机驱动控制原理
3.5 空调器通信控制原理

第 4 章 空调器电控元件

为方便读者学习，提高效率，本章提供电子版，读者可扫码阅读以下内容。

4.1 电动机
4.2 变压器
4.3 集成电路
4.4 温度传感器
4.5 继电器
4.6 辅助电加热器

第 5 章 空调器电路图识读

为方便读者学习，提高效率，本章提供电子版，读者可扫码阅读以下内容。

5.1 空调器电路图的特点
5.2 空调器电路图识读技巧

第 6 章
空调器检修工具及仪表

6.1 切管工具

在检修空调器中的管路部件时，经常需要使用切管工具对管路中各部件的连接部位、过长的管路或不平整的管口等进行切割，以便实现空调器管路部件的代换、检修或焊接。

6.1.1 切管工具的特点

切管工具主要用于空调器制冷管路的切割，也常称其为切管器、割刀。图 6-1 为两种常见切管工具的实物外形。可以看到，切管工具主要由刮管刀、滚轮、刀片及进刀旋钮组成。

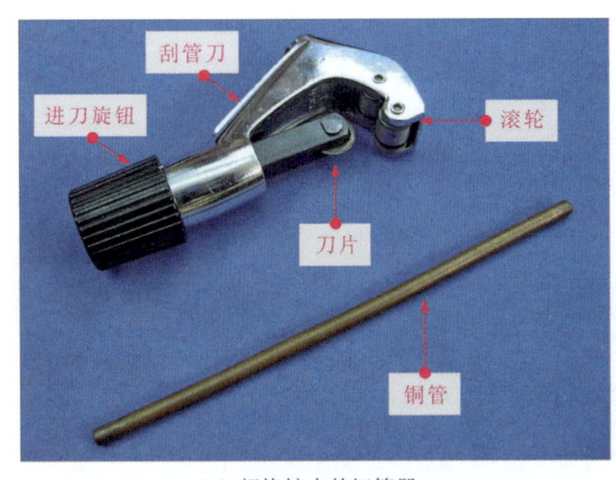

（a）规格较大的切管器

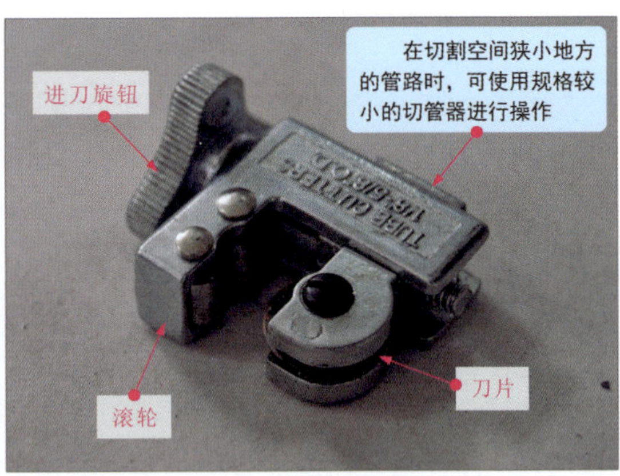

（b）规格较小的切管器

图6-1 两种常用切管工具实物外形

【提示说明】

由于空调器制冷循环对管路的要求很高，杂质、灰尘和金属碎屑都会造成制冷系统堵塞，因此，对制冷铜管的切割要使用专用的设备，这样才可以保证铜管的切割面平整、光滑，且不会产生金属碎屑掉入管中阻塞制冷循环系统。

空调器制冷剂管路管径不同，可选择不同规格的切管器切割。图 6-2 为不同规格的切管工具的特点。

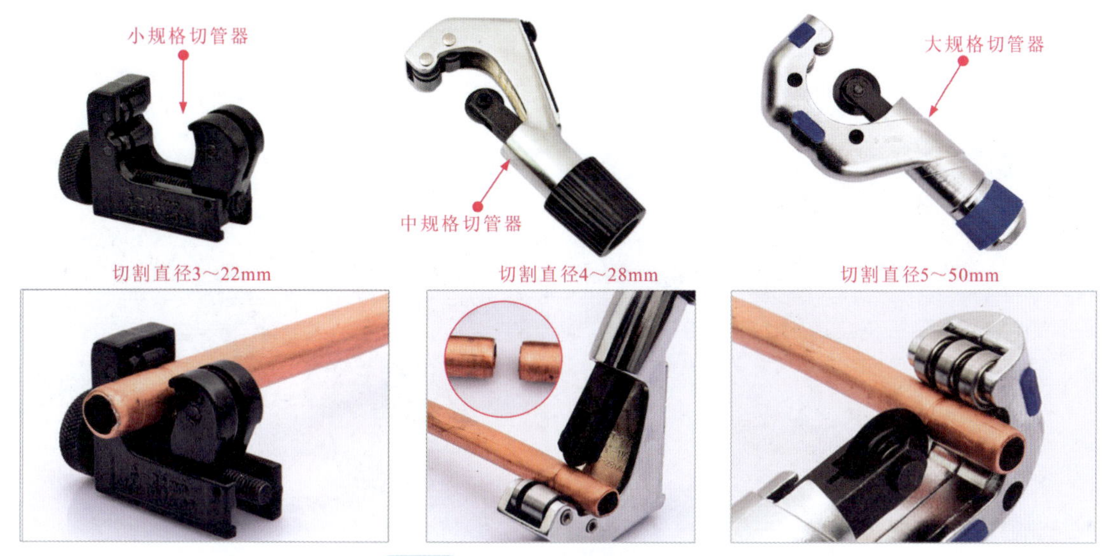

图6-2 不同规格切管工具的特点

6.1.2　切管工具的使用

在使用切管工具进行切割操作时，通常分为操作前的调整和准备、实际的切割操作两个步骤。

（1）操作前的调整和准备

在进行实际的管路切割操作前，首先应调整切管工具的初始状态，如调整放管的空间，完成初步的准备工作，如图 6-3 所示。

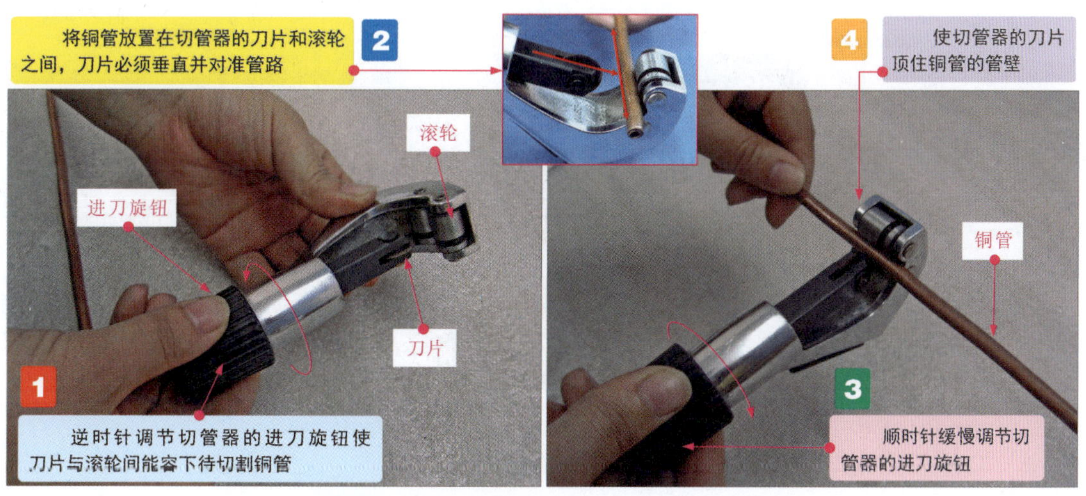

图6-3 切管器使用前的初步调整和准备工作

（2）实际的管路切割操作

将被切割管路的位置调整完成后，则需要对其进行具体的切管操作，在切管过程中，应始终保持切管工具中滚轮与刀片垂直压向管路，一只手捏住管路，另一只手顺时针方向转动切管工具。

图 6-4 为切管器切割铜管的实际操作方法。

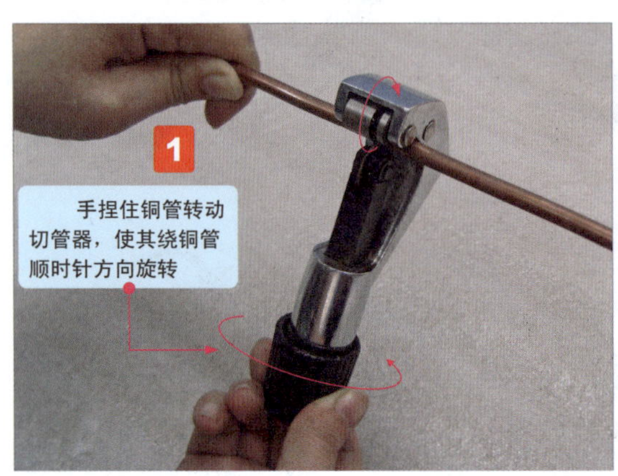

图6-4 切管器切割铜管的实际操作方法

在转动切管工具时，应通过进刀旋钮适当调节进刀的速度，不可以进刀过快、过深，以免崩裂刀刃或造成管路变形。

在切管过程中，直到管路被完全切割断开，即完成了切管的操作，正常切管完成后管路的切割面应平整无毛刺。

切管操作完成如图 6-5 所示。

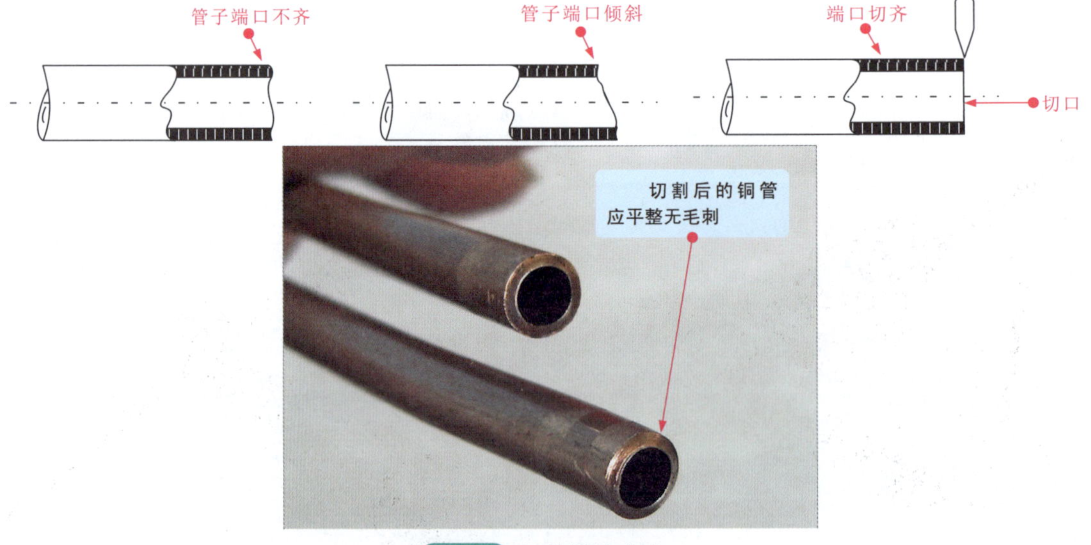

图6-5 切管操作完成

6.2　扩管工具

在连接空调器中的管路时，常会遇到同管径的两根管路进行连接的情况，为了确保连接的保密性，需要借助扩管工具将待连接的管路的管口进行扩口，以便两根管路能够实现紧密插接后，再进一步焊接或纳子连接。

6.2.1　扩管工具的特点

扩管工具主要用于对空调器各种管路的管口进行扩口操作。图6-6所示为扩管工具的实物外形，可以看到扩管工具主要包括顶压器、顶压支头和夹板。

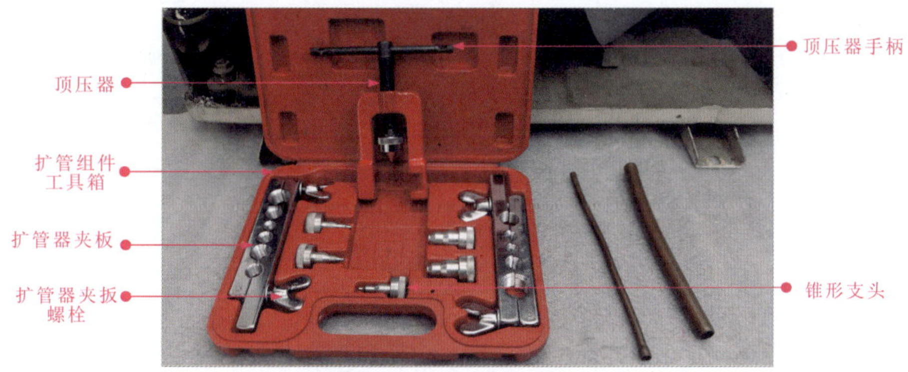

图6-6　扩管工具的实物外形

6.2.2　扩管工具的使用

扩管操作时，根据管路连接方式不同需求，有杯形口和喇叭口两种扩管方式，如图6-7所示。其中，采用焊接方式连接管路口，一般需扩杯形口，而采用纳子连接方式时，需扩为喇叭口。下面我们分别对这两种扩管的操作方法进行介绍。

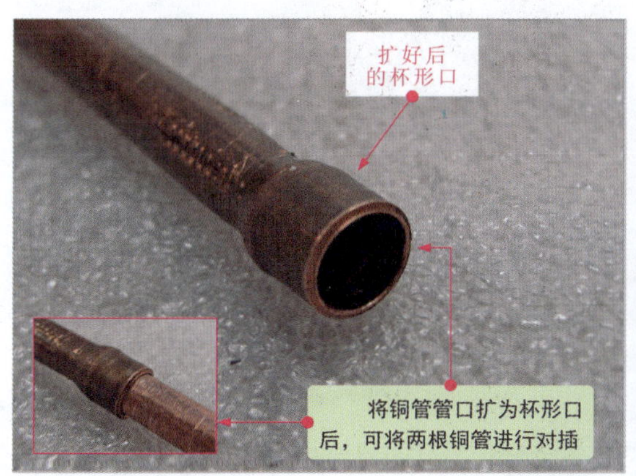

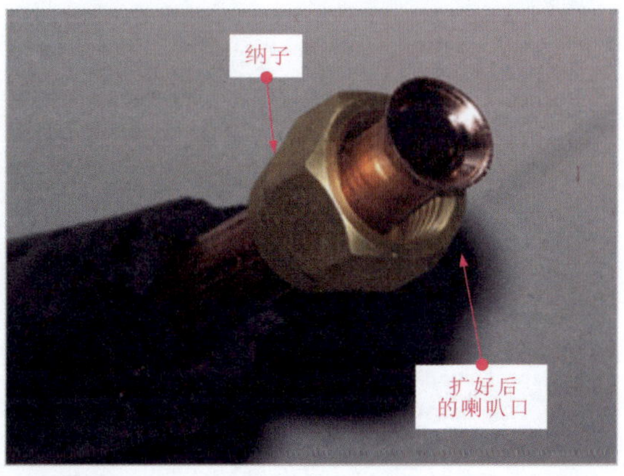

图6-7　两种扩管方式

（1）扩杯形口的操作方法

对管路进行扩杯形口操作时，可参照图 6-8 所示的示意图进行操作。

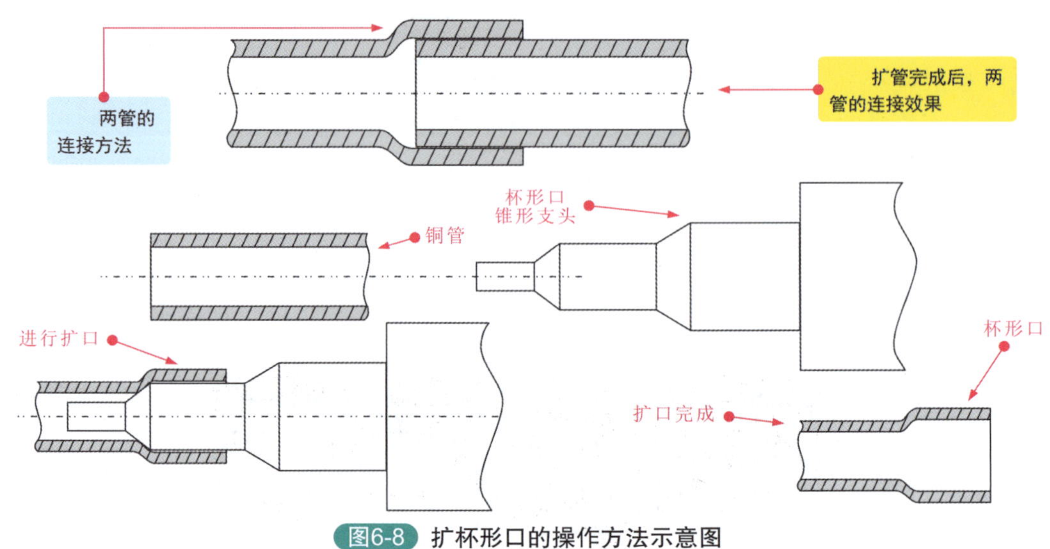

图6-8 扩杯形口的操作方法示意图

进行杯形口的扩管操作时，一般可按照选配组件、准备工作和实际操作三个步骤进行。

① 选配组件

图 6-9 为扩管组件的选配原则和方法。

② 扩杯形口前的准备工作

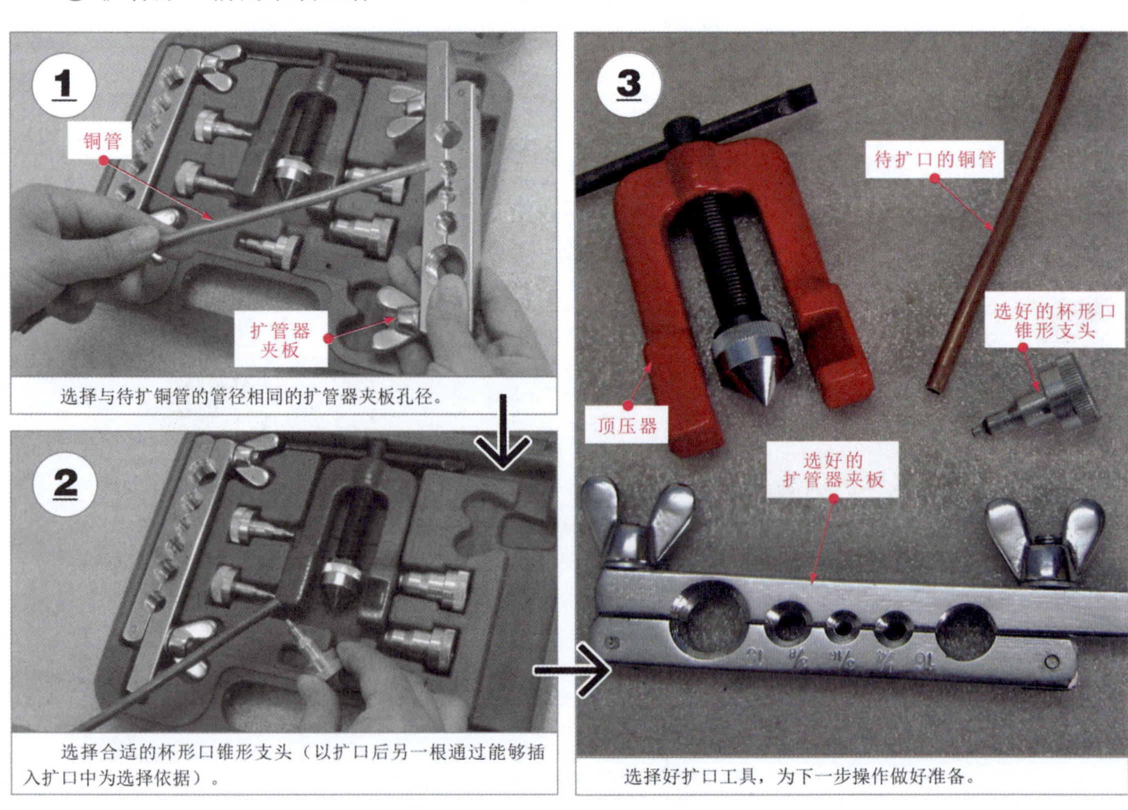

图6-9 扩管组件的选配原则和方法

图 6-10 所示为扩杯形口前的准备工作。

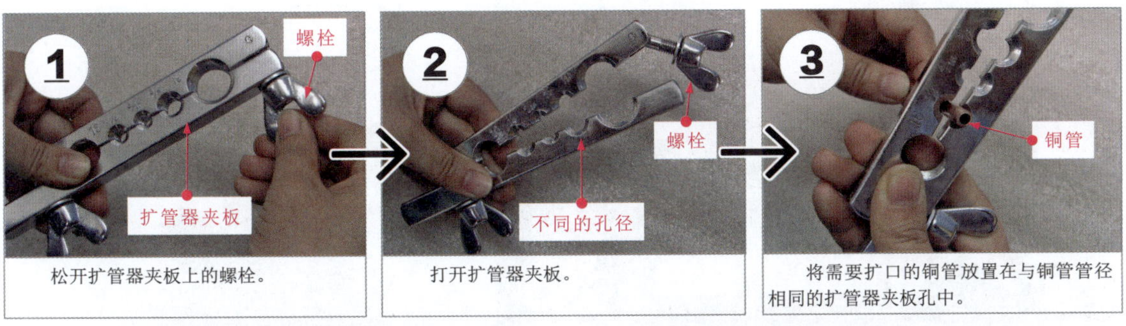

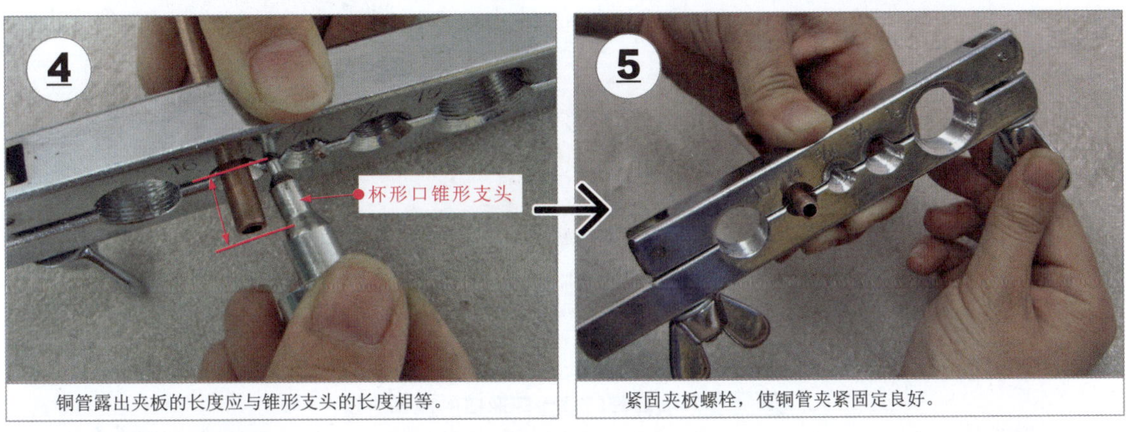

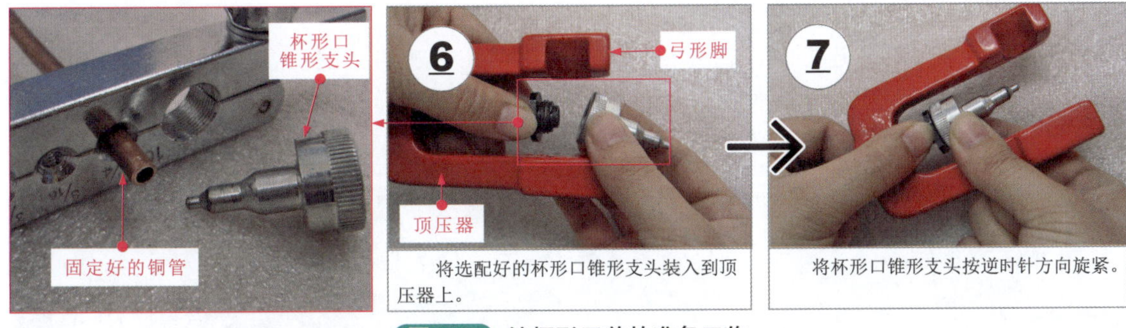

图6-10 扩杯形口前的准备工作

③ 扩杯形口的实际操作方法

图 6-11 为实际的扩口操作步骤和方法。

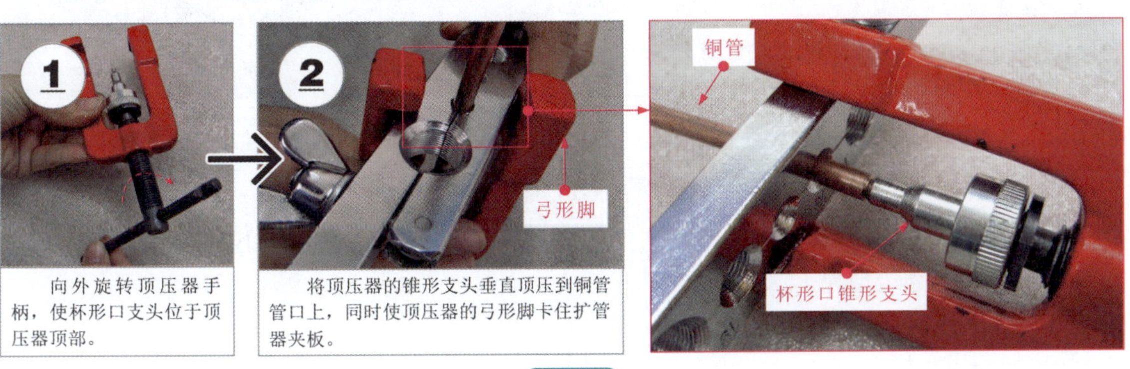

图6-11

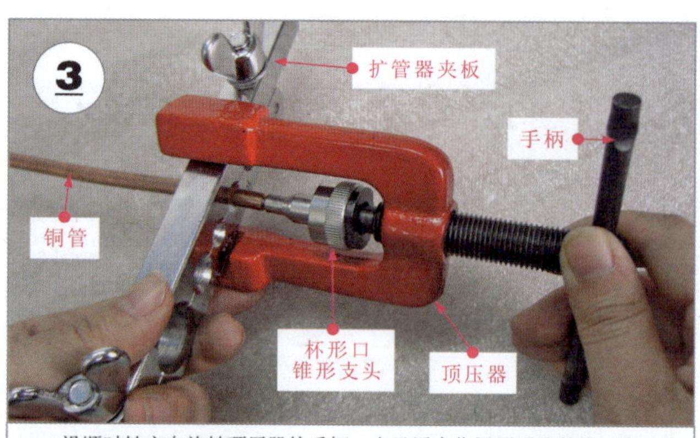

沿顺时针方向旋转顶压器的手柄。由于压力作用顶压器的锥形支头将铜管管口扩成杯形。

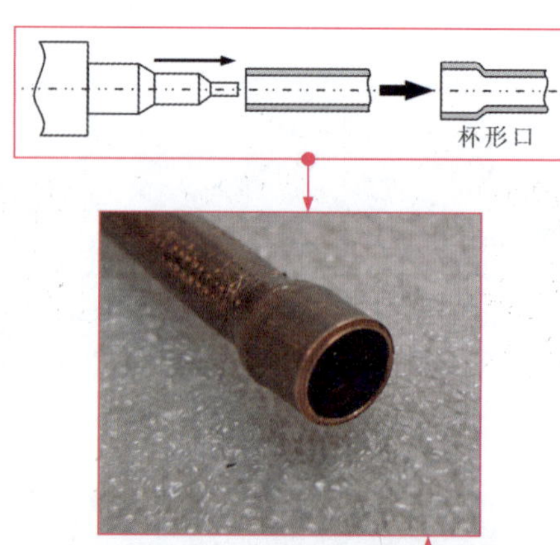

铜管扩口后，逆时针转动顶压器上的手柄，使顶压器的锥形支头与铜管分离。

将扩管器夹板从顶压器的弓形脚中取出。

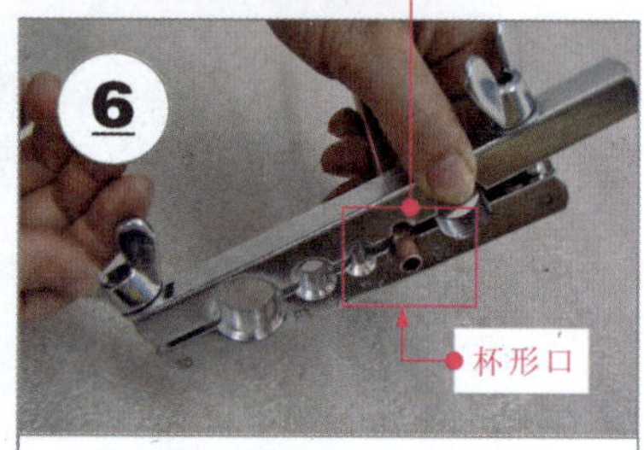

松动扩管器夹板螺栓，取出铜管。

图6-11 铜管管口扩为杯形口的操作方法

（2）扩喇叭口的操作方法

在管路中采用纳子连接时，需要将管路扩成喇叭口。喇叭口的扩管操作与杯形口的扩管操作基本相同，只是在选配组件时，应选择扩充喇叭口的锥形头。

使用扩管器将铜管管口扩为喇叭口的方法如图6-12所示。

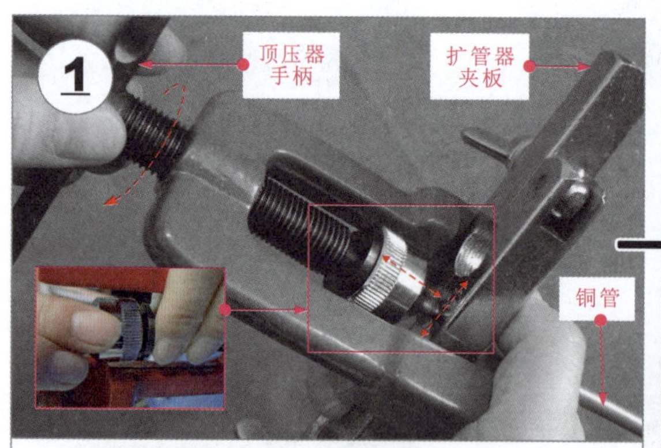

按照与扩压杯形口相同的方法，将喇叭口锥形支头安装在顶压器上，用锥形支头压住管口，进行扩压操作。

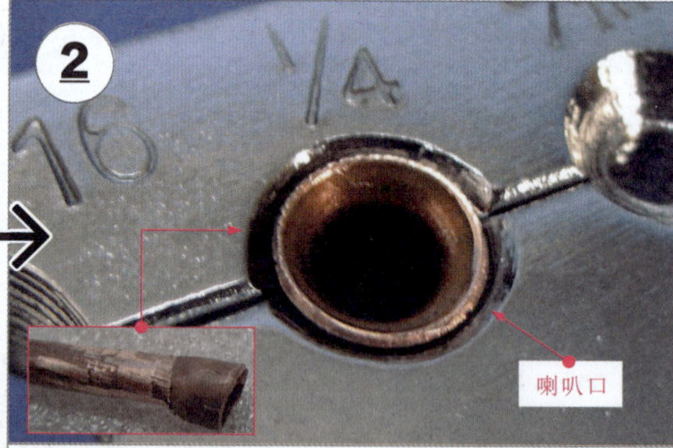

待管口被扩压成喇叭形后，将顶压器取下即可看到扩压好的管路。查看喇叭口大小是否符合要求，有无裂痕。

图6-12 使用扩管器将铜管管口扩为喇叭口的方法

使用R410a制冷管路专用扩管器的扩管作业如图6-13所示，扩口操作要求铜管管口平整、无毛刺、无翻边现象。

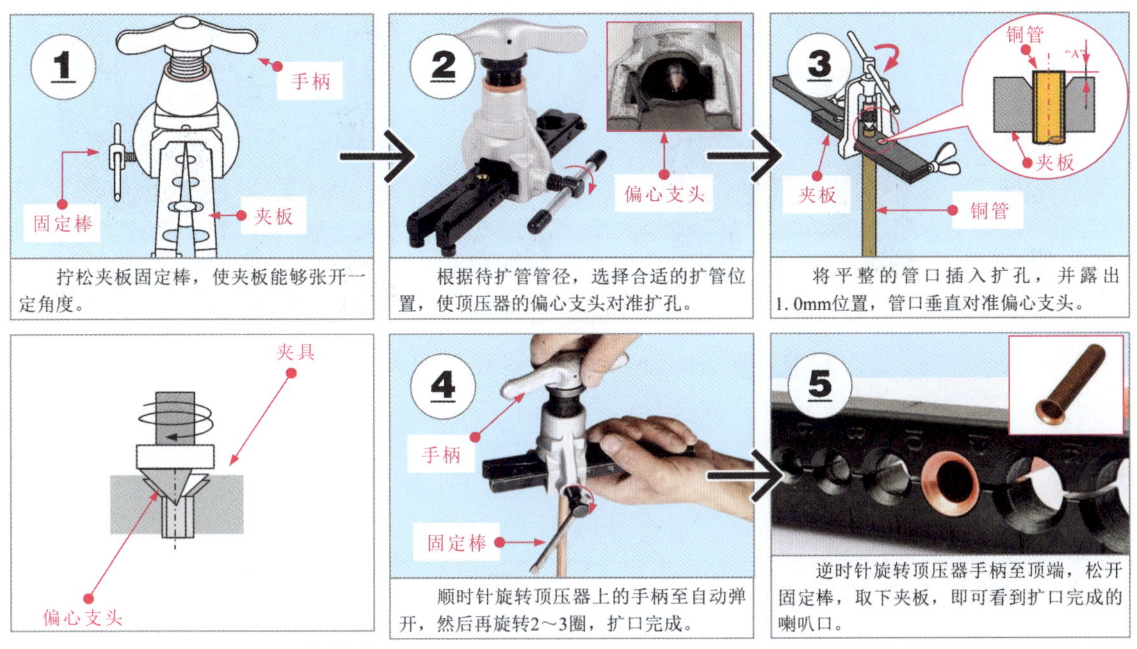

图6-13 使用R410a制冷管路专用扩管器的扩管作业

【提示说明】

值得注意的是，不同管径的制冷铜管，扩喇叭口的形状和尺寸不同，如图6-14所示。

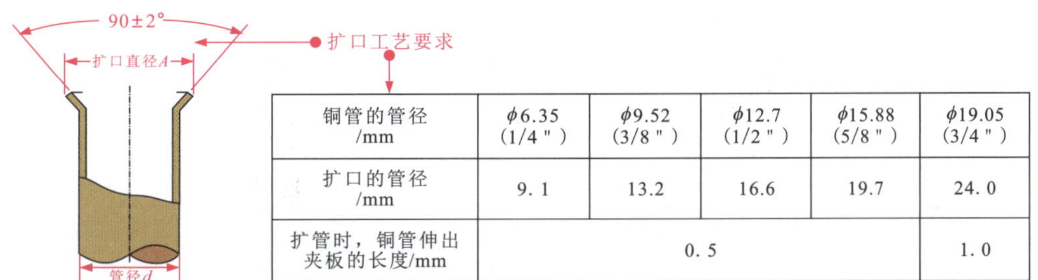

铜管的管径/mm	ϕ6.35 (1/4")	ϕ9.52 (3/8")	ϕ12.7 (1/2")	ϕ15.88 (5/8")	ϕ19.05 (3/4")
扩口的管径/mm	9.1	13.2	16.6	19.7	24.0
扩管时，铜管伸出夹板的长度/mm	0.5				1.0

图6-14 不同管径制冷铜管喇叭口的形状和尺寸要求

另外，使用扩管器扩喇叭口后，要求扩口与母管同径，不可出现偏心情况，不应产生纵向裂纹，否则需要割掉管口重新扩口，图6-15为其工艺要求和合格喇叭口与不合格喇叭口的对照比较。

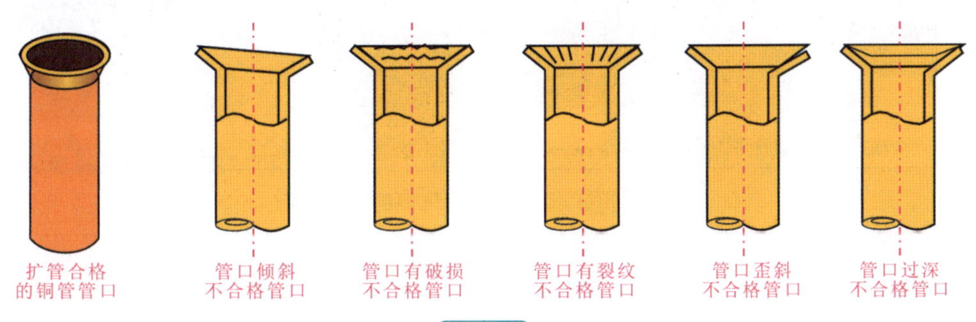

图6-15

不同规格合格的喇叭口

不合格的开裂的喇叭口

图6-15 合格喇叭口与不合格喇叭口的对照比较

6.3 气焊设备

6.3.1 气焊设备的特点

气焊设备是指对空调器的管路系统进行焊接操作的专用设备，它主要是由氧气瓶、燃气瓶、焊枪和连接软管组成的。

图 6-16 所示为氧气瓶和燃气瓶的实物外形，氧气瓶上安装有总阀门、输出控制阀和输出压力表；而燃气瓶上安装有控制阀门和输出压力表。

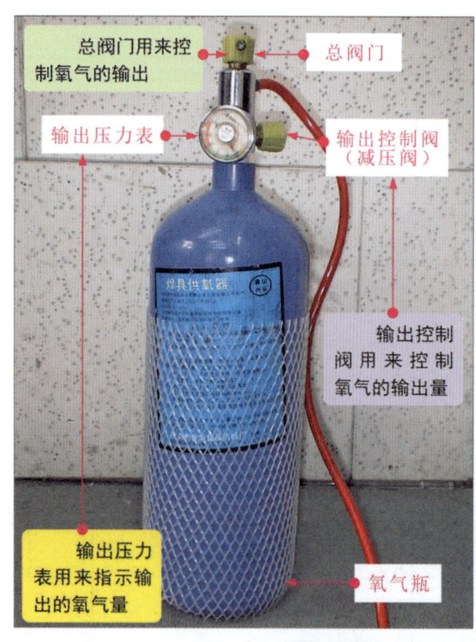

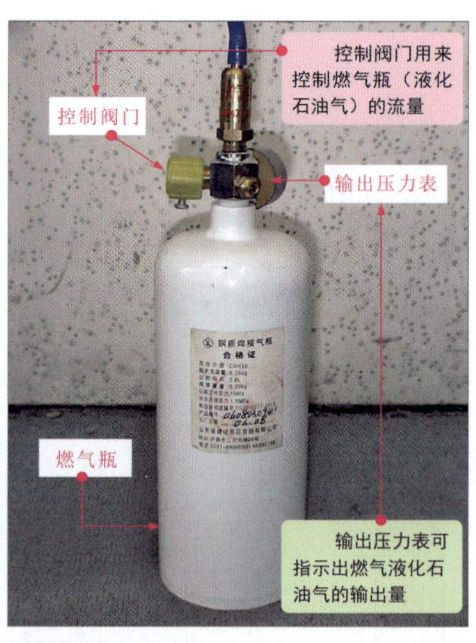

图6-16 氧气瓶和燃气瓶的实物外形

氧气瓶和燃气瓶输出的气体在焊枪中混合，通过点燃的方式在焊嘴处形成高温火焰，对铜管进行加热。图 6-17 所示为焊枪的外形结构。

气焊设备的使用方法有严格的规范和操作顺序要求，我们将在后面章节中涉及焊接操作时进行具体详细的介绍，作为一名维修人员必须按照要求进行规范操作。

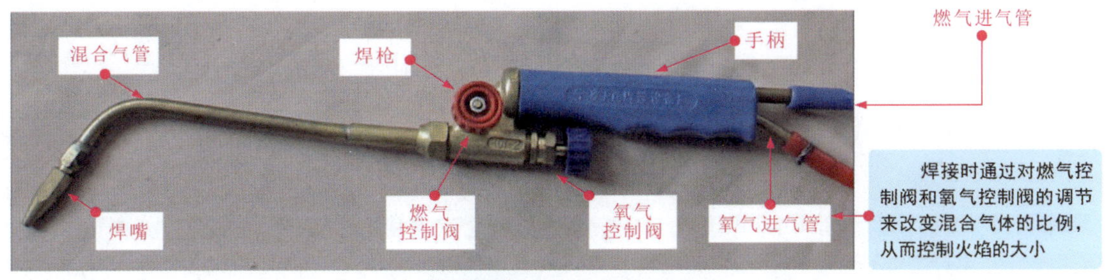

图6-17　焊枪的外形结构

在使用气焊设备在对空调器的管路和电路进行焊接时，焊料也是必不可少的辅助材料，主要有焊条、焊粉等，其实物外形及适用场合如图 6-18 所示。

图6-18　焊料的实物外形及适用场合

6.3.2　气焊设备的使用

使用气焊设备对变频空调器的制冷管路进行焊接，是空调器维修人员必须具备的一项操作技能。

管路焊接时，首先打开氧气瓶、燃气瓶的总阀门，并对输出的压力进行调整，如图 6-19 所示。

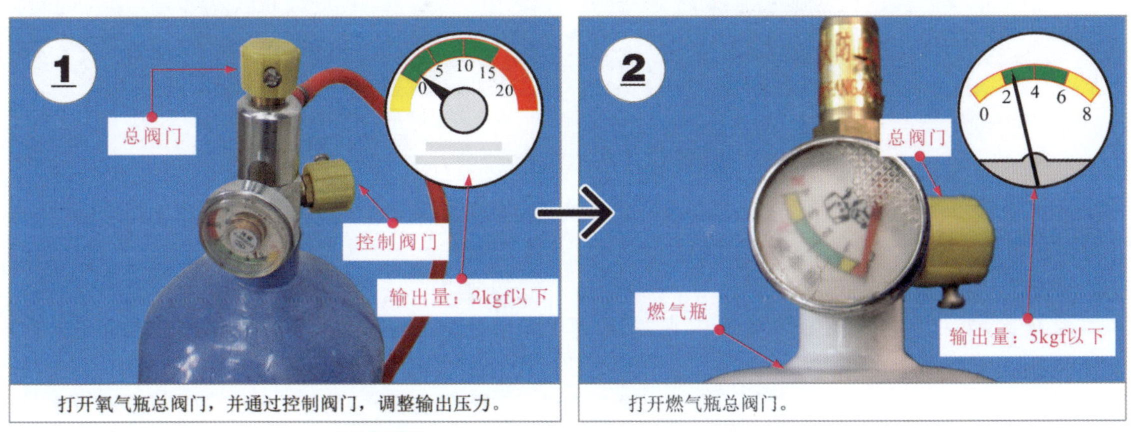

图6-19　打开并调整氧气瓶、燃气瓶的方法

调整好气焊的压力后，接下来应按要求进行气焊设备的点火操作，如图 6-20 所示，点火时应先开焊枪上的燃气控制阀，再打开焊枪上的氧气控制阀，调整火焰。

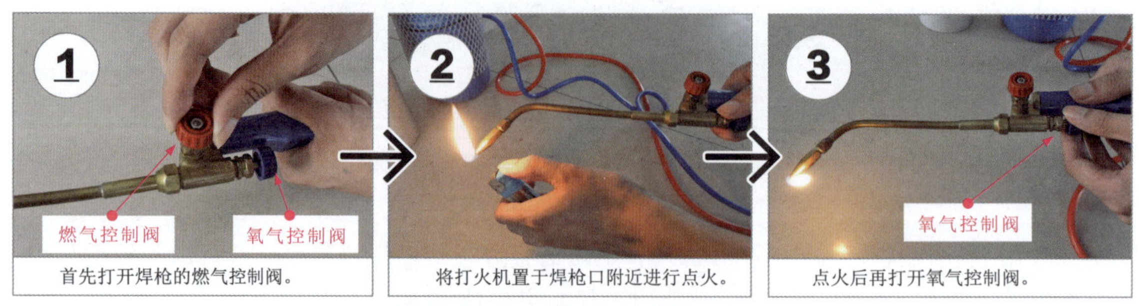

图6-20 气焊设备的点火操作方法

【提示说明】

在使用气焊设备的点火顺序为：先分别打开燃气瓶和氧气瓶阀门（无前后顺序，但应确保焊枪上的控制阀门处于关闭状态），然后打开焊枪上的燃气控制阀门，接着用打火机迅速点火，最后打开焊枪上的氧气控制阀门，调整火焰至中性焰。

另外，若气焊设备焊枪枪口有轻微氧化物堵塞，可首先打开焊枪上的氧气控制阀门，用氧气吹净焊枪枪口，然后将氧气控制阀门调至很小或关闭后，再打开燃气控制阀门，接着点火，最后再打开氧气控制阀门，调至中性焰。

管路焊接前，应将焊枪的火焰调整至最佳的状态，若调整不当，则会造成管路焊接时产生氧化物或无法焊接的现象。

调节焊枪火焰的方法如图 6-21 所示。

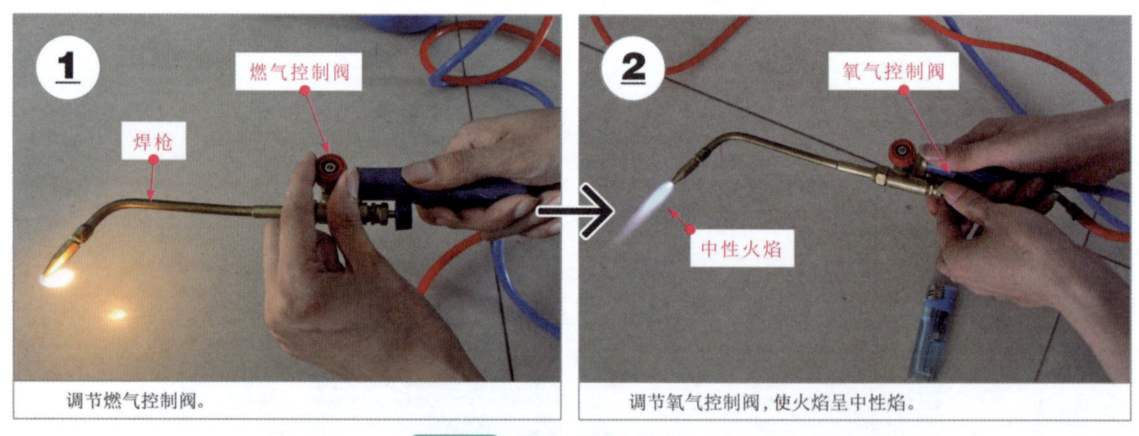

图6-21 调节焊枪火焰的方法

【提示说明】

在调节火焰时，如氧气或燃气开得过大，不易出现中性火焰，反而成为不适合焊接的过氧焰或碳化焰，其中过氧焰温度高，火焰逐渐变成蓝色，焊接时会产生氧化物；而碳化焰的温度较低，无法焊接管路。

图 6-22 为使用气焊时不同的火焰比较。

图6-22　使用气焊时不同的火焰比较

调整好焊枪的火焰后，则需要使用气焊设备对管路进行焊接，在焊接操作时，要确保对焊口处均匀加热，绝对不允许使用焊枪的火焰对管路的某一部件进行长时间加热，否则会使管路烧坏。

使用气焊设备对管路进行焊接的方法如图 6-23 所示。

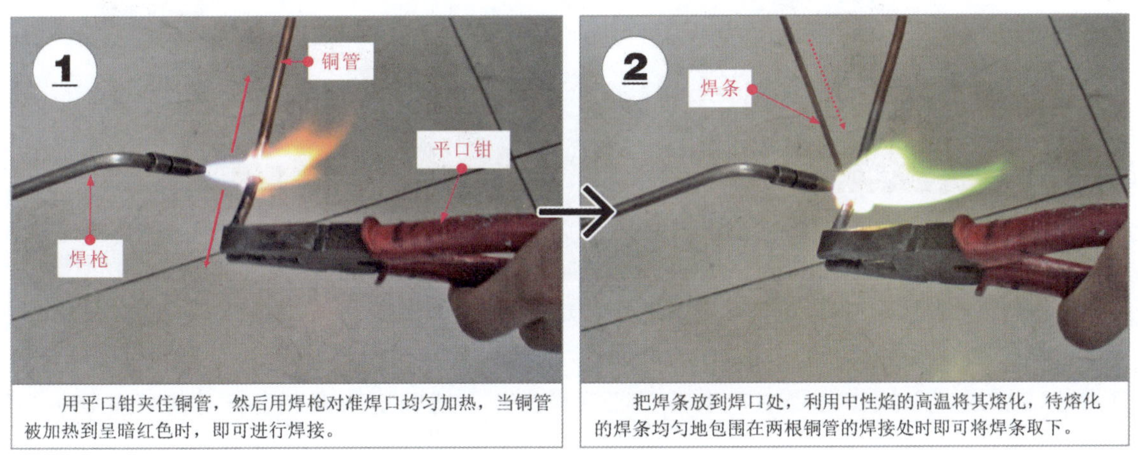

图6-23　使用气焊设备对管路进行焊接

焊接完成后，按先关氧气后关燃气的顺序关闭气焊设备，并待管路冷却后，确定焊接是否正常，如图 6-24 所示。

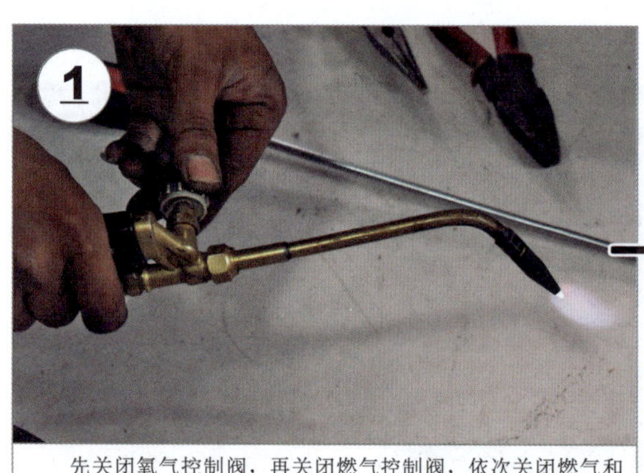

先关闭氧气控制阀，再关闭燃气控制阀，依次关闭燃气和氧气瓶上的阀门。

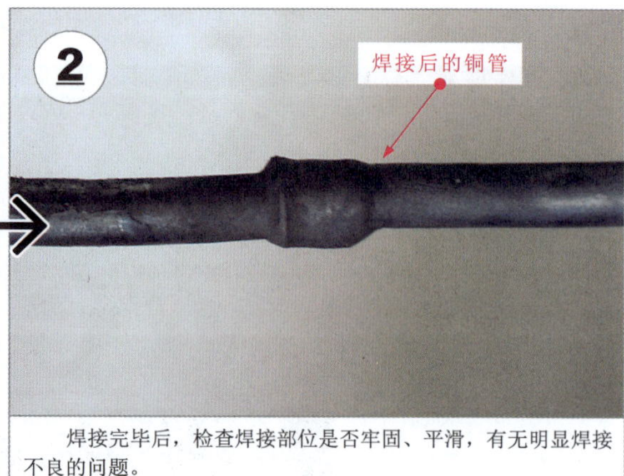

焊接完毕后，检查焊接部位是否牢固、平滑，有无明显焊接不良的问题。

图6-24 关闭气焊设备和检查焊接部位

6.4 弯管器和封口钳

6.4.1 弯管器

弯管器是指实现管路弯曲的工具。在对空调器管路进行操作时，为了适应制冷铜管的连接需要，一般使用弯管工具对铜管进行弯曲，可以保证制冷系统正常的循环效果。目前，常用弯管器的实物外形如图 6-25 所示。

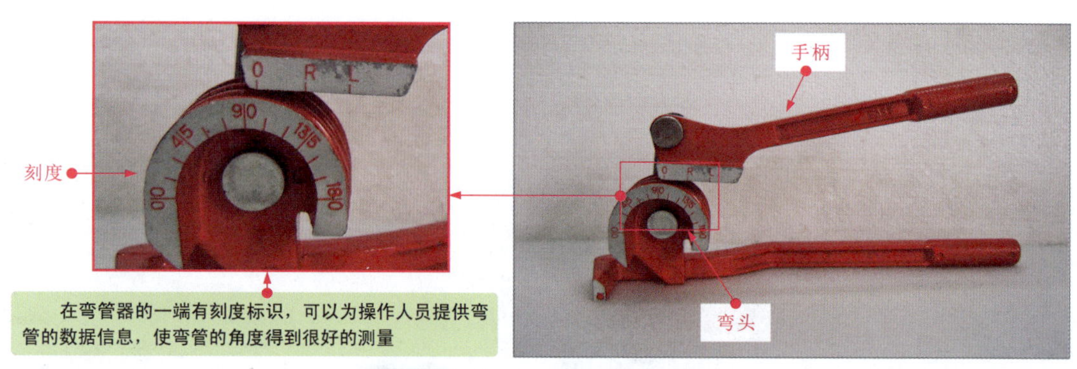

图6-25 常用弯管器的实物外形

空调器的管路经常需要弯成特定的形状，为了保证系统循环的效果，对于管路的弯曲有严格的要求，在操作过程中，需要保证管道内腔不能凹瘪或变形，具体操作如图 6-26 所示。

弯管操作时，除了手动弯管外，还可以进行机械弯管。手动弯管适合直径较细的铜管，通常直径在 ϕ6.35 ～ 12.7mm 之间；机械弯管适合较粗的铜管，通常直径在 ϕ6.35 ～ 44.45mm 之间。管道弯管的弯曲半径应大于 3.5 倍的直径，铜管弯曲变形后的短径与原直径之比应大于 2/3。弯管加工时，铜管内侧不能起皱或变形，如图 6-27 所示；管道的焊接接口不应放在弯曲部位，接口焊缝距管道或管件弯曲部位的距离应不小于 100mm。

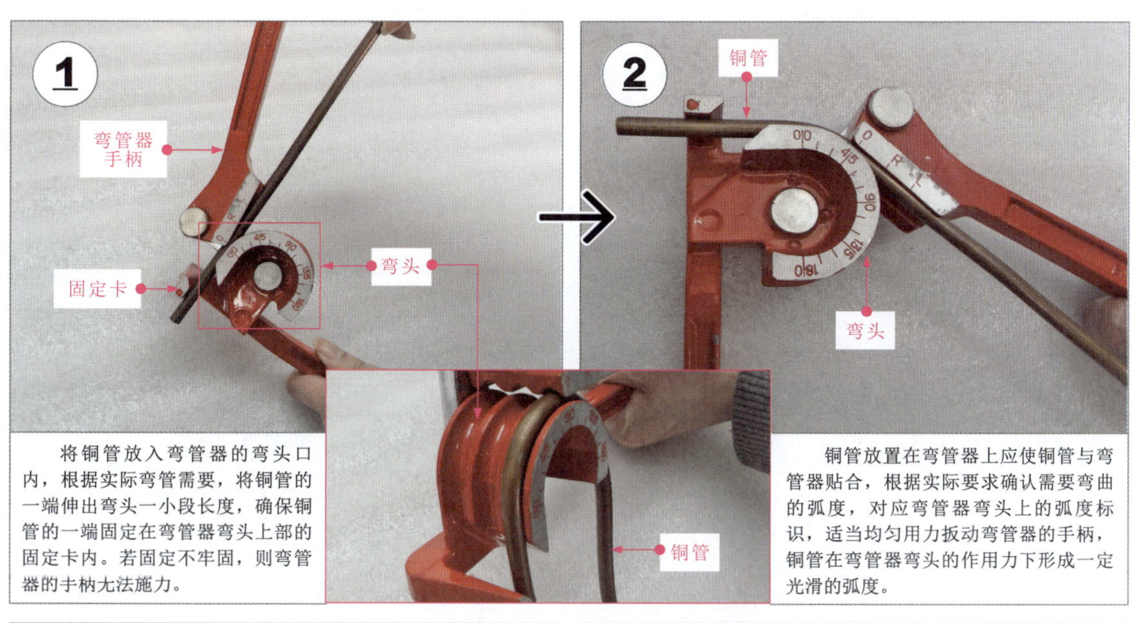

将铜管放入弯管器的弯头口内，根据实际弯管需要，将铜管的一端伸出弯头一小段长度，确保铜管的一端固定在弯管器弯头上部的固定卡内。若固定不牢固，则弯管器的手柄无法施力。

铜管放置在弯管器上应使铜管与弯管器贴合，根据实际要求确认需要弯曲的弧度，对应弯管器弯头上的弧度标识，适当均匀用力扳动弯管器的手柄，铜管在弯管器弯头的作用力下形成一定光滑的弧度。

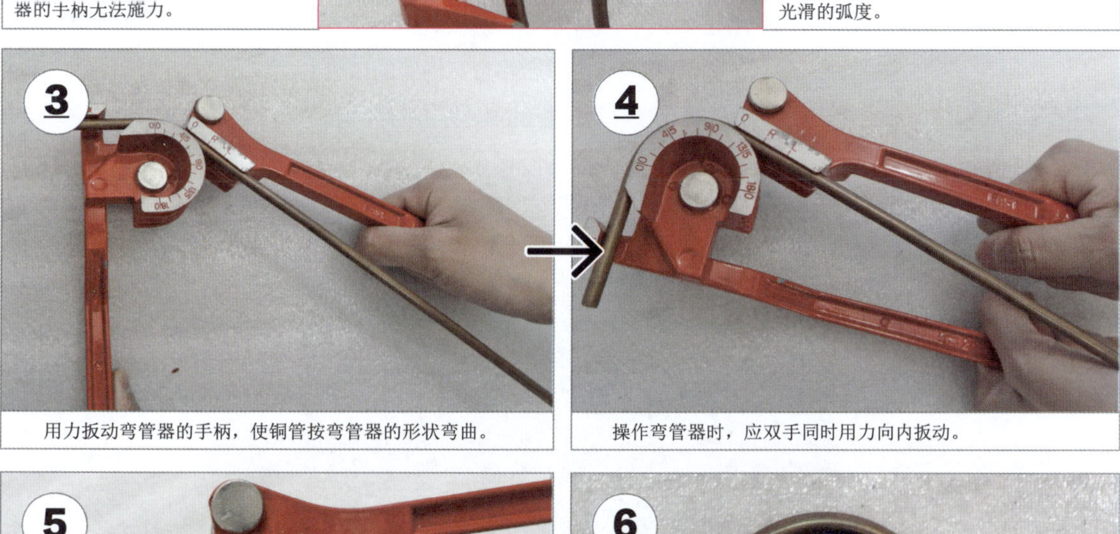

用力扳动弯管器的手柄，使铜管按弯管器的形状弯曲。

操作弯管器时，应双手同时用力向内扳动。

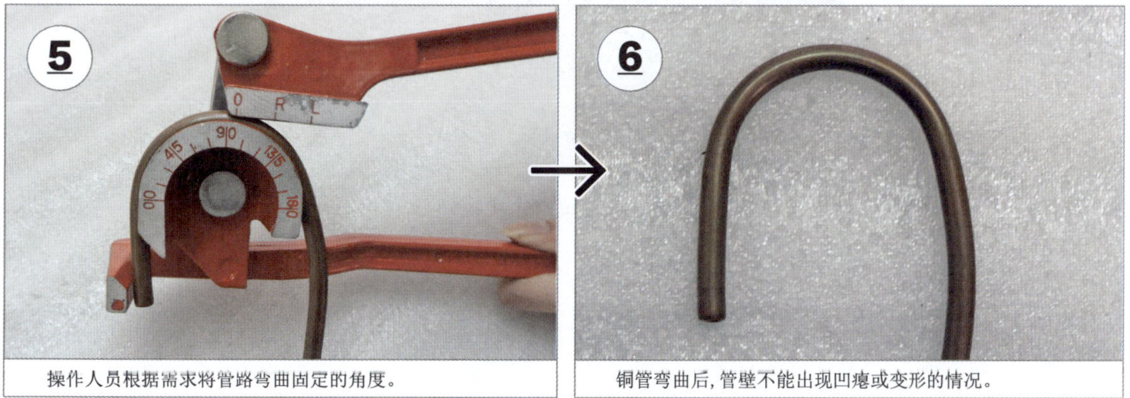

操作人员根据需求将管路弯曲固定的角度。

铜管弯曲后，管壁不能出现凹瘪或变形的情况。

图6-26 弯管的具体操作

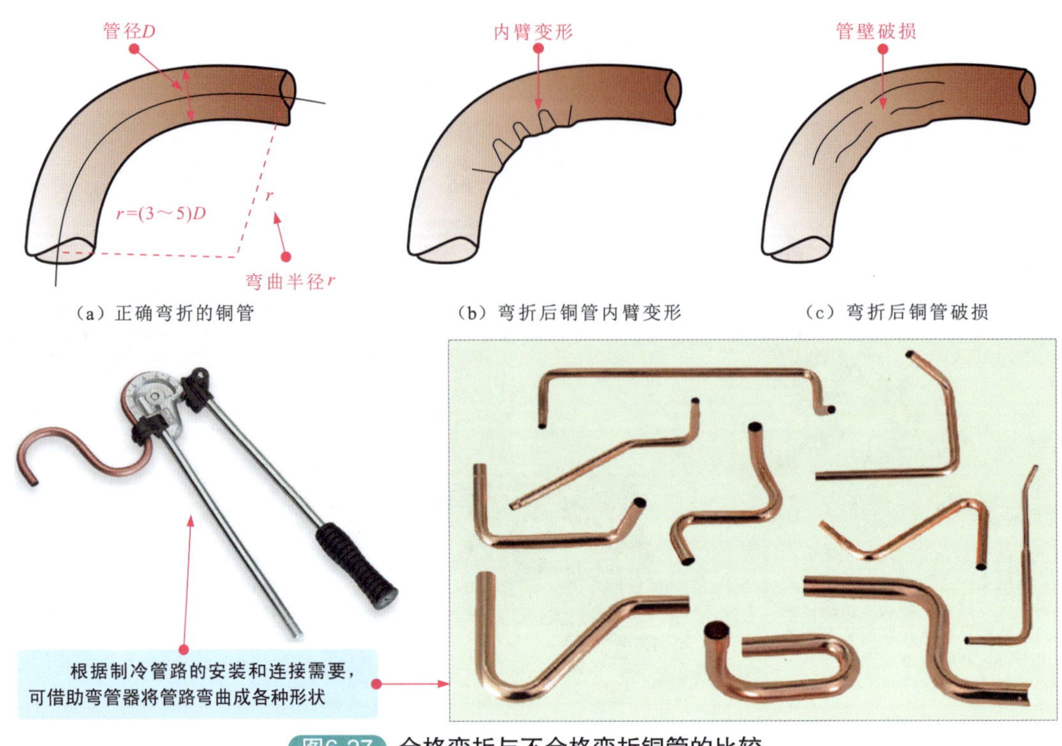

图6-27 合格弯折与不合格弯折铜管的比较

6.4.2 封口钳

封口钳也称大力钳，通常用于对电冰箱制冷管路的端口处进行封闭，常见封口钳的实物外形如图 6-28 所示。

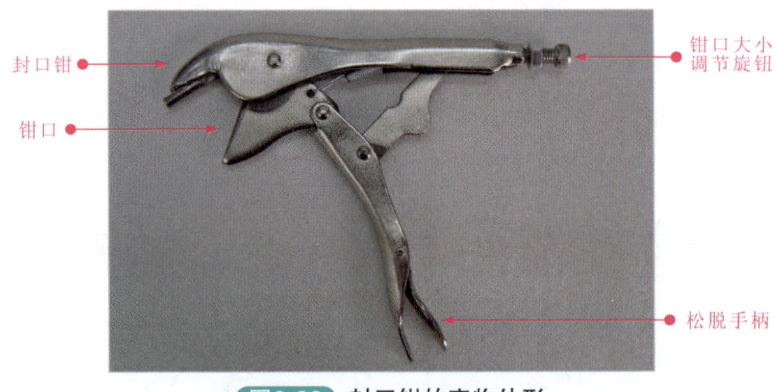

图6-28 封口钳的实物外形

使用封口钳进行封口操作的方法也比较简单，直接通过钳口进行挤压即可，如图 6-29 所示。

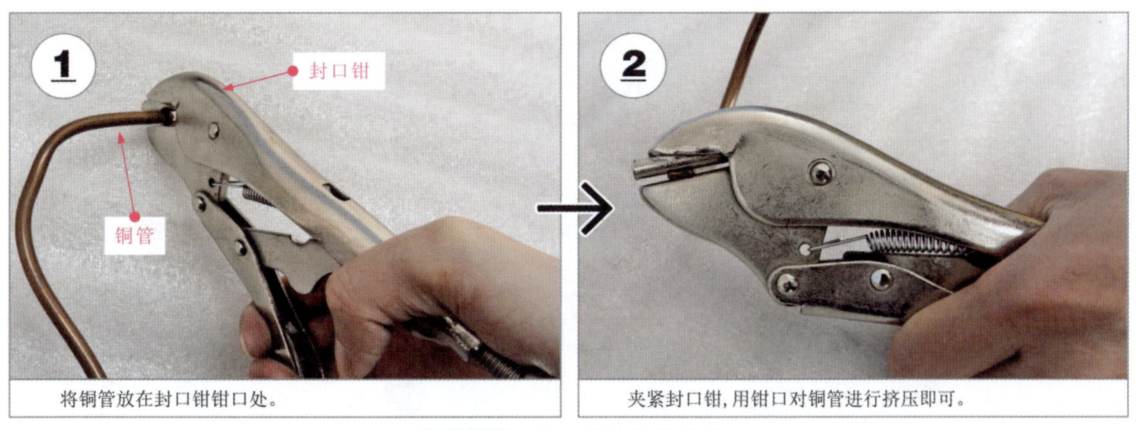

图6-29　封口钳的使用方法

6.5　专用检修工具和配件

6.5.1　三通压力表阀

三通压力表阀是三通阀和压力表的综合体，包含控制阀门、三个接口和一个显示压力值的压力表，如图 6-30 所示。

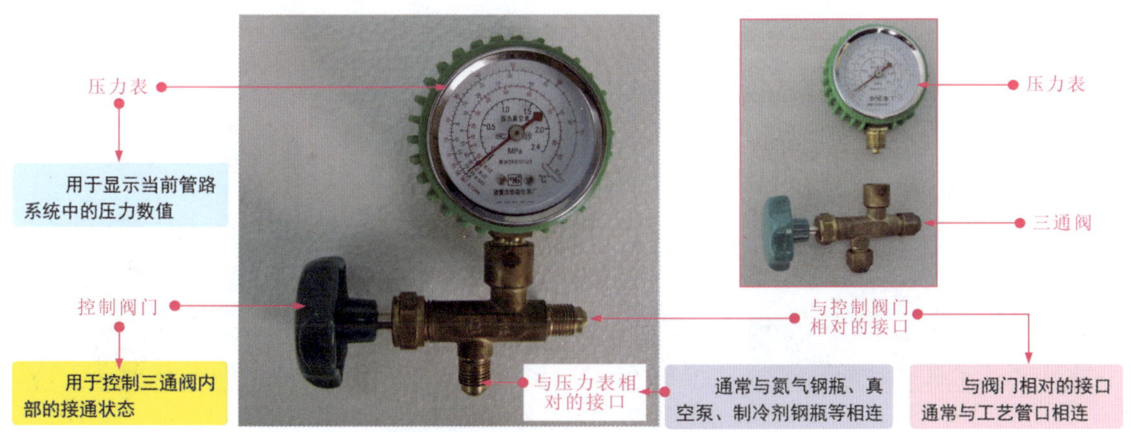

图6-30　三通压力表阀的实物外形

三通压力表阀有不同的规格。在空调器维修中，制冷剂类型不同，所选用的三通压力表阀也不同，通常 R410a 制冷剂管路系统需要专用的三通压力表阀，如图 6-31 所示。

6.5.2　真空泵

真空泵是对空调器的制冷系统进行抽真空时用到的专用设备。在空调器管理系统的维修操作中，只要出现将空调器的管路系统打开的情况，必须使用真空泵进行抽真空操作。

图 6-32 为常用真空泵的实物外形。使用真空泵时，需要将其与三通压力表阀进行连接。空调器检修中常用的真空泵的规格为 2 ～ 4L/s（排气能力）。为防止介质回流，真空泵需带有电子止回阀。

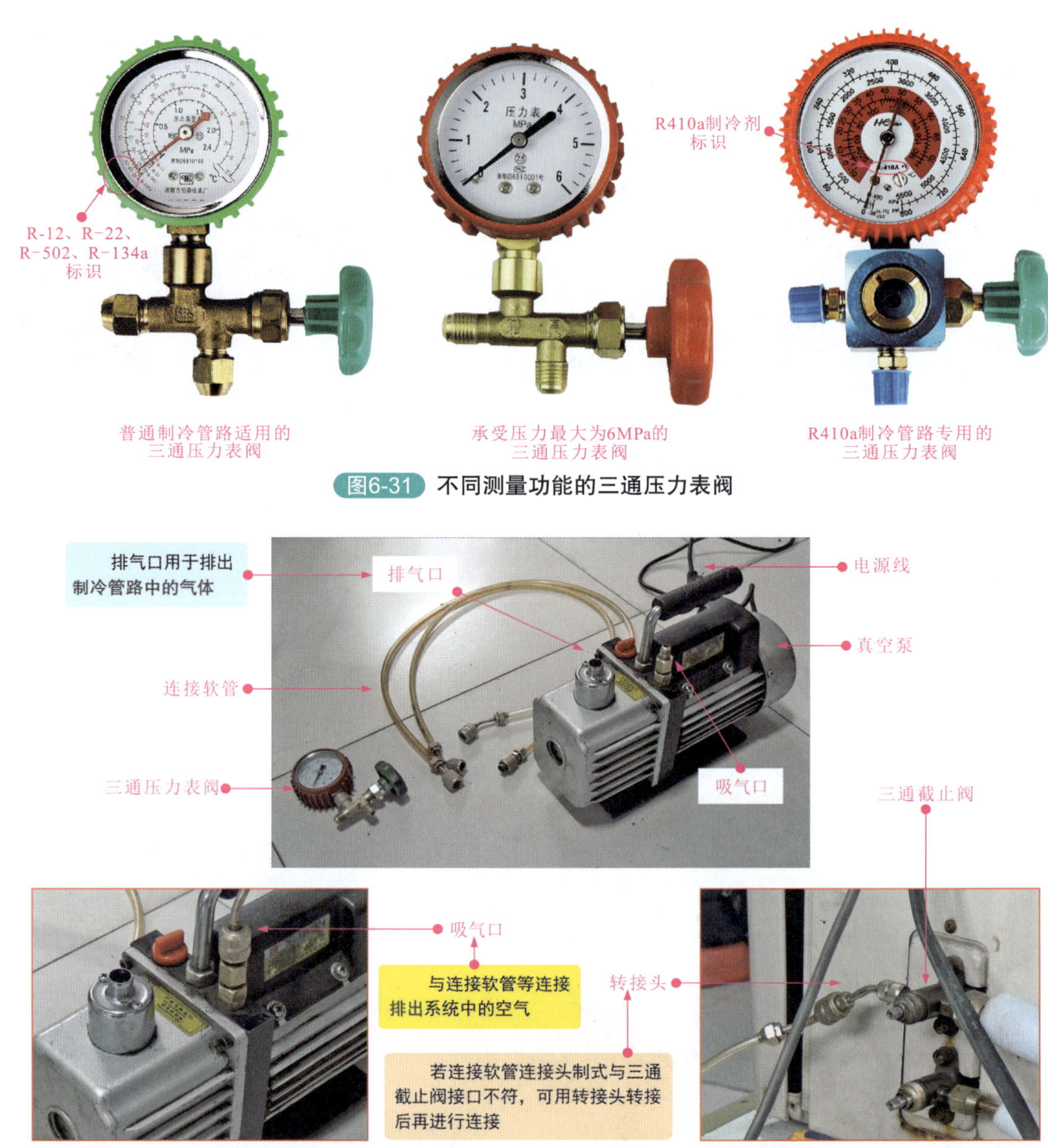

图6-31 不同测量功能的三通压力表阀

图6-32 真空泵的实物外形

6.5.3 管路连接配件

在空调器维修过程中，各种专用辅助设备使用时也需要专用的部件进行连接，常用到管路连接配件的主要包括连接软管、转接头和纳子等。

(1) 连接软管

连接软管俗称加氟管，在维修空调器过程中，当需要对管路系统进行充氮气、抽真空、充注制冷剂等操作时，各设备或部件之间的连接均需要用到连接软管。目前，根据连接软管的接口类型不同主要有公 - 公连接软管和公 - 英连接软管两种，如图 6-33 所示。

(2) 转接头

在实际应用中，还有一种常与连接软管配合使用的部件，称为转接头，主要有英制转接

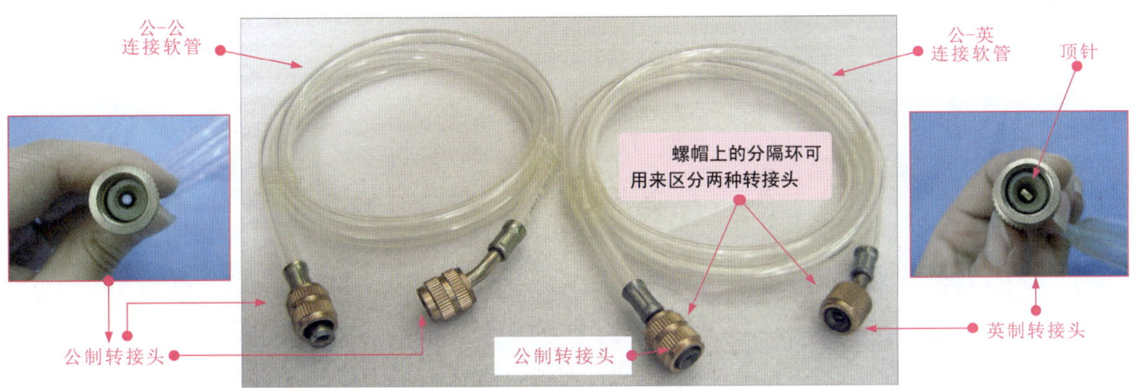

图6-33 连接软管的实物外形

头（公转英接头）和公制转接头（英转公接头）两种。

在公制转接头上，螺帽有明显的分隔环；在英制转接头上，螺帽无明显的分隔环，可以由此来分辨两种转接头，如图 6-34 所示。

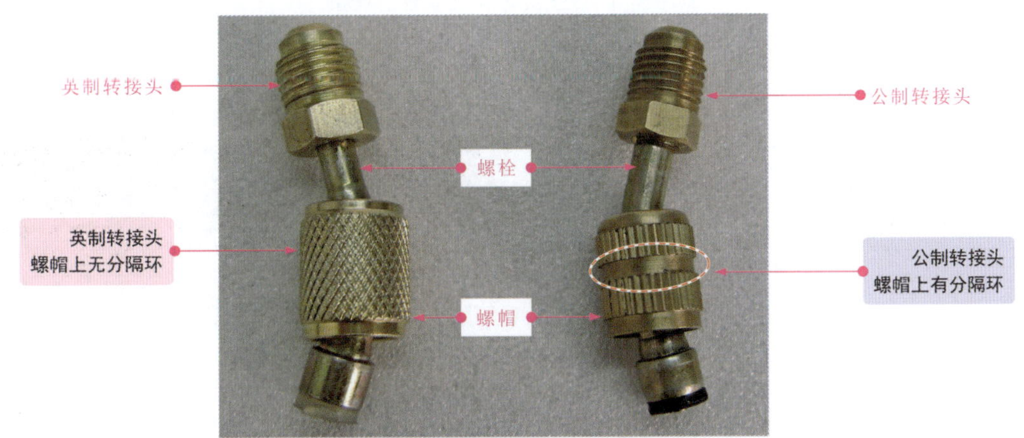

图6-34 转接头的实物外形

转接头在连接软管的连接头不能满足与设备直接连接的情况下使用。例如，当手头只有公制 - 公制连接软管时，无法与带英制连接头的设备连接，此时可用一只英制转接头进行转接，以符合连接，即将英制转接头的螺纹端与公制连接软管连接，再将公制转接头的另一端与英制连接头的设备连接，实现转接后的连接。

图 6-35 为转接头与连接软管的连接。

(3) 纳子

纳子是一种螺纹连接部件，外形与螺母相似，如图 6-36 所示，主要用于不适合焊接的管路之间的连接，如连接管路与室内机液管、气管连接。

6.5.4 减压器

减压器是一种对经过的气体进行降压的设备。减压器通常安装在高压钢瓶（氧气瓶或氮气瓶）的出气端口处，主要用于将钢瓶内的气体压力降低后输出，确保输出后气体的压力和流量稳定。图 6-37 所示为减压器的实物外形及适用场合。

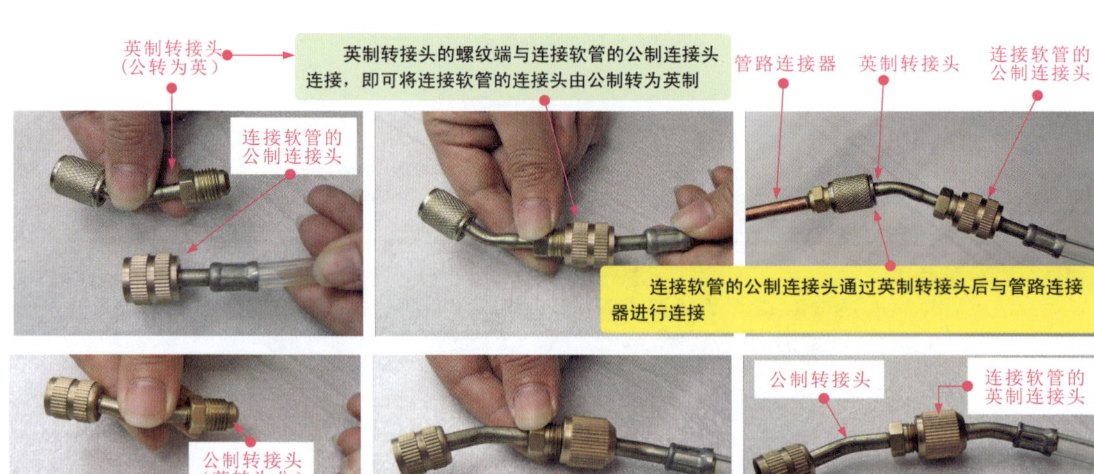

图6-35 转接头与连接软管的连接

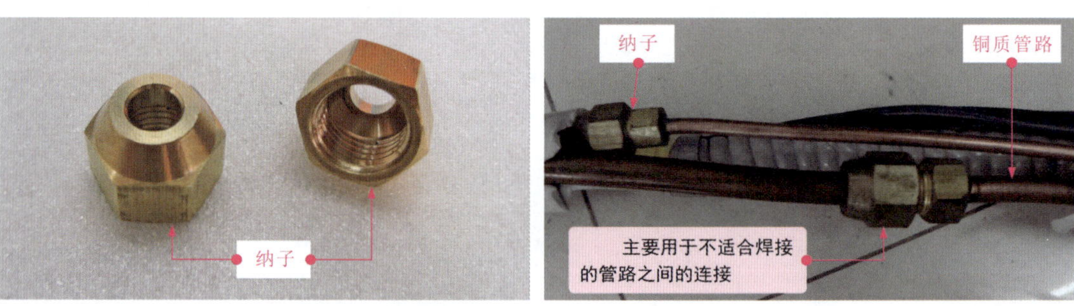

图6-36 纳子的实物外形

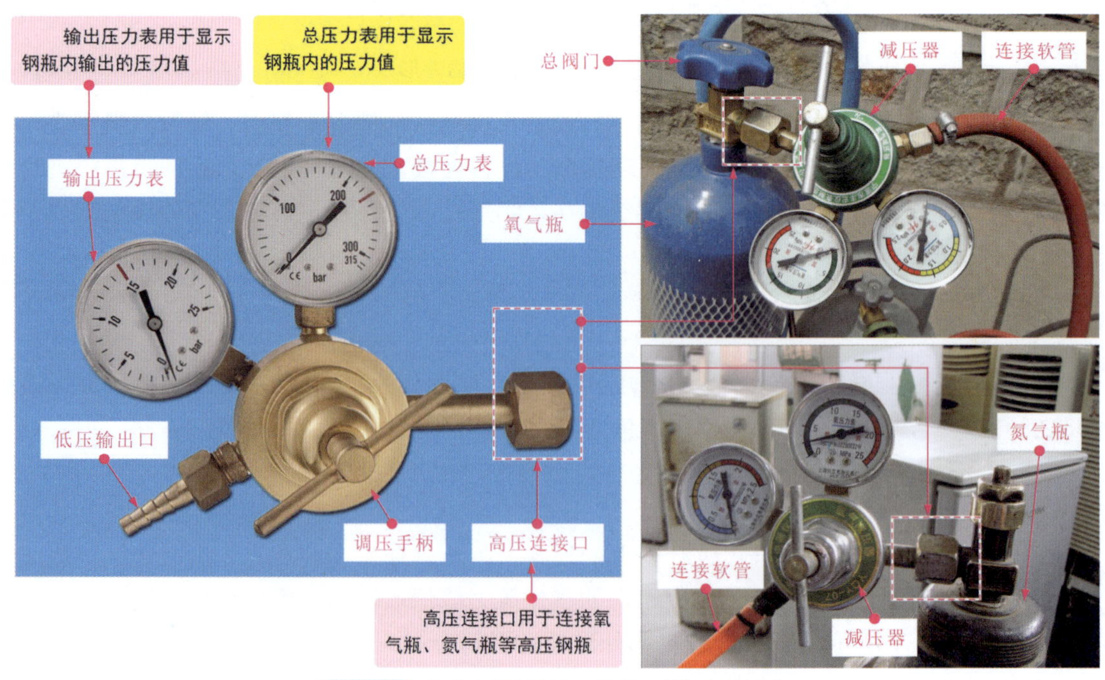

图6-37 氧气减压器的实物外形及适用场合

6.5.5 其他设备

(1) 氮气及氮气钢瓶

氮气钢瓶是盛放氮气的高压钢瓶。在对空调器进行检修时，经常会使用氮气对管路进行清洁、试压、检漏等操作。

氮气通常压缩在氮气钢瓶中，如图 6-38 所示，由于氮气钢瓶中的压力较大，在使用氮气时，在氮气瓶阀门口通常会连接减压器，并根据需要调节氮气瓶的排气压力。

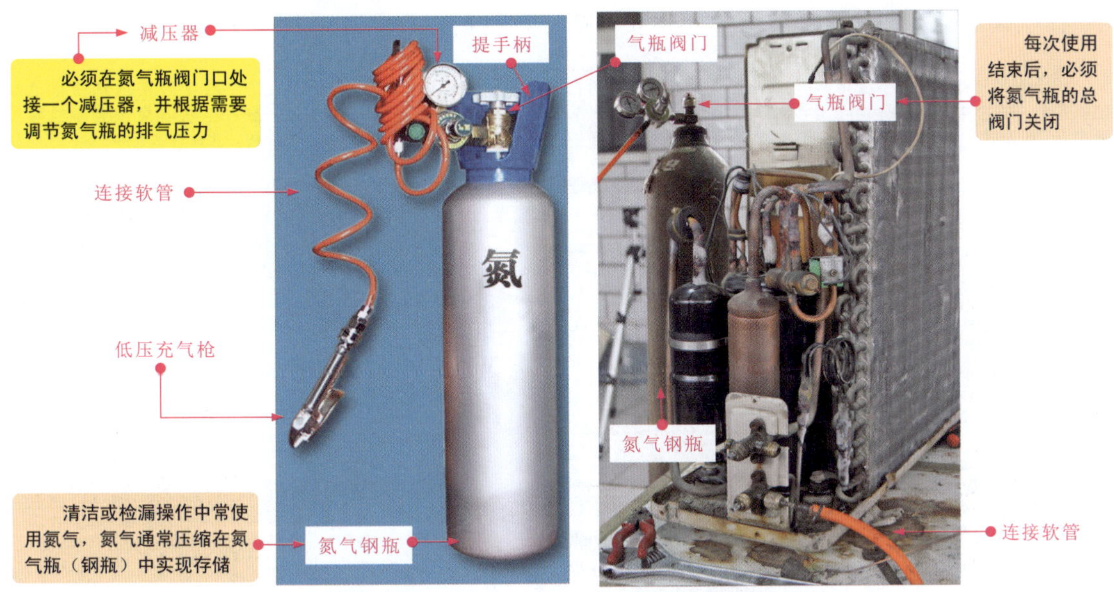

图6-38 氮气及钢瓶的实物外形及适用场合

(2) 保温管和维尼龙胶带

保温管是用于包裹空调管路的泡沫管，具有耐腐蚀和防水能力，对空调器的连接管路进行维修或移机等操作后，需要使用保温管对裸露的连接管路进行包裹。维尼龙胶带也称空调包扎带，是空调维修中用于缠绕管路的 PVC 塑料胶带，具有不易燃烧，绝缘性能良好的特点。图 6-39 所示为保温管和维尼龙胶带的实物外形。

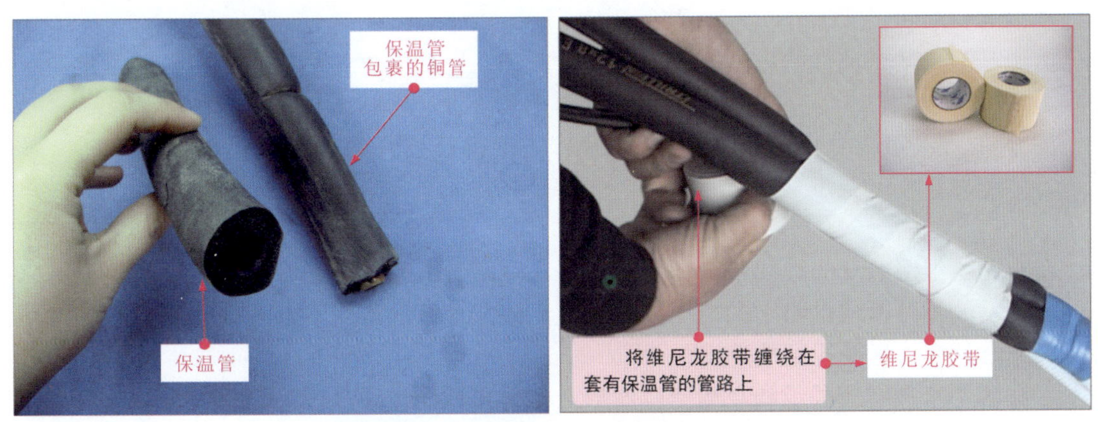

图6-39 保温管和维尼龙胶带的实物外形

6.6 空调器电路检修仪表

6.6.1 万用表

万用表是空调器电路系统的主要检测工具。电路是否存在短路或断路故障、电路中元器件性能是否良好、供电条件是否满足等都可使用万用表来检测。

在空调器维修中，常用的万用表主要有指针万用表和数字万用表两种，如图6-40所示。

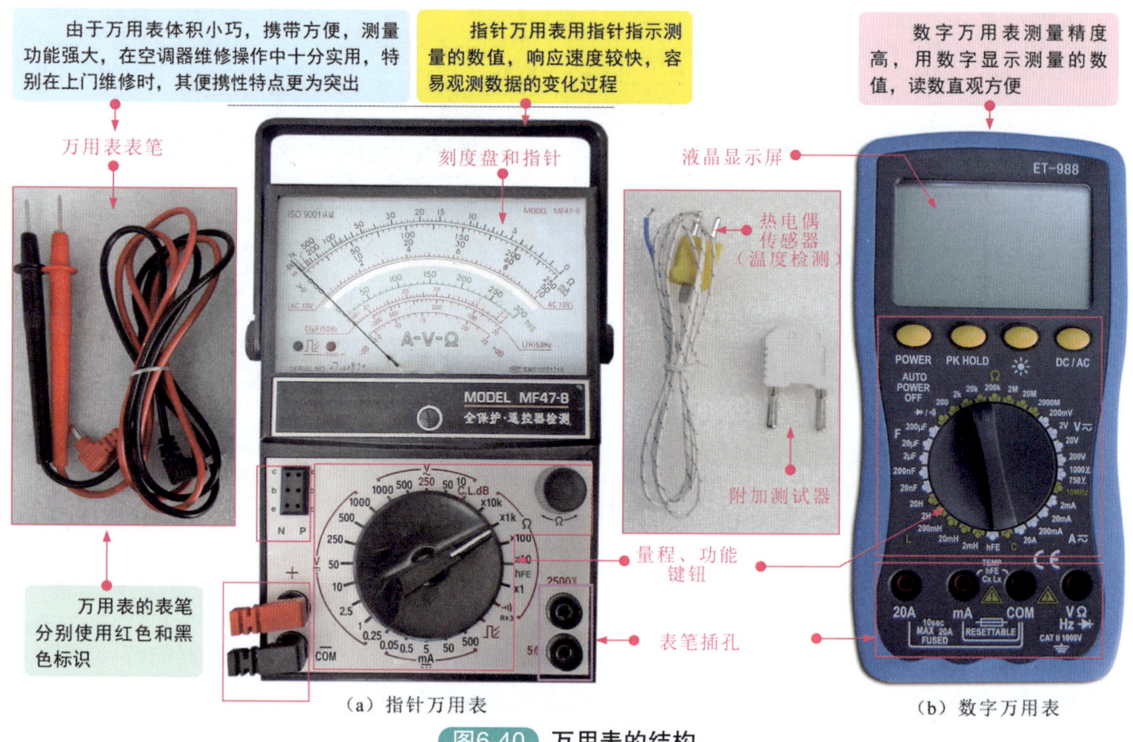

（a）指针万用表

（b）数字万用表

图6-40 万用表的结构

使用万用表进行检测操作时，首先需要根据测量对象选择相应的测量挡位和量程，然后再根据检测要求和步骤进行实际检测。

例如，测量某个部件的电阻值，应选择欧姆挡，然后根据万用表测电阻值的测量要求进行测量即可。

图6-41所示为使用万用表检测空调器风扇电动机阻值的基本方法和步骤。

6.6.2 示波器

在空调器电路系统的维修中，使用示波器对电路各部位信号波形进行检测，可以带来更多便捷。示波器可以将电路中的电压波形、电流波形在示波器上直接显示出来，能够使检修者提高维修效率，尽快找到故障点。

示波器是一种用来展示和观测信号波形及相关参数的电子仪器，它可以观测和直接测量信号波形的形状、幅度和周期。示波器主要由显示部分、键钮控制区域、测试线及探头等部分构成，如图6-42所示。

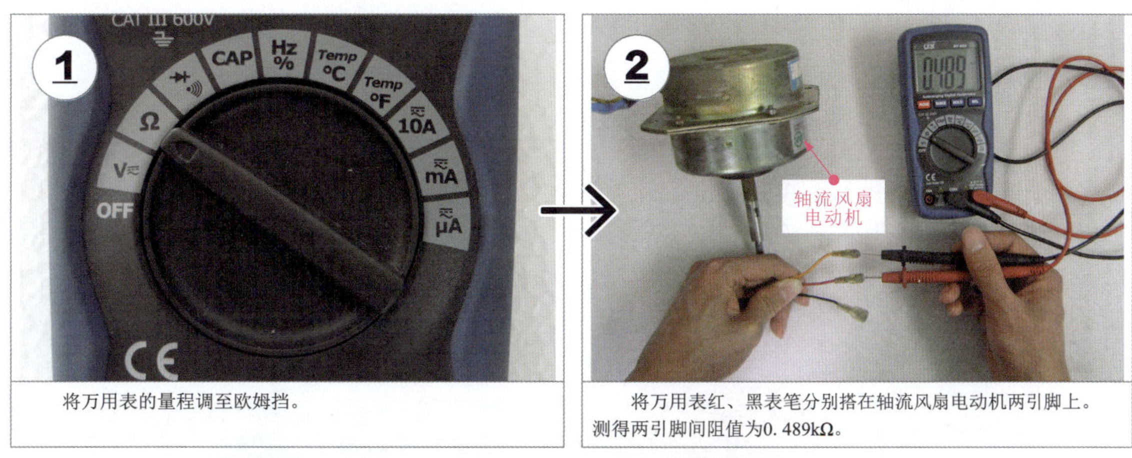

将万用表的量程调至欧姆挡。

将万用表红、黑表笔分别搭在轴流风扇电动机两引脚上。测得两引脚间阻值为0. 489kΩ。

图6-41 使用万用表检测空调器风扇电动机阻值的基本方法和步骤

图6-42 示波器的结构和功能特点

如图 6-43 所示，使用示波器也需要先做好检测前的准备工作，即设定好示波器的初始

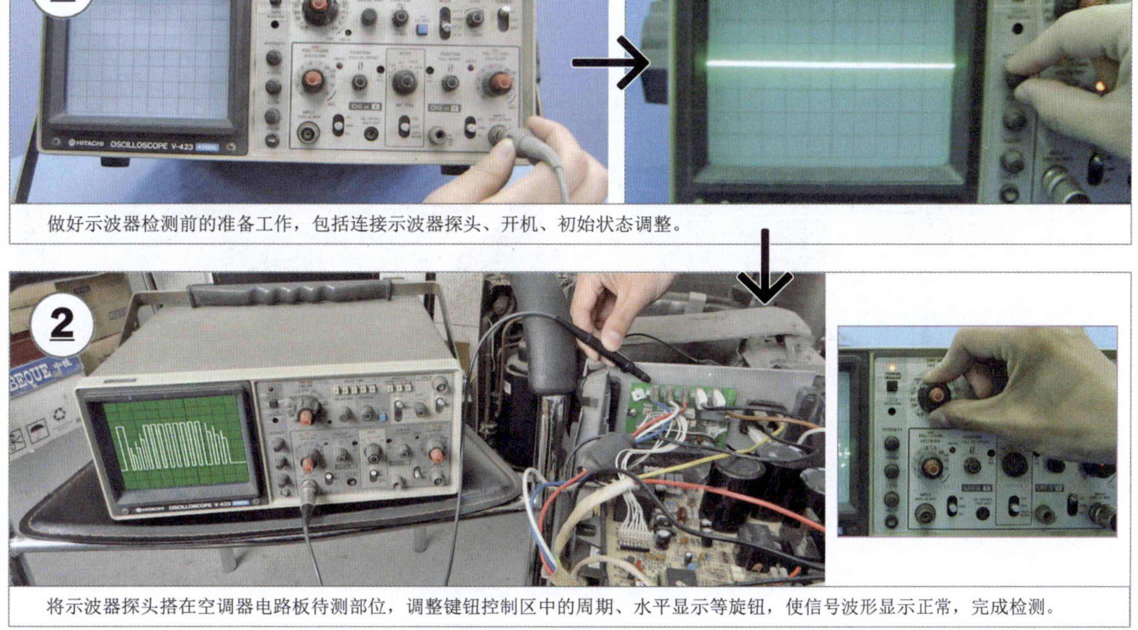

做好示波器检测前的准备工作，包括连接示波器探头、开机、初始状态调整。

将示波器探头搭在空调器电路板待测部位，调整键钮控制区中的周期、水平显示等旋钮，使信号波形显示正常，完成检测。

图6-43 示波器的使用方法

状态，然后进行检测操作，调整相关键钮使显示屏显示出完整、清晰的信号波形即可。

6.6.3 钳形表

钳形表也是检修空调器电气系统时的常用仪表，钳形表特殊的钳口的设计，可在不断开电路的情况下，方便地检测电路中的交流电流，如空调器整机的启动电流和运行电流，以及压缩机的启动电流和运行电流等。

钳形表通过电磁感应原理测量交流电流，无须断开电路，测量操作简单、安全，钳形表的结构如图 6-44 所示。

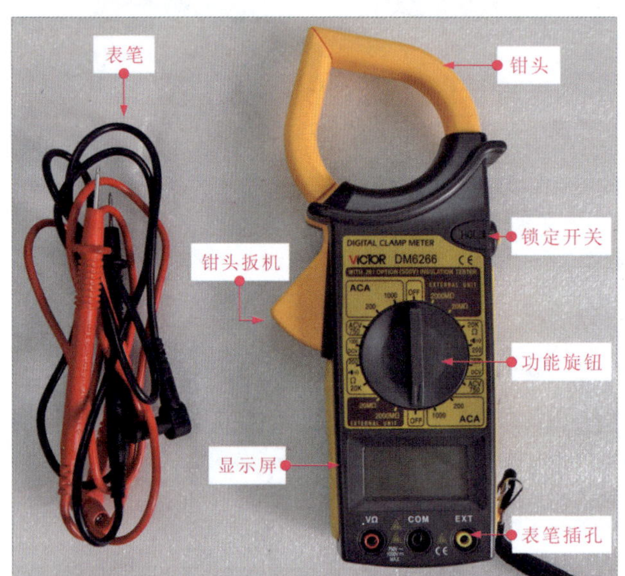

测量时，导线相当于电流互感器的一次侧绕组，线圈相当于电流互感器的二次侧绕组，钳口相当于线圈的铁芯，通过感应原理测出电流值

交流电流

导线

线圈

感应电流输出

图6-44 钳形表的结构

如图 6-45 所示，使用钳形表进行检测的操作方法比较简单，通常根据测量对象选择好量程后，用钳口钳住单根电源线，识读显示屏数值并根据数据做出判断即可。

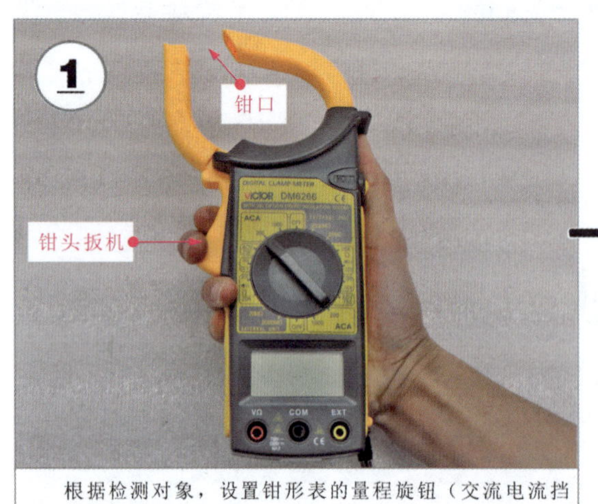

根据检测对象，设置钳形表的量程旋钮（交流电流挡位），按下钳头扳机，打开钳口。

2

从钳口处套入供电线中的一条，识读显示屏上的电流值即为所测位置的参数值，根据结果分析判断故障范围。

图6-45 钳形表的使用方法

第 7 章 空调器的拆装与移机

7.1 空调器的安装

7.1.1 空调器的安装规范

空调器的安装操作是空调器维修人员应具备的基本技能之一，正确安装空调器是保证空调器正常使用的重要环节。在具体安装前，应先了解基本的安装规范，严格按照规范要求进行。

空调器根据产品型号、规格以及功能的不同，对安装的要求也有所不同，因此，在安装空调之前，必须仔细阅读随机附带的安装使用说明书，说明书中都详细记载了空调器随机附带的零部件、安装操作规程。

图 7-1 为壁挂式空调器的整体安装规范示意图。

图 7-2 为分体柜式空调器的整体安装规范示意图。

（1）壁挂式空调器室内机的安装要求

壁挂式空调器室内机的安装位置应充分考虑室内位置和布局，确保空调器室内机吹出的气流能形成合理的空气对流，通畅、均匀地分布到房间的各个角落。图 7-3 为壁挂式空调器室内机的安装要求。

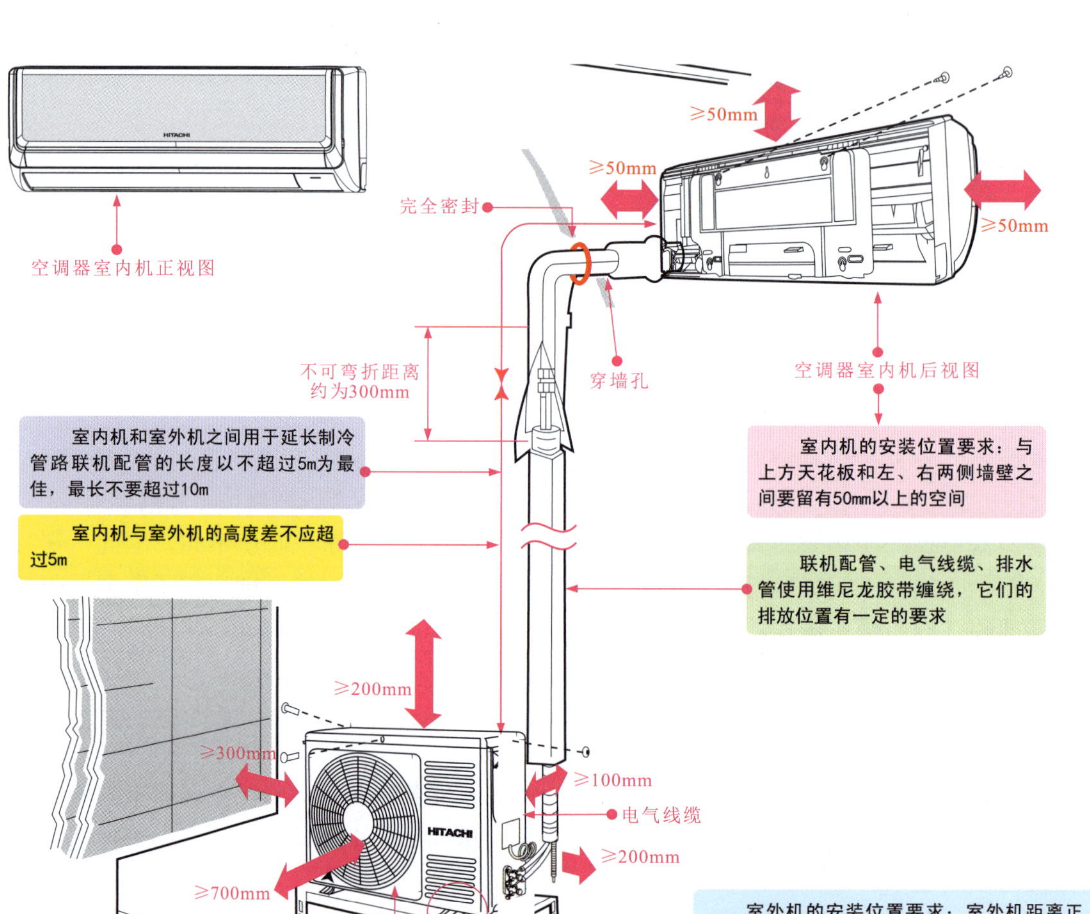

图7-1 壁挂式空调器的整体安装规范示意图

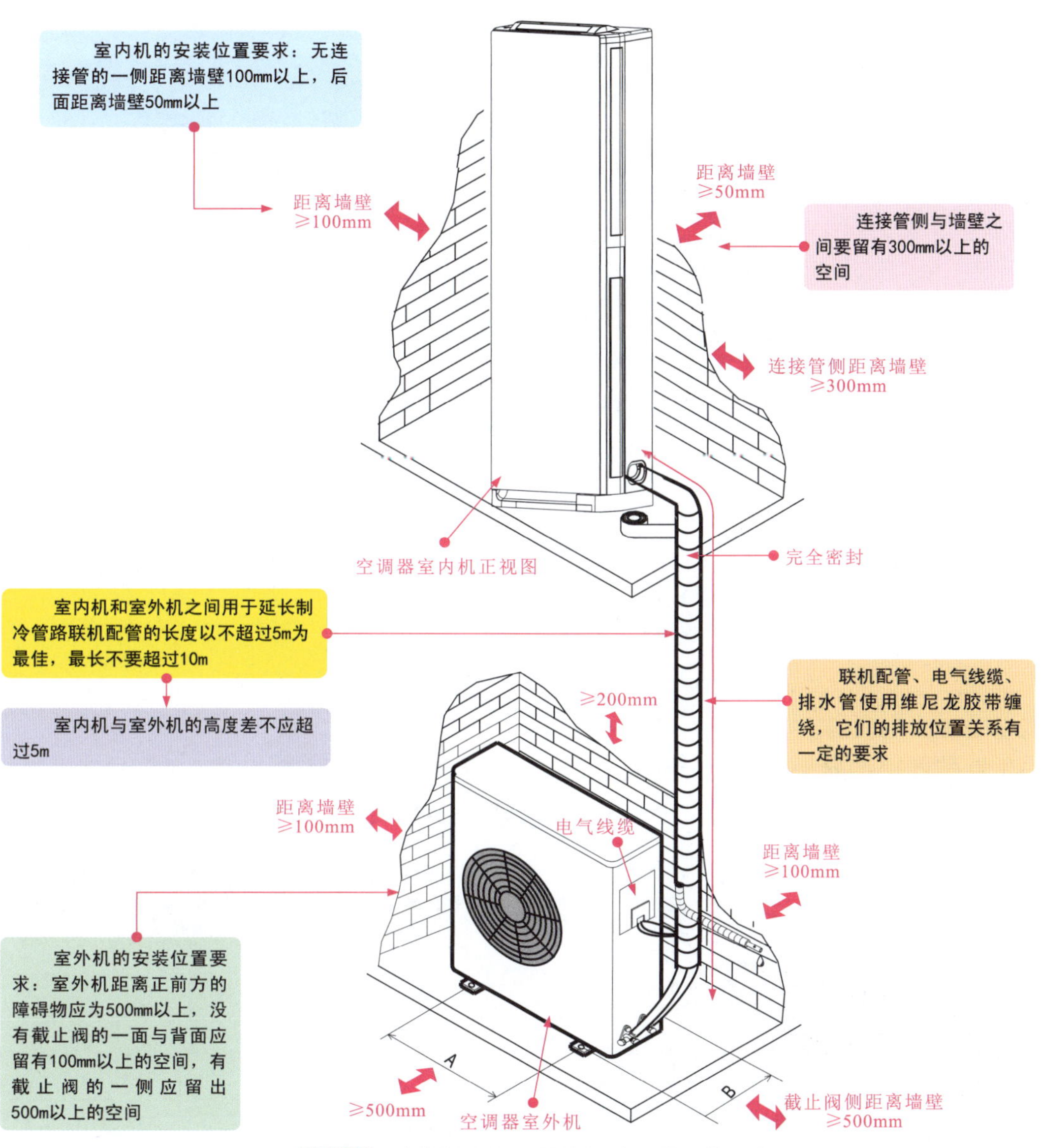

图7-2 分体柜式空调器的整体安装规范示意图

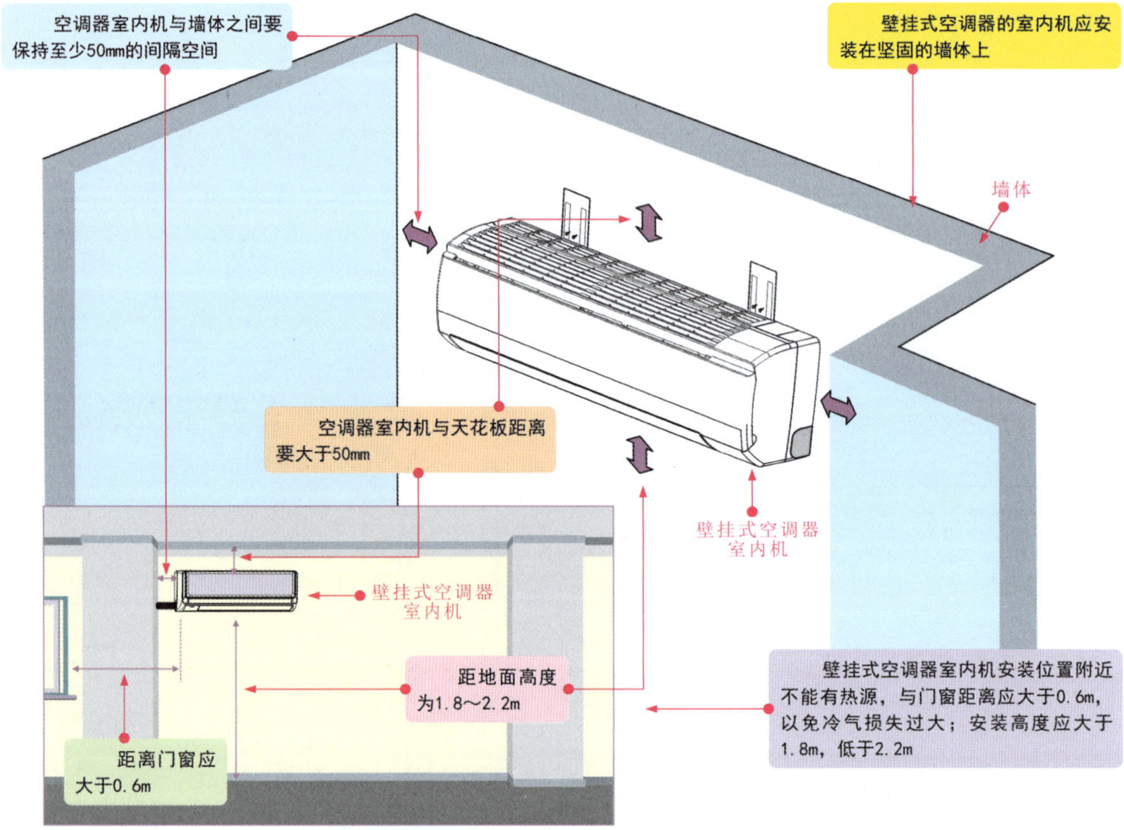

空调器室内机与墙体之间要保持至少50mm的间隔空间
壁挂式空调器的室内机应安装在坚固的墙体上
墙体
空调器室内机与天花板距离要大于50mm
壁挂式空调器室内机
壁挂式空调器室内机
距地面高度为1.8～2.2m
壁挂式空调器室内机安装位置附近不能有热源，与门窗距离应大于0.6m，以免冷气损失过大；安装高度应大于1.8m，低于2.2m
距离门窗应大于0.6m

图7-3 壁挂式空调器室内机的安装要求

（2）壁挂式空调器室内机的悬挂要求

由于壁挂式空调器采用挂板悬挂安装方式（即挂板固定在墙壁上，室内机悬挂于挂板上），为了保证室内机的正常工作，挂板位置必须符合安装规范，如图7-4所示。

挂板
壁挂式空调器室内机
为了能够让室内机冷凝水顺利流出，安装挂板时，出水口一侧应比另一侧略低2mm左右，最大倾斜距离不得超过5mm，否则会影响美观
水平线
空调器出水口一侧的挂板略低
挂板

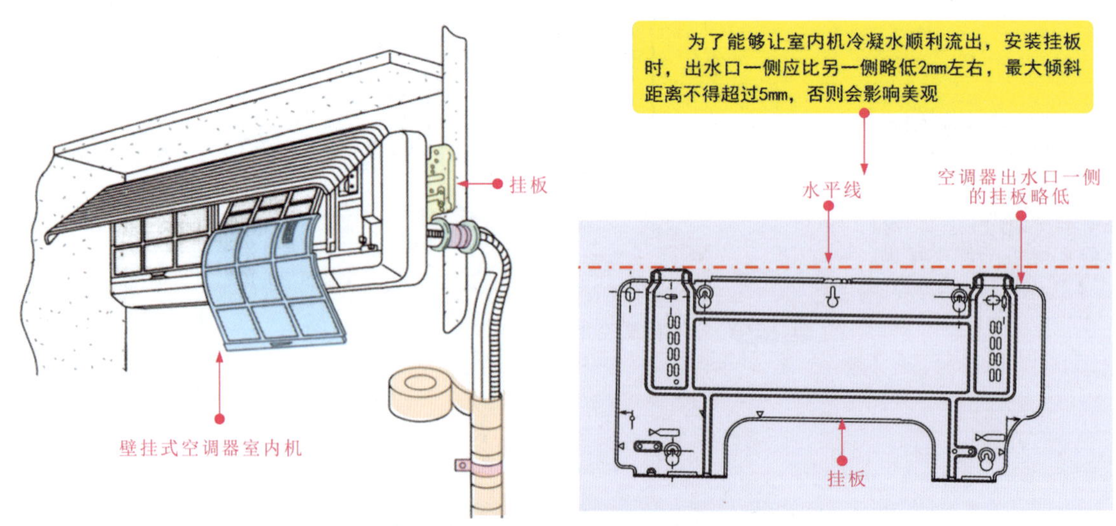

图7-4 壁挂式空调器室内机的悬挂要求

(3)空调器室外机的安装要求

空调器室外机的安装主要有落地式安装和壁挂式安装两种方式。采用不同的安装方式时，应按照不同的安装规范要求进行，如图 7-5 所示。

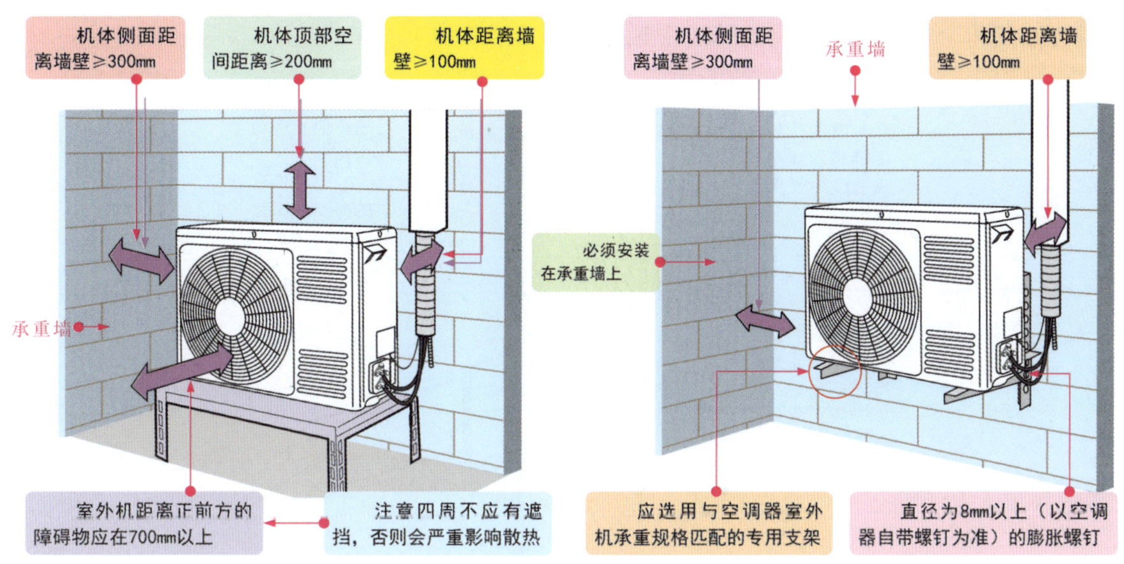

（a）落地式室外机的安装　（b）壁挂式室外机的安装

图7-5 空调器室外机的安装要求

(4)空调器室内机与室外机之间的管路连接规范

一般空调器自带的制冷管路长度为 3m 左右，若没有特殊需要不要续接管路，且应尽量减少管路弯折，以利于制冷剂流动通畅，冷凝水顺利排出，如图 7-6 所示。

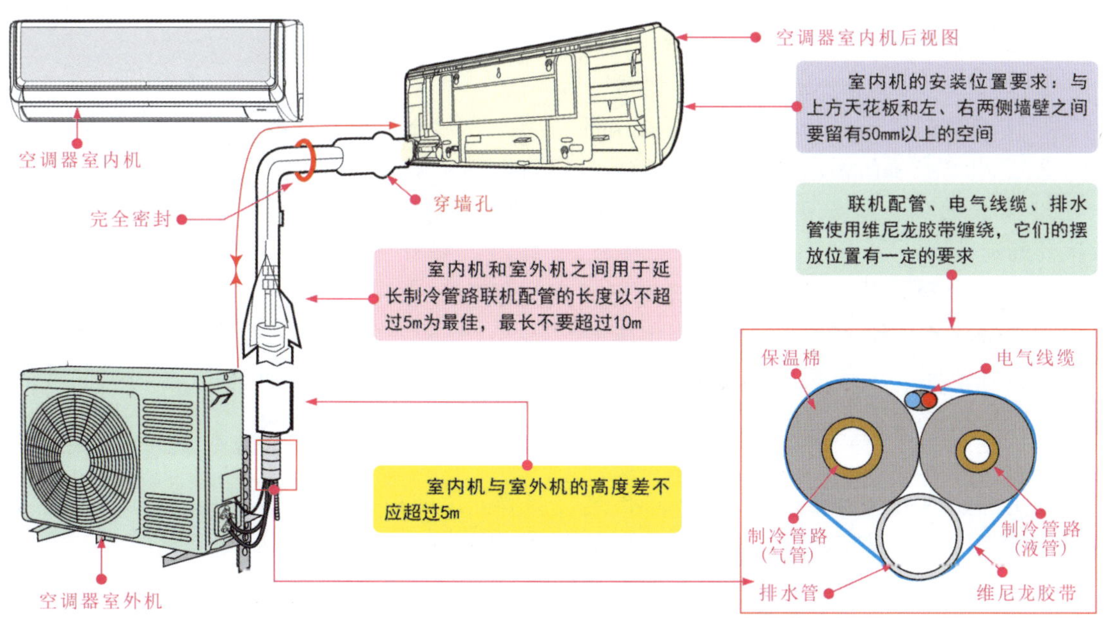

图7-6 空调器室内机与室外机之间的管路连接规范

（5）空调器室内机与室外机之间的穿墙孔的开凿规范

为了使排水管道通畅，穿墙孔的角度应由室内向室外倾斜，室内墙孔的高度应比室外墙孔高5～7mm，如图7-7所示。另外，在穿墙孔内插入套管，并将套管保护圈固定在套管上，可以防止空调器制冷管路和线缆在墙体中受到磨损，套管伸出墙外的长度为15mm，用石膏粉或者油灰将套管与墙面之间的缝隙密封住。

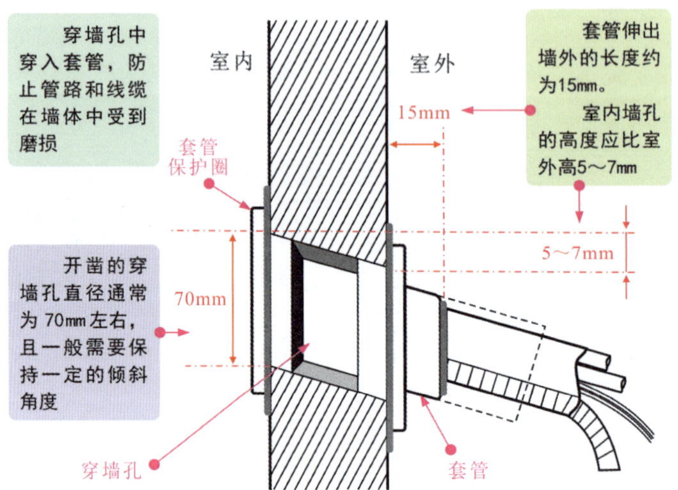

图7-7 空调器室内机与室外机之间的穿墙孔的开凿规范

7.1.2 空调器室内机的安装方法

以壁挂式空调器室内机为例，其具体的安装过程包括4个步骤：安装挂板、墙壁开孔、连接制冷管路和排水管、固定室内机。

【提示说明】

壁挂式空调器室内机在安装时应注意：

① 室内机的进风口和送风口处不能有障碍物，否则会影响空调器的制冷效果；

② 室内机安装的高度要高于目视距离，距地面障碍物0.6m以上；

③ 安装的位置要尽可能缩短与室外机之间的连接距离，减少管路弯折数量，确保排水系统的畅通；

④ 确保安装墙体的牢固性，避免运行时产生振动。

（1）选择室内机的安装位置并固定挂板

根据规范要求，在室内选定好室内机的安装位置后固定室内机的挂板。室内机安装位置的选定和挂板的固定方法如图7-8所示。

（2）开凿穿墙孔

固定好室内机挂板后，接下来的操作是打穿墙孔，即根据事先确定的安装方案，配合室内机的安装位置开凿穿墙孔。穿墙孔的开凿方法如图7-9所示。

（3）室内机与联机配管（制冷管路）的连接

壁挂式空调器室内机的固定挂板安装完成、开凿好穿墙孔后，在固定室内机之前，需要先连接室内机与联机配管（延长制冷管路）。

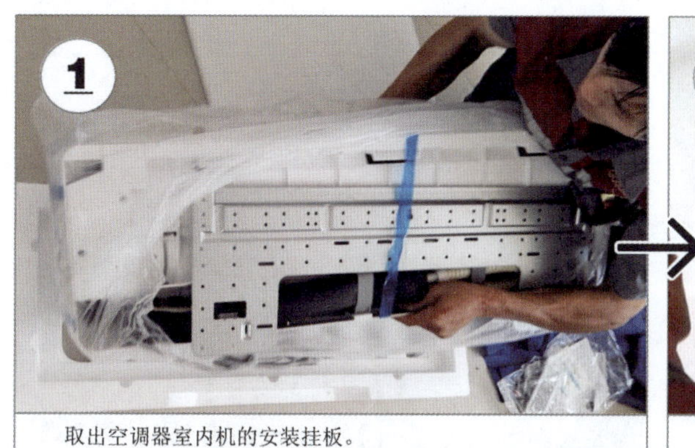

取出空调器室内机的安装挂板。

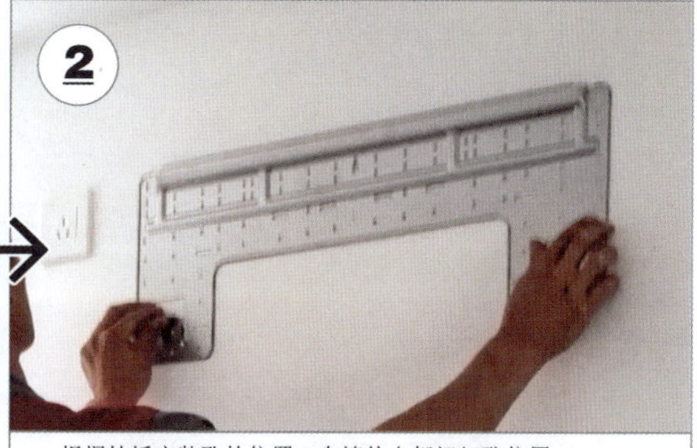

根据挂板安装孔的位置，在墙体上标记打孔位置。

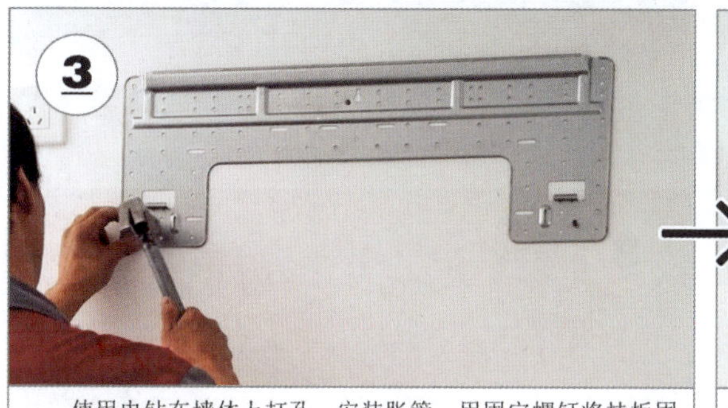

使用电钻在墙体上打孔，安装胀管，用固定螺钉将挂板固定在墙体上。

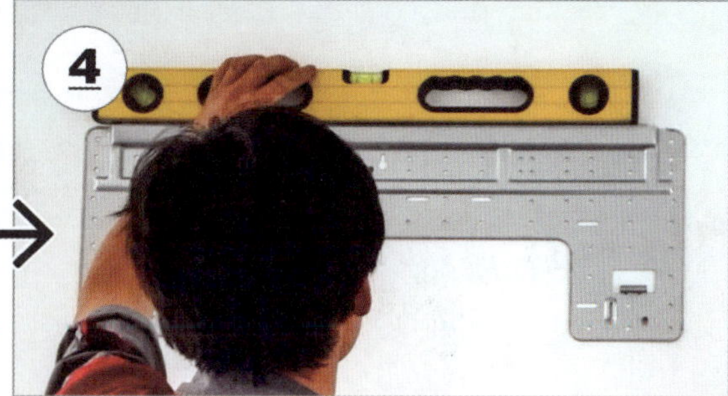

使用水平尺测量挂板的安装是否到位，在正常情况下，出水口一侧应略低2mm左右。

图7-8　室内机安装位置的选定和挂板的固定方法

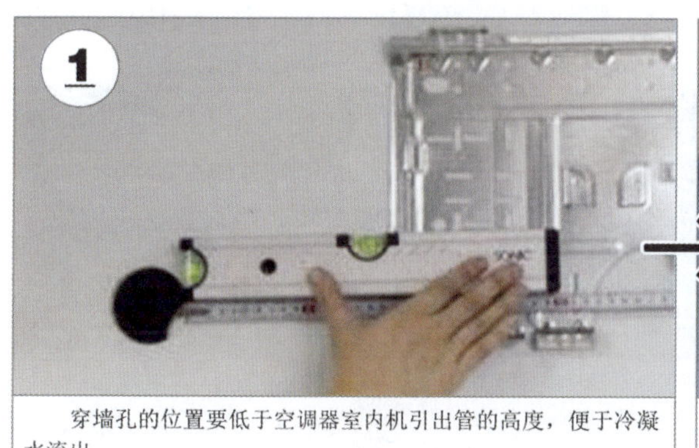

穿墙孔的位置要低于空调器室内机引出管的高度，便于冷凝水流出。

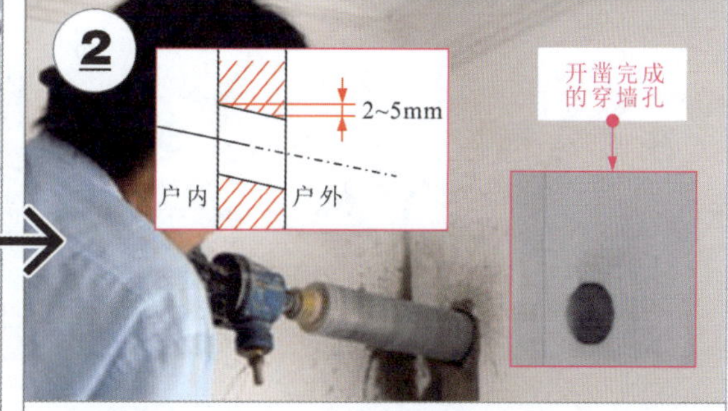

用电锤或水钻打孔机在选定的位置上开凿穿墙孔，注意需要提前确认墙体无暗敷管路或电缆。

图7-9　穿墙孔的开凿方法

将空调器翻转过来，如图7-10所示，可以看到，室内机的制冷管路从背部引出且很短，如果要与室外机连接，就必须通过联机配管延长制冷管路。

安装空调器室内机时，若原厂附带的制冷管路长度不足，则可以配置延长的制冷管路。但应注意，不同制冷剂循环的制冷管路压力不同，所使用的延长制冷管路的厚度及耐压力也不同，应根据所需管路的承载压力、制冷剂及铜管的尺寸进行选择。制冷剂及铜管的选择见表7-1。

室内机的制冷管路与联机配管连接完成后，需要对连接接口部分进行防潮、防水处理。空调器排水管的长度通常也不足以连接到室外，因此，对制冷管路进行延长连接后，还要对排水管进行加长连接，如图7-11所示。

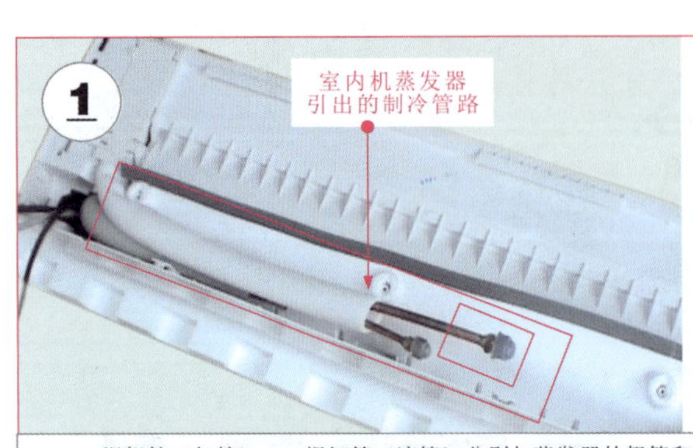

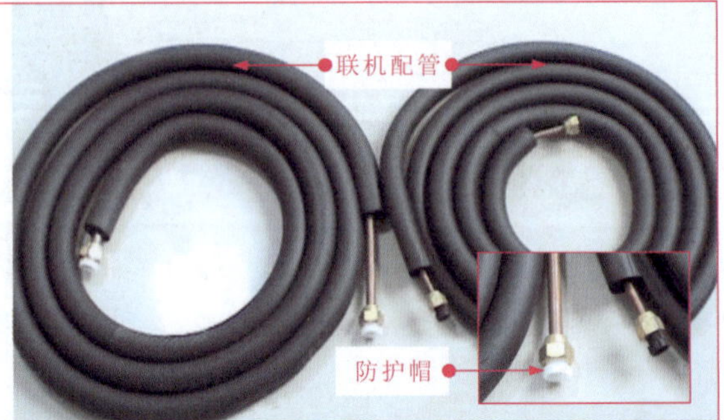

一根粗管（气管）、一根细管（液管）分别与蒸发器的粗管和细管连接。连接管路的管口应制作为喇叭口形状，用于与室内机上的制冷管路连接（在初始状态下安装有防护帽，未安装前不要取下）。

将盘成一卷的联机配管捋直（注意不要有明显的弯痕），以便连接管路。

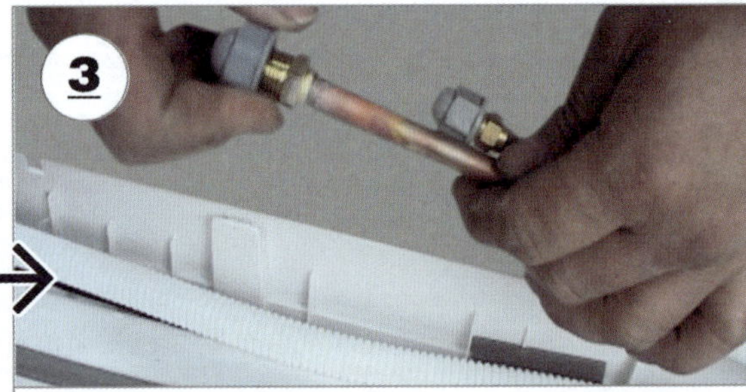

取下室内机制冷管路上的防护帽，在确保不会从管口进入杂物的环境下准备开始连接。

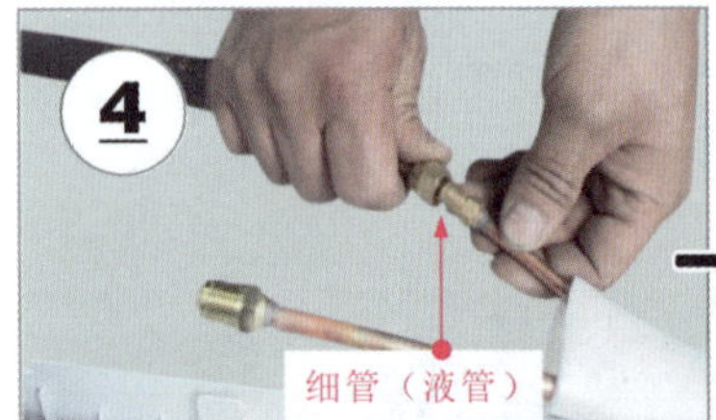

将室内机引出管的细管管口迅速与联机配管的细管（液管）管口连接。

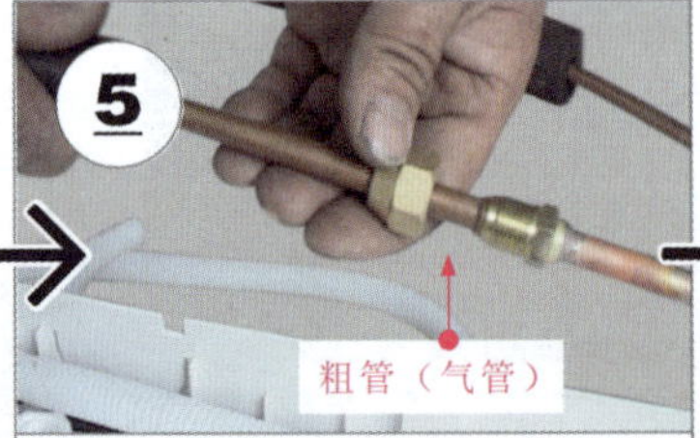

将室内机引出管的粗管管口迅速与联机配管的粗管（气管）管口连接。

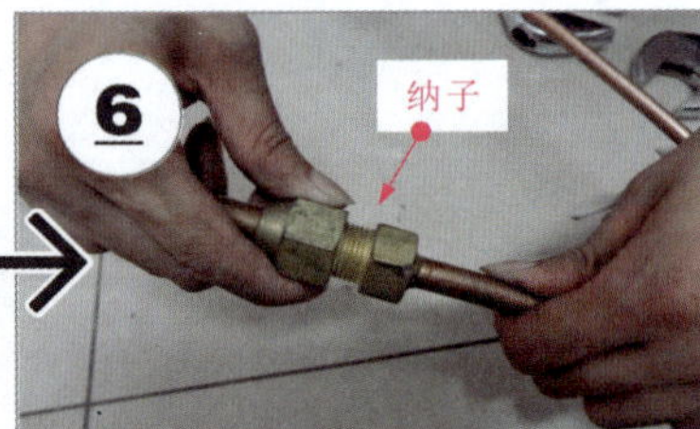

将联机配管上的纳子旋紧到室内机管路管口的螺纹上。

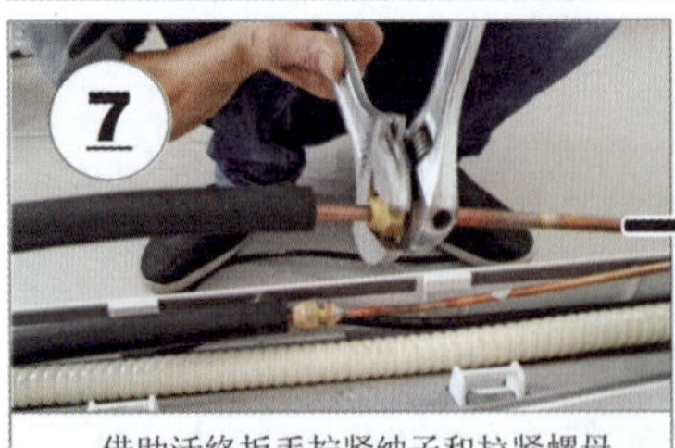

借助活络扳手拧紧纳子和拉紧螺母。

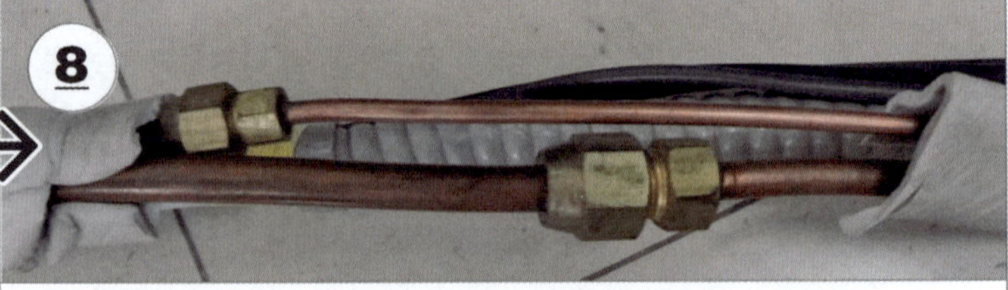

粗管和细管的纳子和拉紧螺母必须拧紧，使管路紧密连接后，完成连接。

图7-10 空调器室内机与联机管路的连接方法

表7-1　制冷剂及铜管的选择

制冷剂型号	管径/in	外径/mm	壁厚/mm	设计压力/MPa	耐压压力/MPa
R22	1/4	6. 35（±0.04）	0. 6（±0.05）	3.15	9.45
	3/8	9. 52（±0.05）	0. 7（±0.06）		
	1/2	12. 70（±0.05）	0. 8（±0.06）		
	5/8	15. 88（±0.06）	10（±0.08）		
R410a	1/4	6. 35（±0.04）	0. 8（±0.05）	4.15	12.45
	3/8	9. 52（±0.05）	0. 8（±0.06）		
	1/2	12. 70（±0.05）	0. 8（±0.06）		
	5/8	15. 88（±0.06）	10（±0.08）		

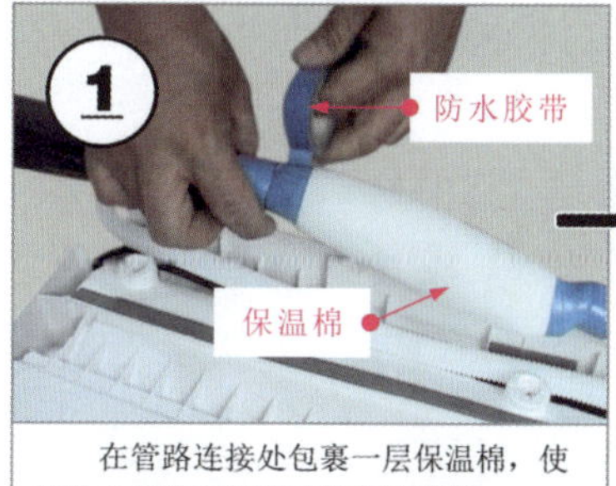

在管路连接处包裹一层保温棉，使用防水胶带将保温棉的两端紧固。

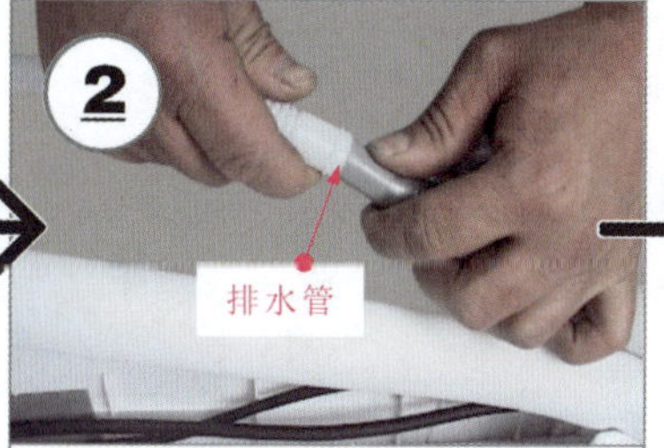

用一根排水管与室内机原排水管对接，增加排水管的长度。

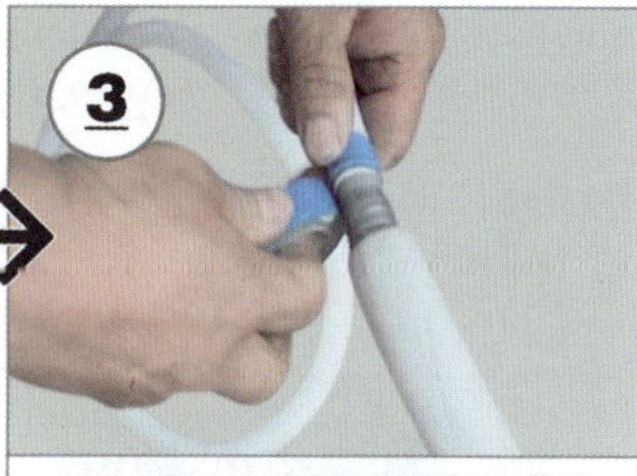

排水管对接后用防水胶带缠紧接头处，防止漏水。

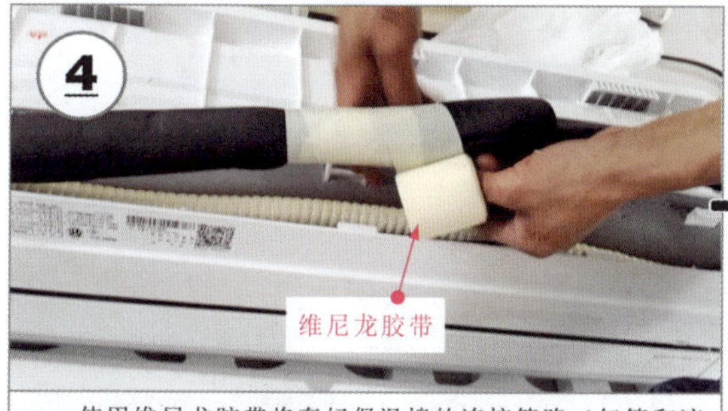

使用维尼龙胶带将套好保温棉的连接管路（气管和液管）缠绕包裹在一起。

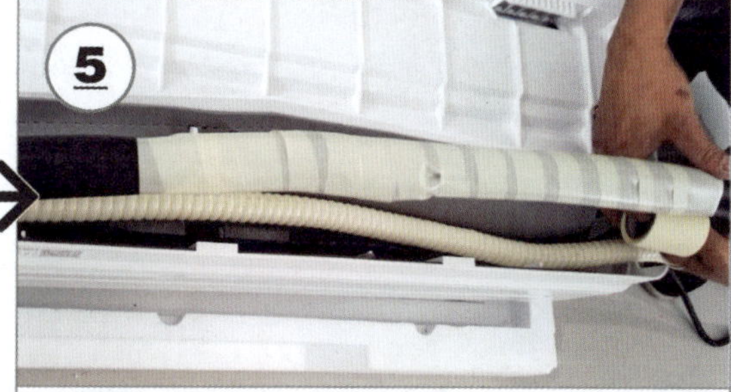

在缠绕过程中，维尼龙胶带稍倾斜一些，确保每一圈都要与上一圈有一定的交叠。

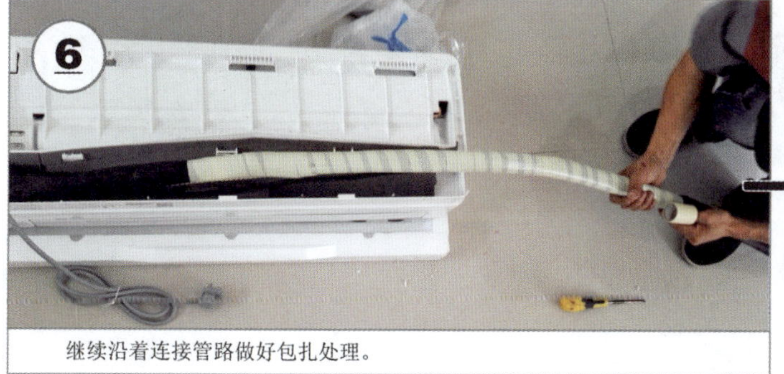

继续沿着连接管路做好包扎处理。

7　分别缠绕

在连接管路端部，分别包扎两根连接管路。

图7-11

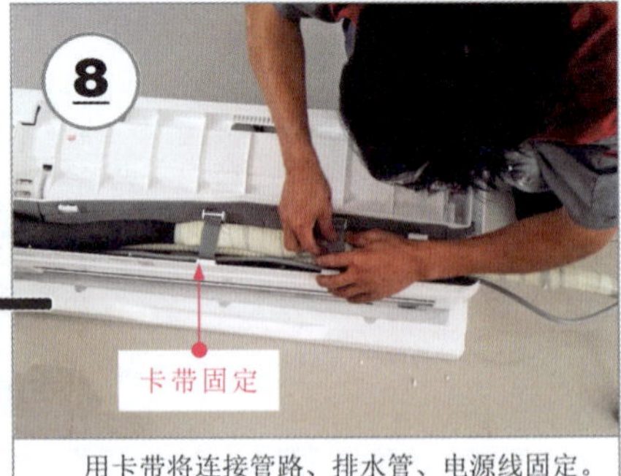

用卡带将连接管路、排水管、电源线固定。

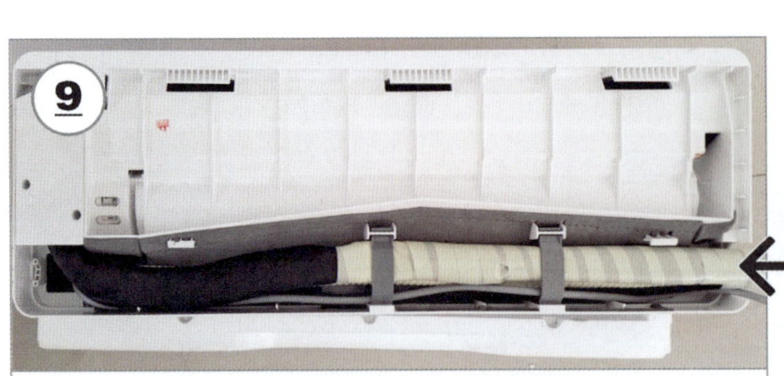

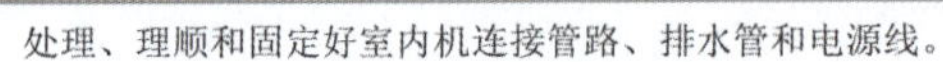

处理、理顺和固定好室内机连接管路、排水管和电源线。

图7-11 管路连接接口处的防潮、防水及排水管的处理

（4）固定室内机

连接管路、排水管和电源线处理完毕后，即可将包扎好的室内机管路及线路系统从室内机的配管口处引出，从穿墙孔穿过引到室外，然后把空调器室内机小心稳固地挂在挂板上，完成室内机的安装，如图 7-12 所示。

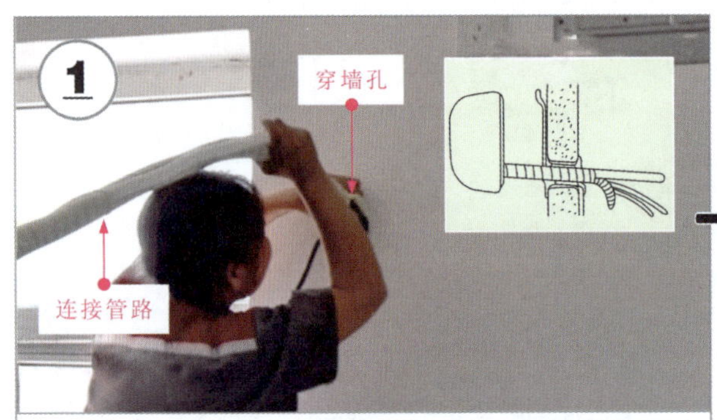

将处理好的空调器管路对准穿墙孔。缓慢推动连接管路，将空调器管路部分从穿墙孔中送至室外。将室内机托举到挂板附近，使背部卡扣对准固定好的挂板。

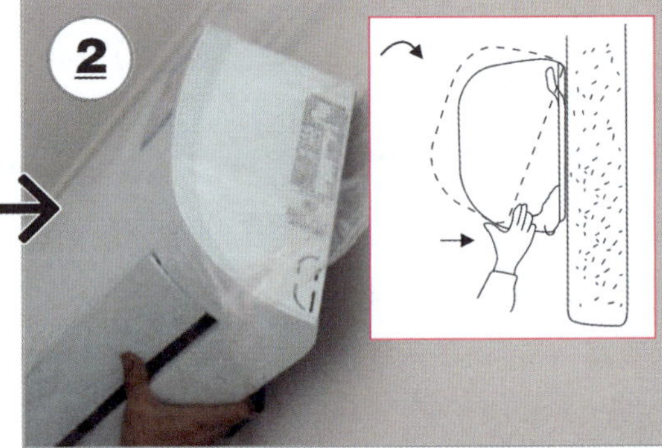

用手抓住室内机的前端，将室内机压向固定挂板，直到听到“咔嚓”声，确保室内机牢固挂在固定挂板上。

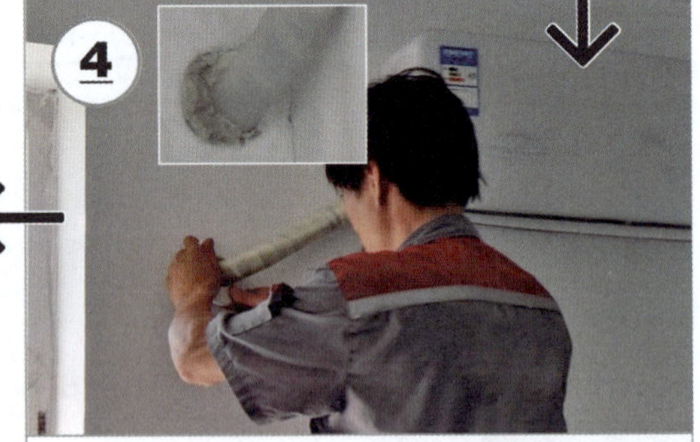

用密封胶泥将穿墙孔与管路之间的缝隙处封严，安装好穿墙孔挡板。

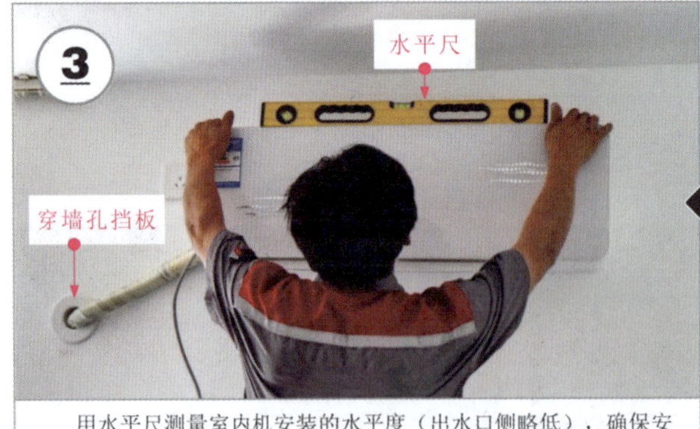

用水平尺测量室内机安装的水平度（出水口侧略低），确保安装固定，准确无误。

图7-12 壁挂式空调器室内机的安装固定

7.1.3 空调器室外机的安装方法

室外机的安装过程包括 6 个步骤：安装固定室外机机体、连接管路的连接、室内机和连接管路内空气的排空、检漏、电源线连接、通电试机。

（1）确定室外机的安装位置并固定

分体式空调器室外机的固定方式主要有平台固定和角钢支撑架固定两种，如图 7-13 所示。

图7-13 空调器室外机的固定方式

【提示说明】

如图 7-14 所示，室外机采用平台固定方式时，应固定室外机地脚，固定件应根据要求选择，如用于在混凝土等安装面上安装固定的膨胀螺栓（一种特殊的螺纹连接件，由沉头螺栓、胀管、垫圈、螺母等组成），应根据安装面材质的坚硬程度确定安装孔的直径和深度，并选择适用的膨胀螺栓规格。

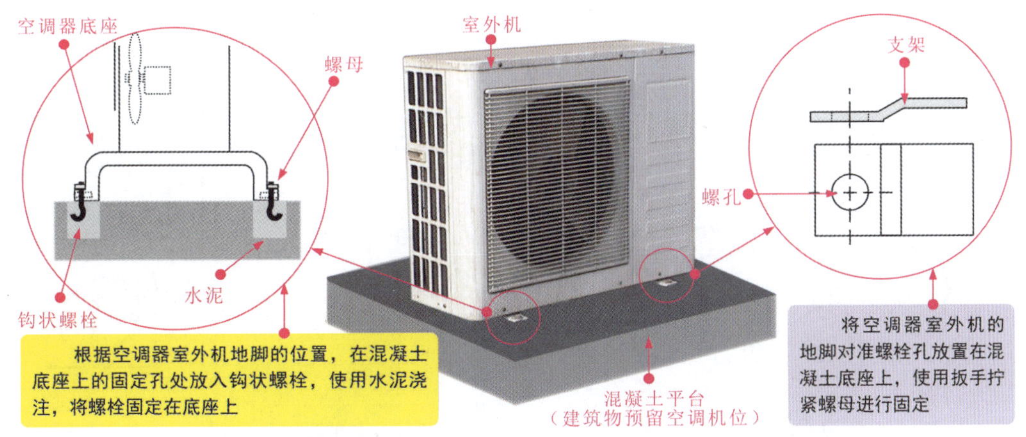

图7-14 空调器室外机在平台上的安装固定方法

（2）连接室内机与室外机之间的管路

空调器的室外机固定完成后，需要将室内机送出的连接管路与空调器室外机上的管路接口（三通截止阀和二通截止阀）连接。

连接时需要特别注意，室外机三通截止阀和二通截止阀的阀门必须确认是关闭状态，严禁松动阀门，避免室外机的制冷剂泄漏。

如图 7-15 所示，将从室内机引出的粗、细两根制冷连接管路分别与室外机侧面的三通截止阀和二通截止阀连接。

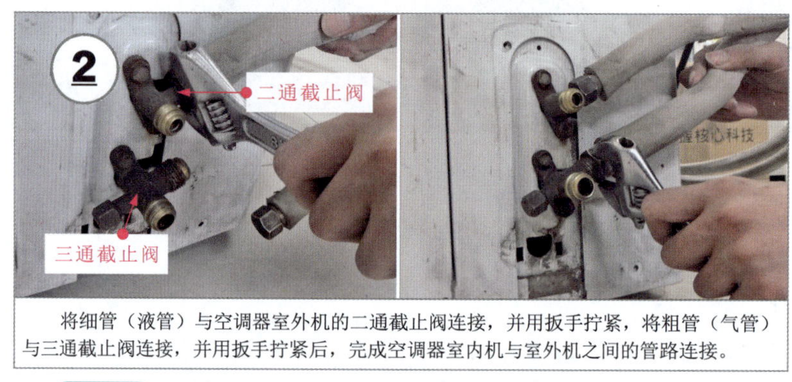

图7-15 空调器室内机引出的连接管路与室外机管路接口的连接

【提示说明】

如图 7-16 所示，室内机与室外机的管路连接完成后，整理联机配管，使弯曲部分平滑过渡。另外，室内机与室外机的高、低位置不同，联机配管的弯曲程度也不一致。

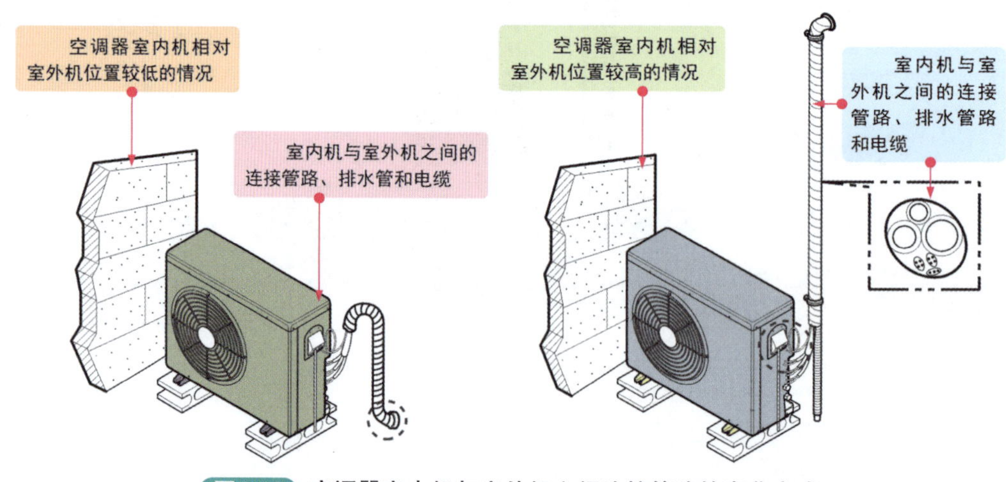

图7-16 空调器室内机与室外机之间连接管路的弯曲方式

（3）连接室内机与室外机之间的电气线缆

空调器室外机管路部分连接完成后，就需要对电气线缆进行连接了。空调器室外机与室内机之间的线缆连接是有极性和顺序的。

如图 7-17 所示，连接时，应参照空调器室外机外壳上电气接线图上的标注顺序，将室内机送出的线缆连接到指定的接线端子上。

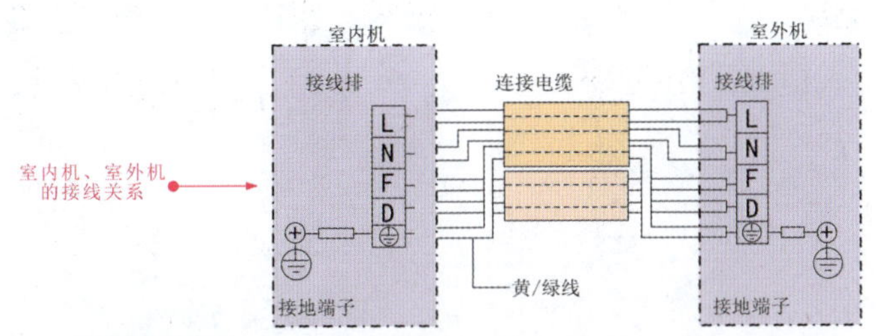

图7-17　空调器室内机与室外机之间的电气连接关系

如图 7-18 所示，在空调器说明书中，线路连接图都有详细标注，具体安装连接时以具体的说明书为准。

室内机与室外机之间的电气线缆连接方法如图 7-19 所示。

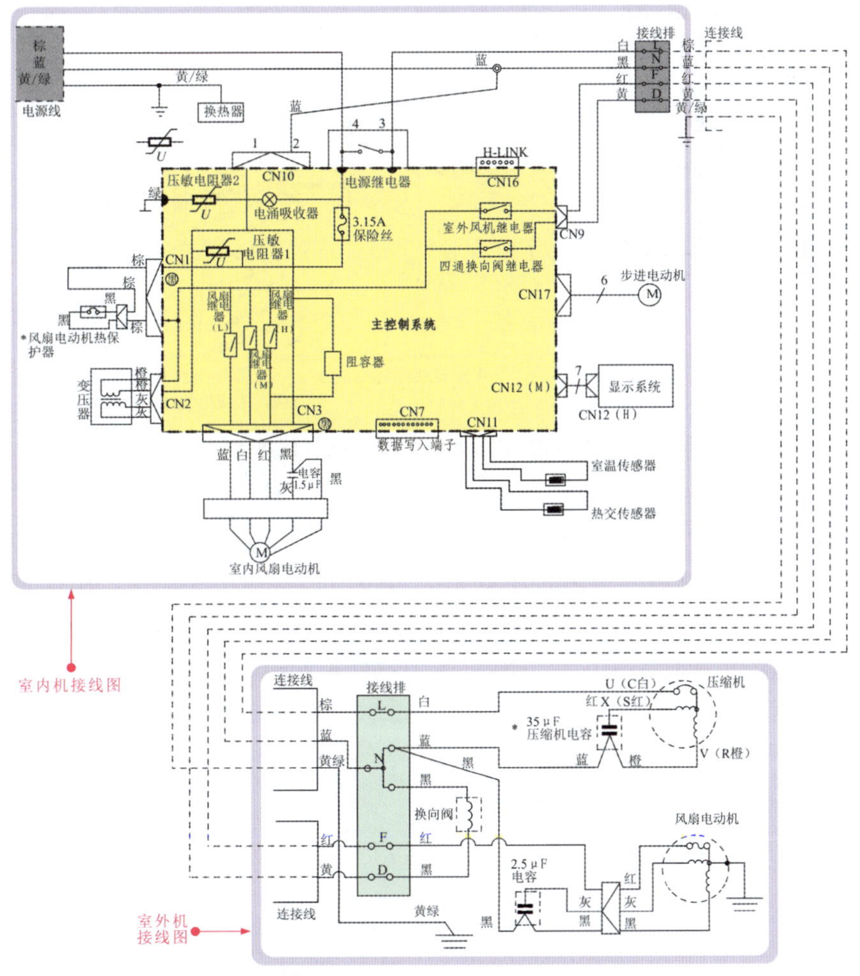

图7-18　空调器的线路连接示意图

(4)试机

室内机和室外机安装连接完成后，开始试机操作。一般试机操作包括室内机及管路的排气、排水试验、通电试机 3 个步骤。

使用螺钉旋具拧下接线盒保护盖的固定螺钉，将接线盒的保护盖取下。

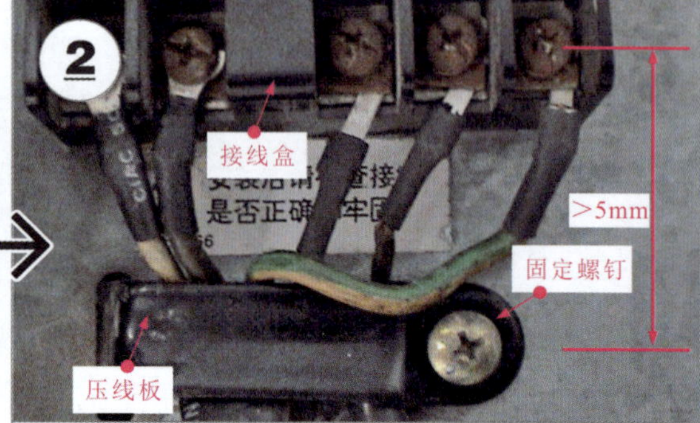

按照接线标识，将相应颜色的线缆连接到接线盒的端子上，拧紧固定螺钉。线缆接好后用压线板压紧线缆，用螺钉固定。

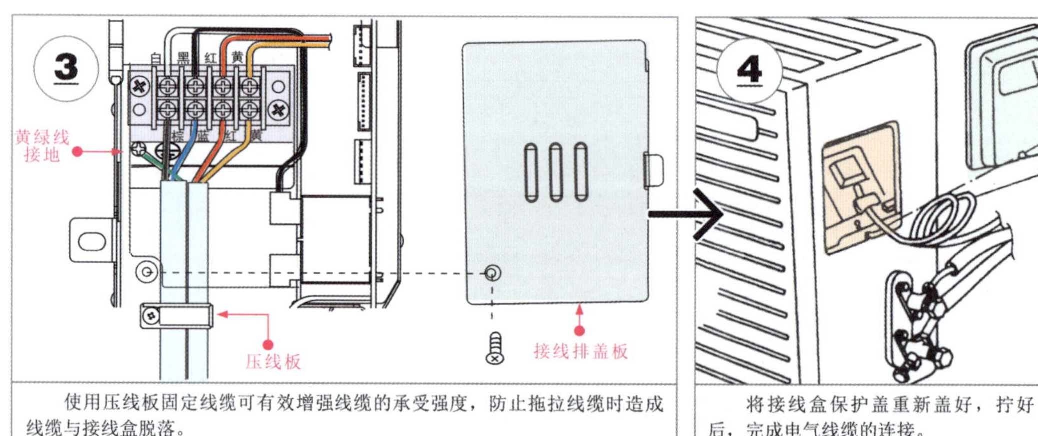

使用压线板固定线缆可有效增强线缆的承受强度，防止拖拉线缆时造成线缆与接线盒脱落。

将接线盒保护盖重新盖好，拧好固定螺钉后，完成电气线缆的连接。

图7-19 室内机与室外机之间的电气线缆连接方法

① 排出室内机及管路中的空气

排出室内机中的空气是安装过程中非常重要的一个环节，因为连接管和蒸发器内留存大量的空气，空气中含有的水分和杂质在空调器系统内会造成压力增高、电流增大、噪声增大、耗电量增多等，使制冷（热）量下降，同时还可能造成冰堵和脏堵等故障。

目前，排出室内机和管路中的空气多采用由室外机制冷剂顶出的方法。其排气原理示意图如图 7-20 所示。

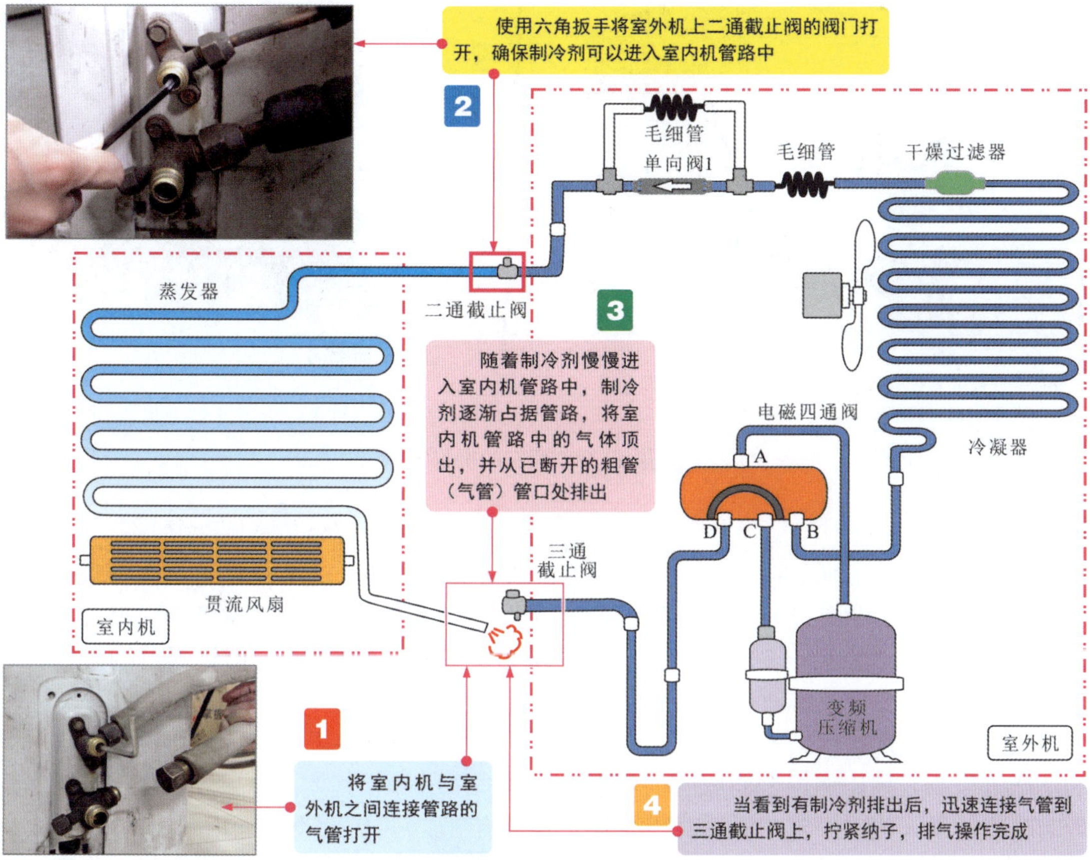

使用六角扳手将室外机上二通截止阀的阀门打开，确保制冷剂可以进入室内机管路中
2
毛细管
单向阀1
毛细管
干燥过滤器
蒸发器
二通截止阀
3
随着制冷剂慢慢进入室内机管路中，制冷剂逐渐占据管路，将室内机管路中的气体顶出，并从已断开的粗管（气管）管口处排出
电磁四通阀
A
冷凝器
D
C
B
三通截止阀
贯流风扇
室内机
变频压缩机
室外机
1
将室内机与室外机之间连接管路的气管打开
4
当看到有制冷剂排出后，迅速连接气管到三通截止阀上，拧紧纳子，排气操作完成

图7-20 排气原理示意图

如图 7-21 所示，根据操作步骤逐步操作，即可实现用制冷剂顶出空调器室内机管路和连接管路中的空气。

1
气管
三通截止阀
2
二通截止阀
力矩扳手

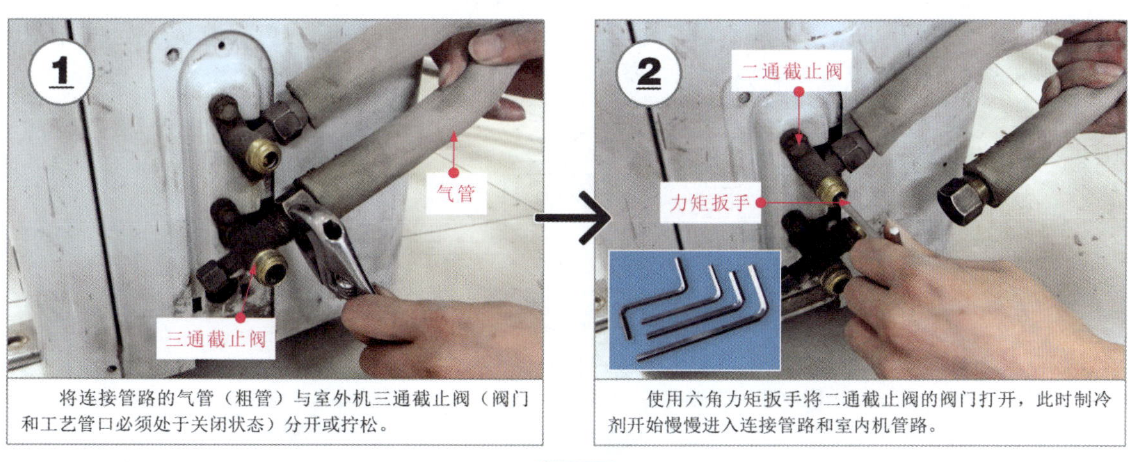

将连接管路的气管（粗管）与室外机三通截止阀（阀门和工艺管口必须处于关闭状态）分开或拧松。

使用六角力矩扳手将二通截止阀的阀门打开，此时制冷剂开始慢慢进入连接管路和室内机管路。

图7-21

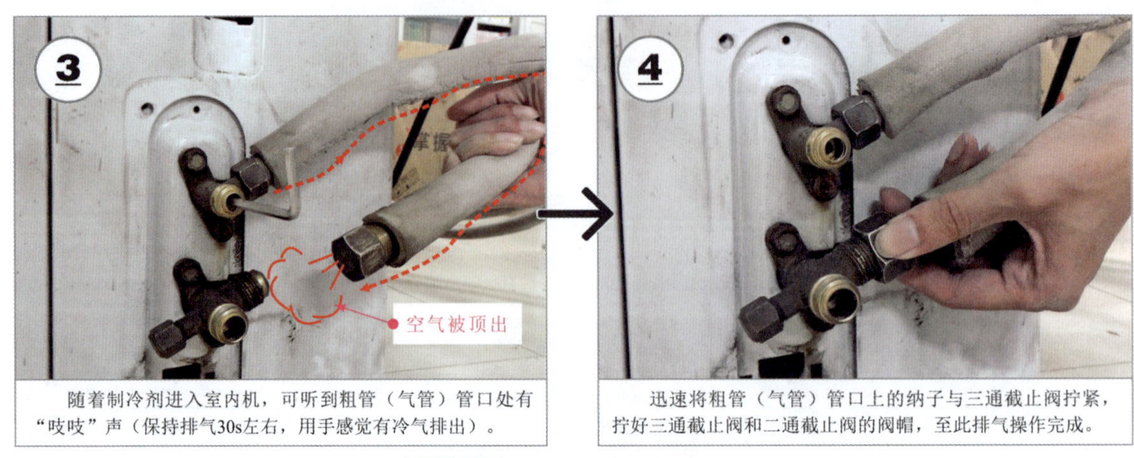

图7-21 制冷剂顶空的操作方法

【提示说明】

这里所说的排气时间30s只是一个参考值，在实际操作时，还要通过用手去感觉喷出的气体是否变凉来控制排气时间。掌握好排气时间对空调器的使用来说非常重要，因为排气时间过长，制冷系统内的制冷剂就会过量流失，从而影响空调器的制冷效果；排气时间过短，室内机和管路中的空气没有排净，也会影响空调器的制冷效果。

变频空调器必须采用抽真空的方法排空是因为这种空调器多采用R410a制冷剂。这种制冷剂是严格按照某种比例混合而成的，若采用顶空法排出部分气体，会导致制冷剂的比例变化影响制冷效果（使用一年左右后对制冷效果的影响明显），因此不能采用制冷剂顶空法。

如图7-22所示，确保三通截止阀和二通截止阀的阀门均处于关闭的状态下，将真空泵连接三通压力表阀后，再用连接软管连接到三通截止阀的工艺管口上。

步骤1：将真空泵、三通压力表阀按上述关系与室外机上三通截止阀上的工艺管口连接。连接三通截止阀工艺管口的连接软管应带有阀针，能够顶开工艺管口内的阀芯。

步骤2：先打开真空泵，再打开三通压力表阀，抽真空开始后，当压力显示至−0.1MPa后再抽15～20min，以确保管路中的真空状态。

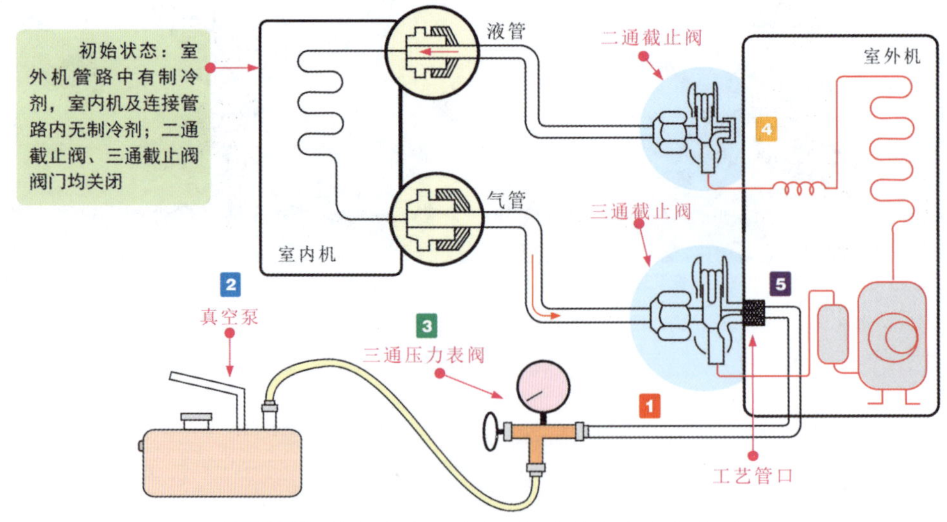

图7-22 抽真空排空的基本操作步骤和注意事项

步骤3：抽真空完毕，先关闭三通压力表阀，再关闭真空泵电源，防止真空泵里的润滑油在负压力下进入空调系统。保持连接，观察压力表显示压力的数值是否变化。

步骤4：打开二通截止阀阀门1/4圈，10s后再关闭，可以使室外机管路中的负压变为正压，正压状态下可检漏；确保最后一步在正压状态下，取下三通压力表阀，防止空气回流。

步骤5：用检漏枪或肥皂水检测管路的连接部分有无泄漏，取下真空泵和三通压力表阀，将阀门全部打开，抽真空操作完成。

按照抽真空的操作方法和规范要求连接空调器并完成抽真空的排空操作，如图7-23所示。

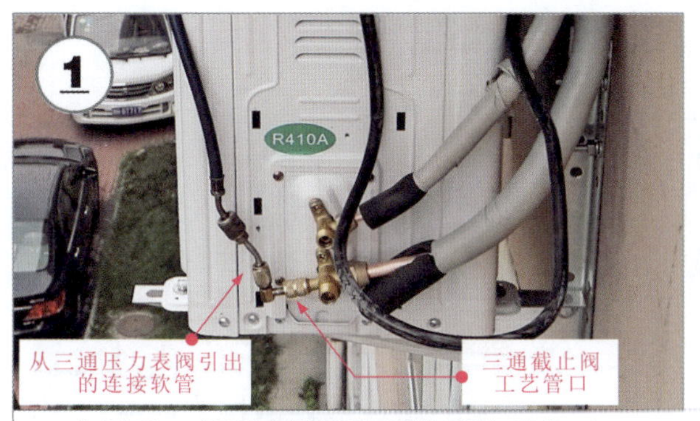

将真空泵、三通压力表阀连接到三通截止阀的工艺管口上。

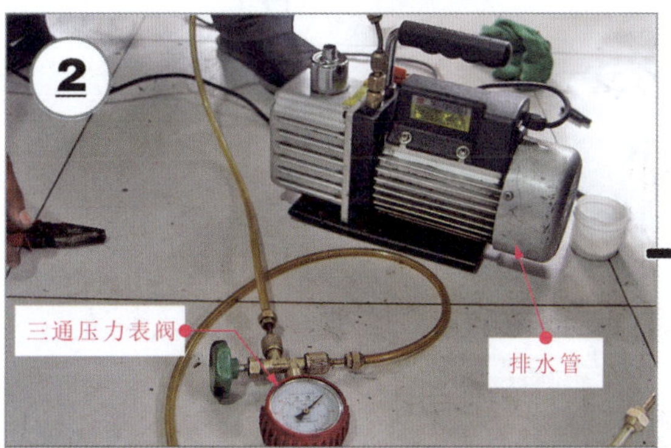

打开真空泵，拧开三通压力表阀的阀门开始抽真空，直至压力表盘显示压力值为-0.1MPa后，再抽15～20min。

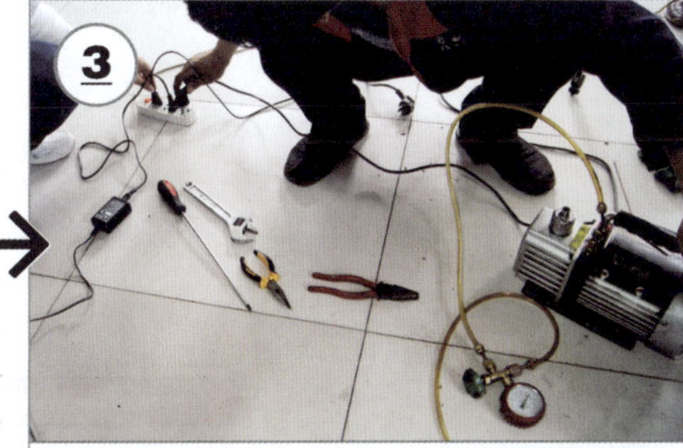

关闭三通压力表阀，再关闭真空泵，保持三通压力表阀与空调器管路的连接，检查压力有无回升。

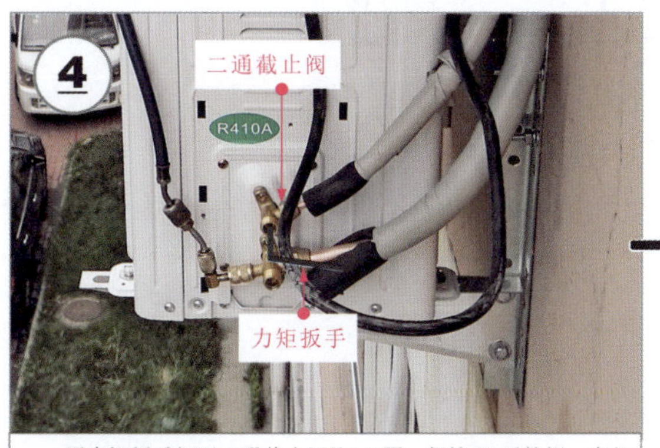

用力矩扳手打开二通截止阀约1/4圈，保持10s后关闭，有部分制冷剂进入室内机管路中，管路压力由负压力变为正压力。

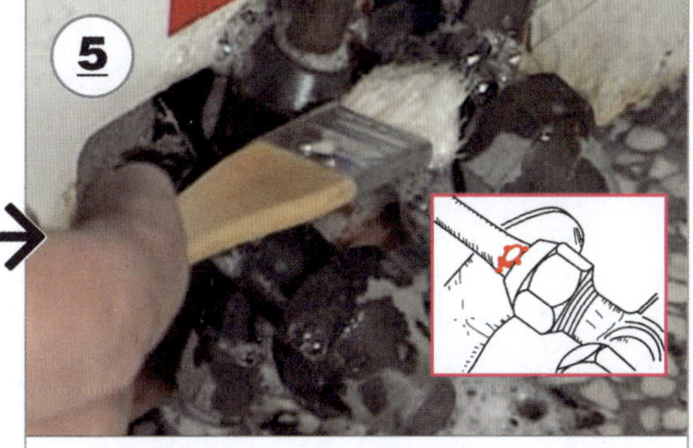

检漏测压无异常后，取下三通压力表阀，将二通截止阀和三通截止阀阀门全部打开，室内、外机管路形成闭合回路。

图7-23 抽真空排空的操作方法

【提示说明】

如图 7-24 所示，在抽真空操作中，当室内机管路和连接管路中的空气未排出前，室外机管路必须处于密封状态，即此时二通截止阀、三通截止阀阀门必须关闭；当通过三通截止阀的工艺管口连接三通压力表阀及真空泵后，由连接软管一端的阀针将三通截止阀工艺管口的阀芯顶开，此时工艺管口与连接管路、室内机制冷管路相通，可通过工艺管口将管路中的空气抽出。

需要注意的是，不论三通截止阀的阀门是否关闭，只要工艺管口的阀芯被顶开，则工艺管口即可与连接管路导通。

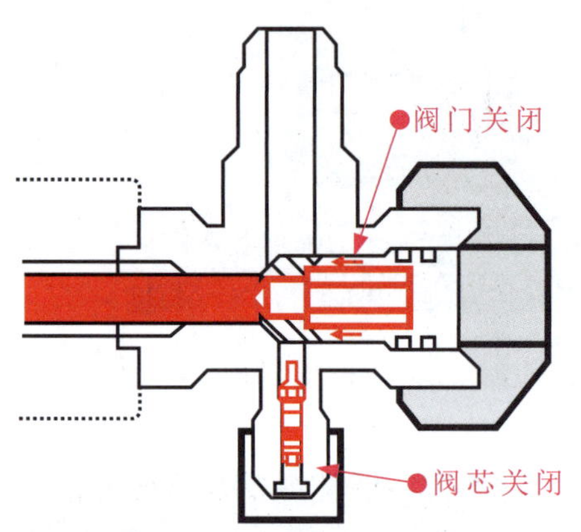

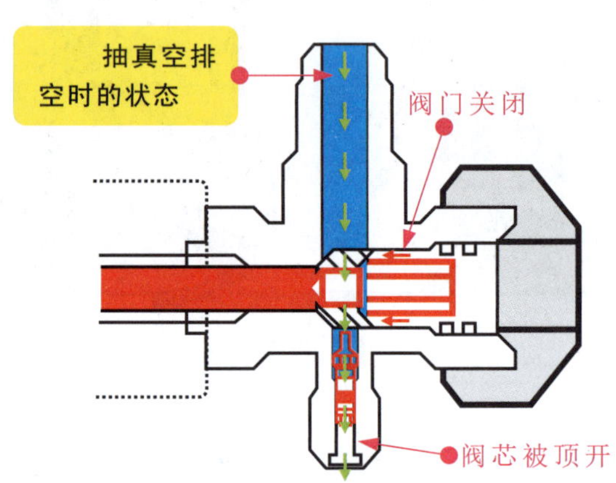

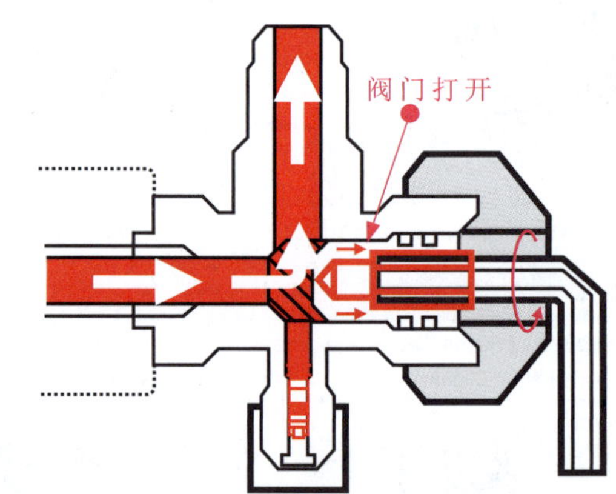

图7-24 抽真空操作中三通截止阀内的三通关系

② 空调器排水试验

空调器在正常工作时，冷凝器因气液变化会在管路上产生冷凝水。这些冷凝水需要排出。若排水不当，也将导致空调器工作异常。因此，排水检查是空调器安装完毕后的一个重要检查项目，即检查室内机能否将水排出室外。

图 7-25 为空调器安装后的排水试验。

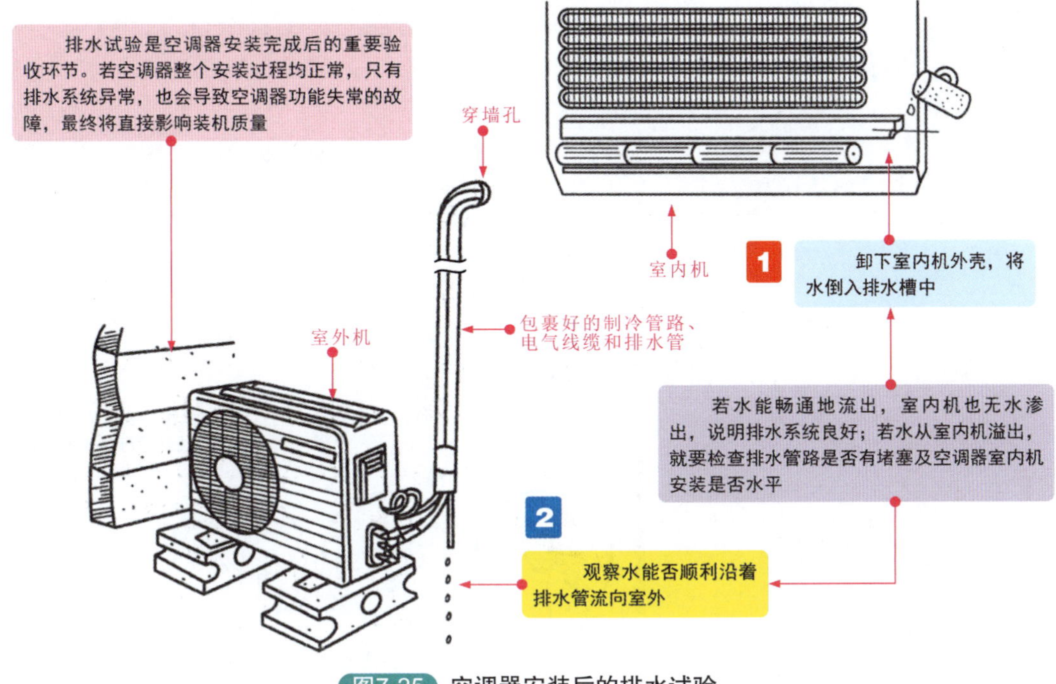

图7-25 空调器安装后的排水试验

【提示说明】

如图 7-26 所示，空调器冷凝水排出是否顺利，除了与安装中穿墙孔的位置、室内机的位置和高度等有关外，还与排水管的引出方法有直接关系，排水管弯曲、引入排水沟、水池等操作不当，均会引起排水异常情况，因此当排水不良时，需要检查排水管的引出情况。

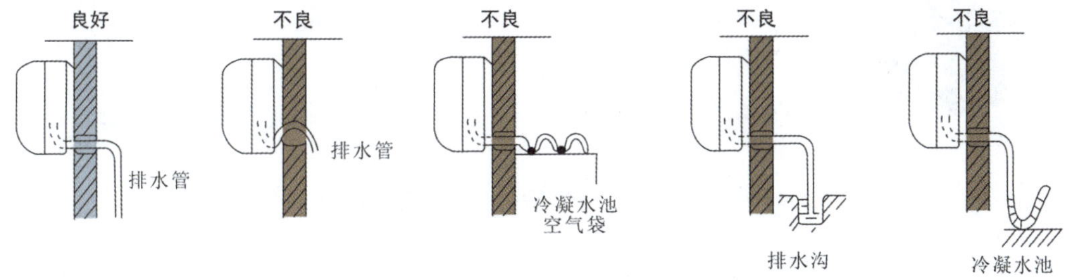

图7-26 排水管的几种引出方式

在确认管路无泄漏、排水系统良好后，就可以通电试机了。

③ 通电试机

通电试机是指接通空调器的电源，通过试操作运行检查空调器的安装成功与否。该操作是空调器安装操作中的最后步骤，也是正式投入使用前的重要步骤。空调器安装完成后的通电测试如图 7-27 所示。

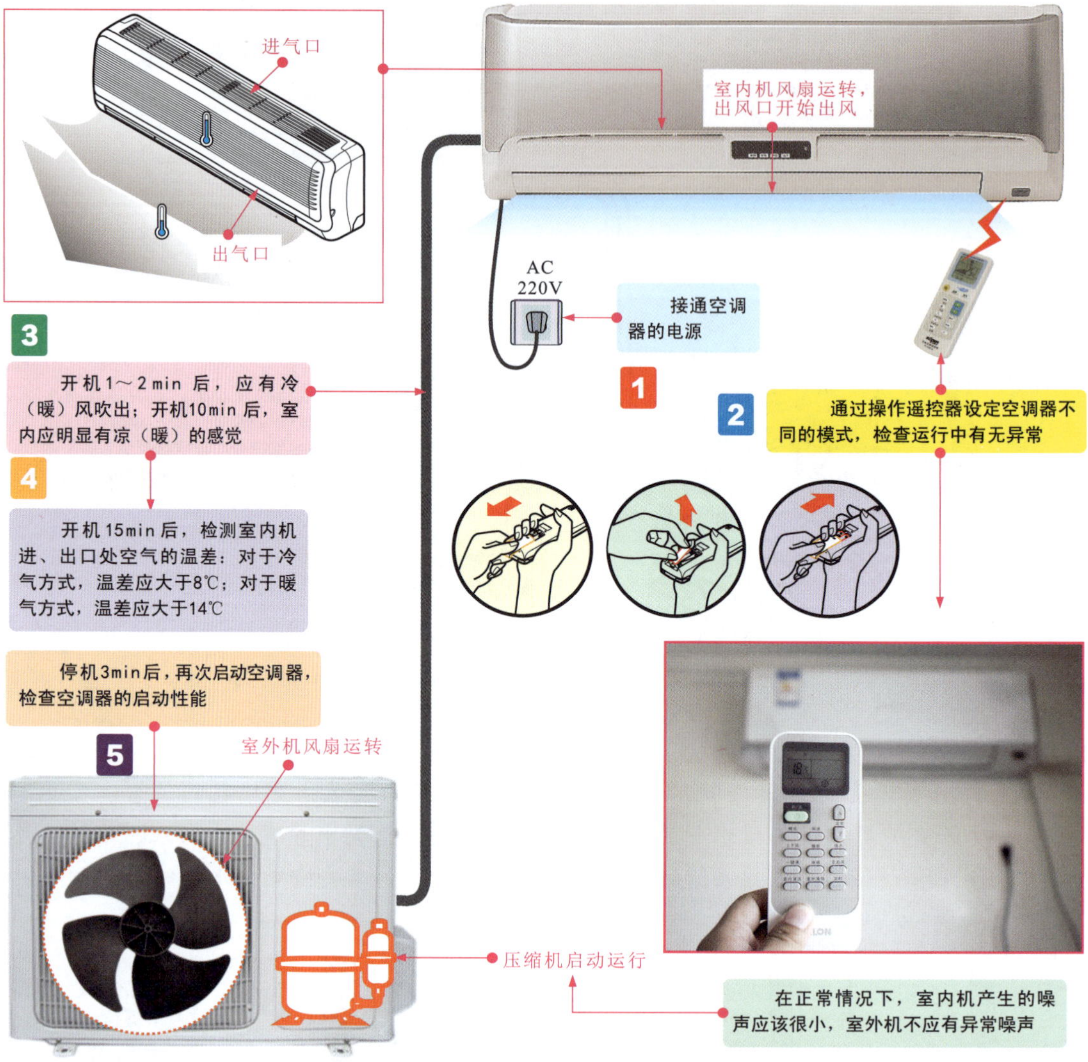

进气口
出气口
室内机风扇运转，出风口开始出风
AC 220V
1 接通空调器的电源
2 通过操作遥控器设定空调器不同的模式，检查运行中有无异常
3 开机1～2 min 后，应有冷（暖）风吹出；开机10min 后，室内应明显有凉（暖）的感觉
4 开机15min后，检测室内机进、出口处空气的温差：对于冷气方式，温差应大于8℃；对于暖气方式，温差应大于14℃
停机3min后，再次启动空调器，检查空调器的启动性能
5
室外机风扇运转
压缩机启动运行
在正常情况下，室内机产生的噪声应该很小，室外机不应有异常噪声

图7-27 空调器安装完成后的通电测试

7.2 空调器的移机

空调器在使用过程中常常会因位置不当或环境因素影响而进行位置的变化或移动。由于空调器室内机与室外机两个部分构成了封闭的制冷循环管路，因此移机时，不仅仅是将室内机与室外机的位置进行变化，还涉及封闭制冷循环管路的打开与连接、制冷剂的处理等操作，作为一名空调器的维修人员，掌握空调器移机前的准备及操作基本规程和操作方法是十分必要的。

不同品牌、类型和结构形式的空调器，移机的操作方法和要求基本相同，下面仍以典型分体壁挂式空调器为例（其他类型空调器的移机操作方法与其类似）介绍空调器的移机操作方法。

按照正常的操作顺序，空调器的移机技能分为 4 个步骤，即回收制冷剂、拆卸机组、移机、重新安装，如图 7-28 所示。

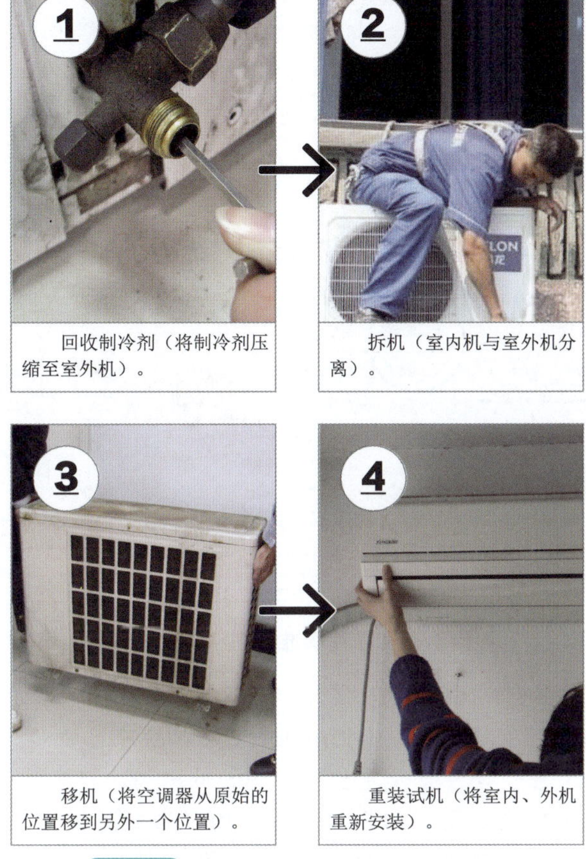

图7-28 空调器移机的基本流程示意图

7.2.1 空调器移机前的准备

空调器在移机前要做好移机前的准备。移机前的准备包括回收制冷剂和拆机两个步骤。

(1) 回收制冷剂

移机之前，需要将制冷管路中的制冷剂回收。目前，最常采用的方法是将制冷剂回收到室外机管路中。空调器内制冷管路中的制冷剂回收到室外机的操作方法如图 7-29 所示。

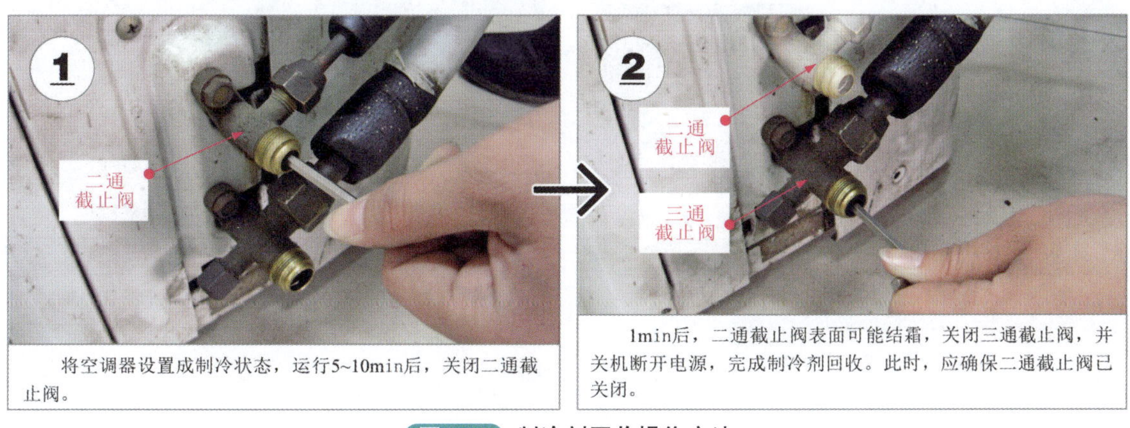

图7-29 制冷剂回收操作方法

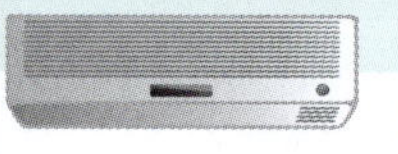

【提示说明】

在上述制冷剂的回收过程中，制冷剂回收的时间是根据维修人员积累的经验而定的，也可借助复合修理阀准确判断制冷剂的回收情况，如图 7-30 所示。

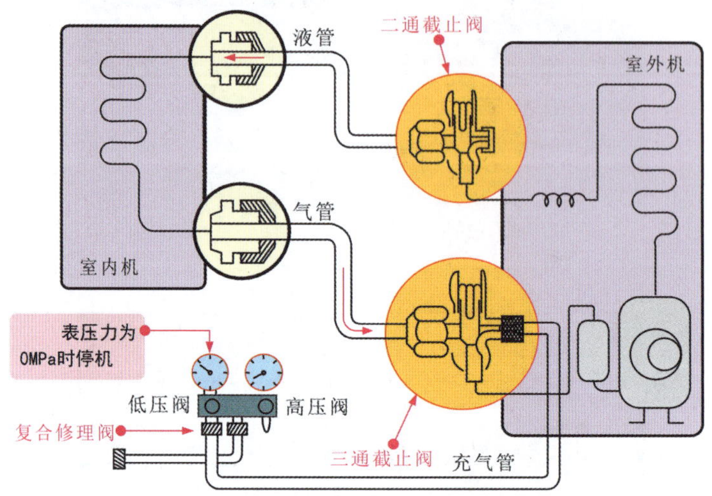

图7-30 借助复合修理阀准确判断制冷剂的回收情况

具体操作过程与前述操作过程相似。首先卸下三通截止阀和二通液体截止阀的阀帽，确认阀门处于开放位置，启动空调器 10 ~ 15min，使空调器停止运转并等待 3min，将复合修理阀接至三通截止阀的工艺管口，打开复合修理阀的低压阀，将充气管中的空气排出。

将二通截止阀调至关闭的位置（用六角扳手将阀杆沿顺时针方向旋转到底），使空调器在冷气循环方式下运转，当表压力为 0MPa 时，使空调器停止运转，迅速将三通截止阀调至关闭的位置（将阀杆沿顺时针方向旋转到底），安装好二通截止阀和三通截止阀的阀帽和工艺管口帽后，制冷剂回收完成。

（2）拆机

制冷剂回收完成，确认二通截止阀和三通截止阀关闭密封良好后，便可将空调器机组拆卸下来，即将室外机与室内机之间的连接管路和通信电缆拆开，如图 7-31 所示，使室内机与室外机分离。

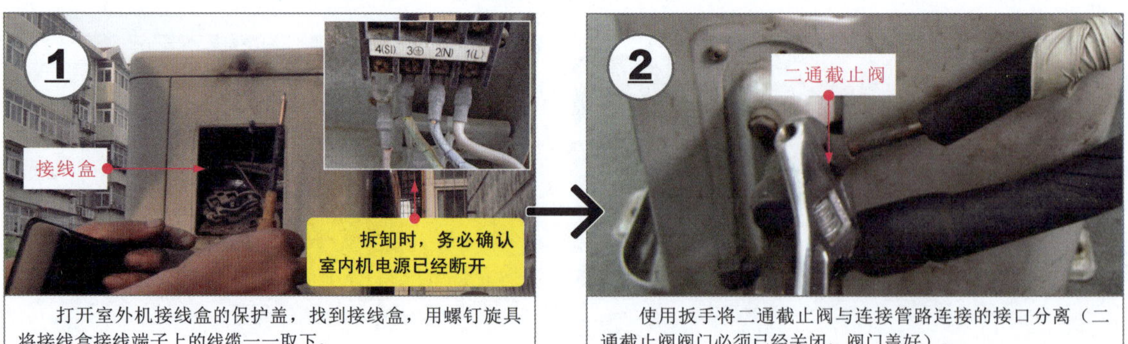

打开室外机接线盒的保护盖，找到接线盒，用螺钉旋具将接线盒接线端子上的线缆一一取下。

使用扳手将二通截止阀与连接管路连接的接口分离（二通截止阀阀门必须已经关闭，阀门盖好）。

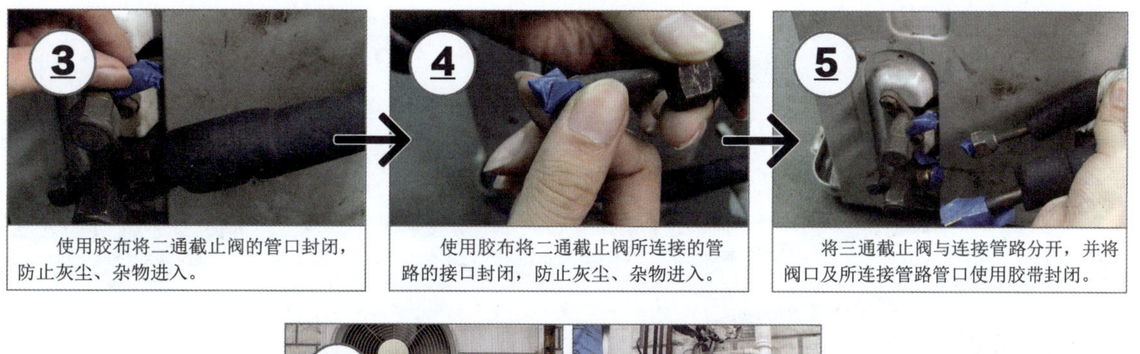

使用胶布将二通截止阀的管口封闭，防止灰尘、杂物进入。

使用胶布将二通截止阀所连接的管路的接口封闭，防止灰尘、杂物进入。

将三通截止阀与连接管路分开，并将阀口及所连接管路管口使用胶带封闭。

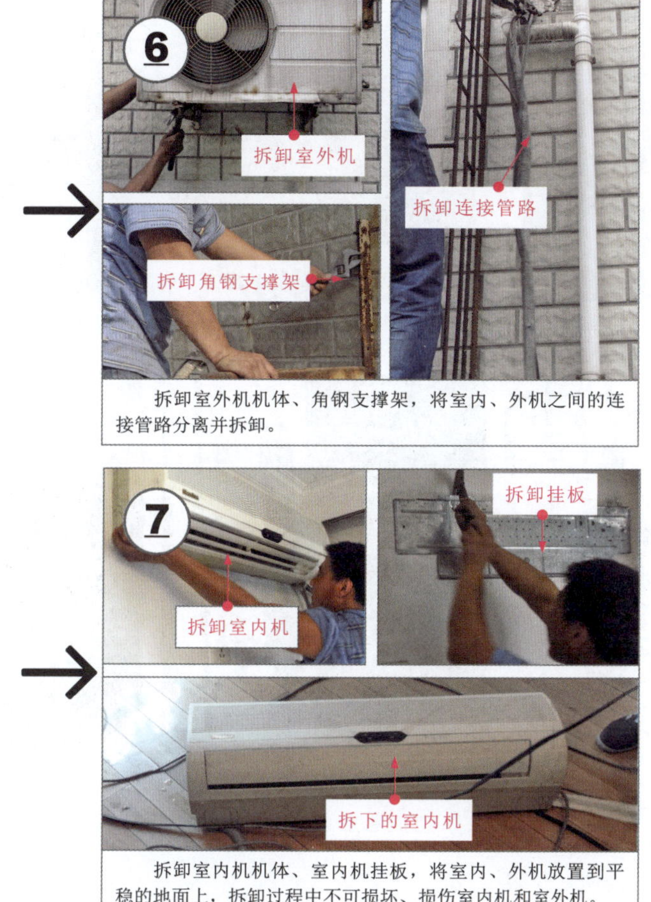

拆卸室外机机体、角钢支撑架，将室内、外机之间的连接管路分离并拆卸。

拆卸室内机机体、室内机挂板，将室内、外机放置到平稳的地面上，拆卸过程中不可损坏、损伤室内机和室外机。

图7-31 分离空调器室内机和室外机并拆下

7.2.2　空调器移机的操作方法

空调器的移机要严格按照操作规程，否则可能由于操作失误而导致空调器故障或缩短使用寿命。空调器的移机包括重装前的检查和重新安装两个步骤。

（1）重装前的检查

如图 7-32 所示，将分离后的室内机和室外机妥善移至新的安装环境，尤其注意管路不能弯折，若制冷管路外保护层破损严重，则需要重新包扎，否则影响使用效果。若空调器脏污严重，则在安装前要进行必要的清洁处理。

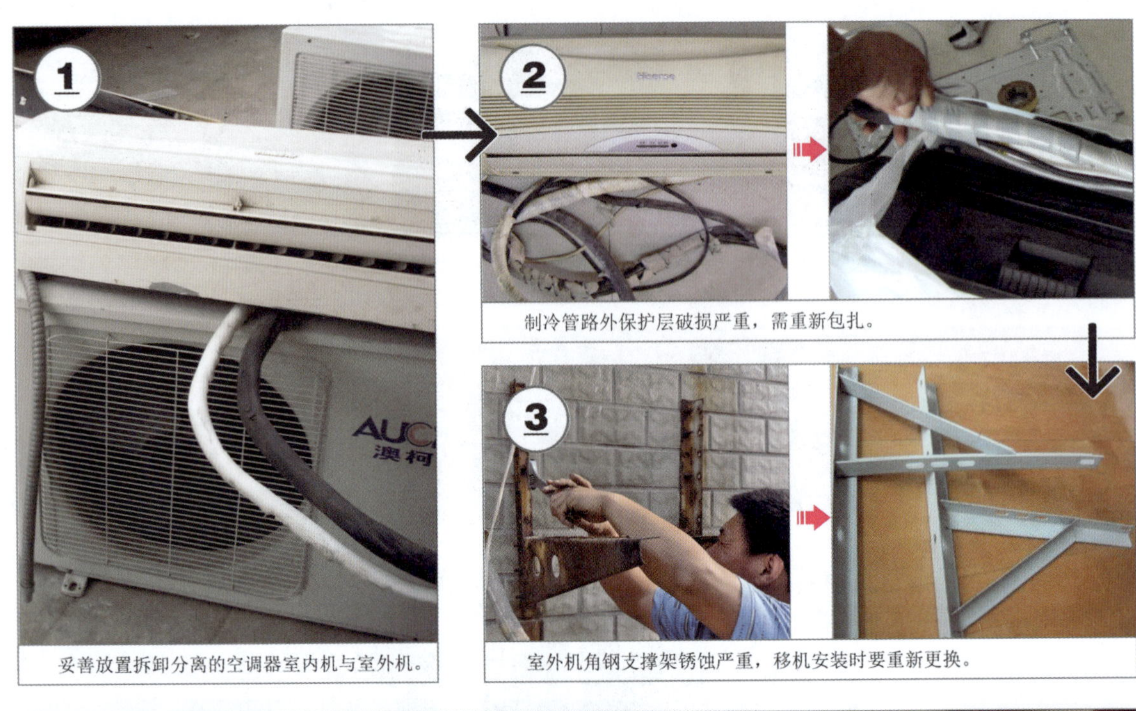

妥善放置拆卸分离的空调器室内机与室外机。

制冷管路外保护层破损严重，需重新包扎。

室外机角钢支撑架锈蚀严重，移机安装时要重新更换。

检查空调器内部是否脏污严重。若脏污严重，需对空调器内部进行必要的清洁处理。

图7-32 空调器重装前的检查

（2）重新装机并试机

如图 7-33 所示，空调器的重装过程与新空调器的安装操作类似。需要注意的是，由于是重装机，在拆机、移动过程中难免会出现磕碰、制冷剂泄漏等情况，因此重装完毕后，检漏、排水实验、通电试机都是十分重要的验收环节。若出现制冷剂泄漏或制冷剂不足等情况，应及时修补并充注制冷剂。

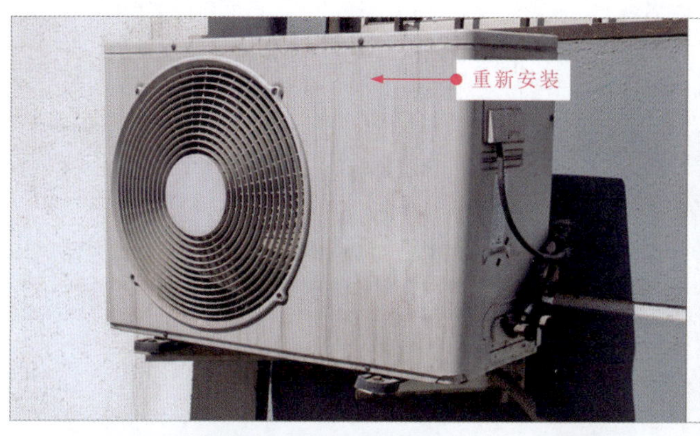

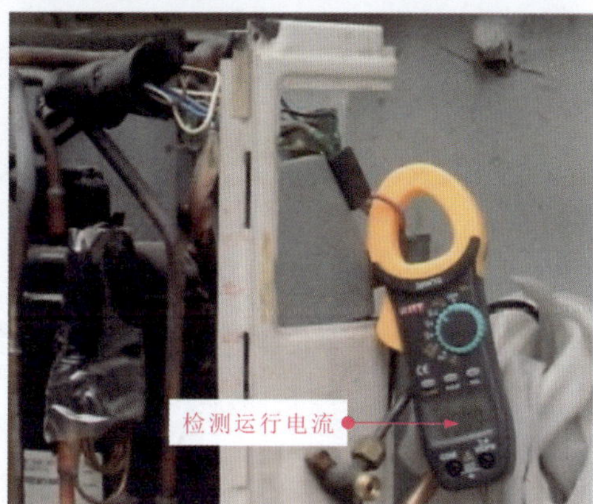

图7-33 重装试机

第 8 章
空调器的检修方法及注意事项

为方便读者学习，提高效率，本章提供电子版，读者可扫码阅读以下内容。

8.1　空调器的常用检修方法

8.2　空调器检修中的安全注意事项

第 9 章
空调器的基础检修技能

9.1 空调器的电路检测技能

空调器的电路系统是空调器维修中的重点难点，通常需要借助专用的检修仪表对相关电气部件的性能和电路中的电压、电流等参数进行检测来排查故障。

9.1.1 检测电气部件

在空调器电路系统中，电动机、压缩机、继电器、温度传感器等电气部件是检修的重点，可借助万用表检测这类电气部件的性能判断好坏，进而排查空调器的故障。

例如，借助万用表检测空调器轴流风扇电动机，判断电动机好坏，如图 9-1 所示。

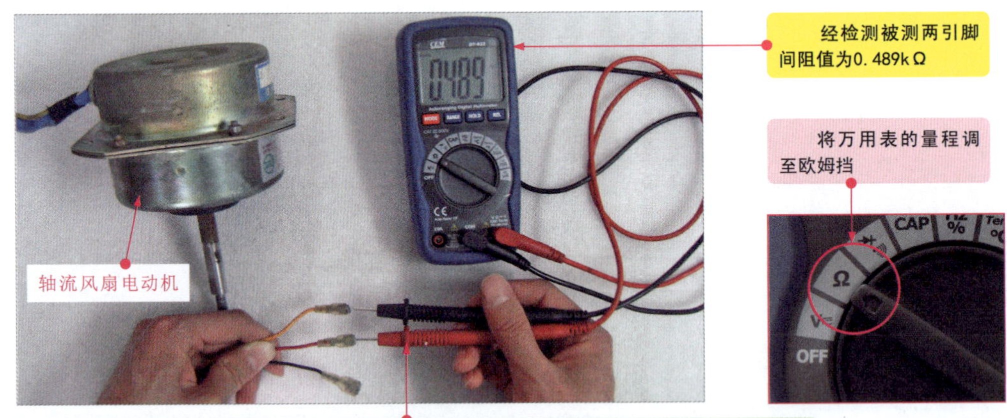

图9-1 空调器中轴流风扇电动机的检测

可以看到，借助检测仪表检测电气部件的电阻等性能参数，根据检测结果可大致判断电气部件的性能状态，由此排查空调器电路系统的故障。

9.1.2 检测电路电压

检测电路电压是指通过检测空调器电路系统中的电压参数，判断空调器供电条件和工作状态是否正常。

例如，借助万用表可以检测空调器电路中的5V、12V、集成电路供电端等所有部位的直流电压，可判断空调器相应电路单元的工作状态，从而排查故障点；检测空调器电路中电子元器件的供电端电压，可了解电子元器件的工作条件能否满足等。

又如，检测空调器交流供电电压可判断整机供电是否正常。借助万用表检测空调器单相220V电源、降压变压器初级绕组交流输入电压、降压变压器次级绕组交流输出电压、室内外风扇电动机供电、压缩机供电等是否正常。

以检测降压变压器次级输出的交流电压为例，其检测方法如图9-2所示。

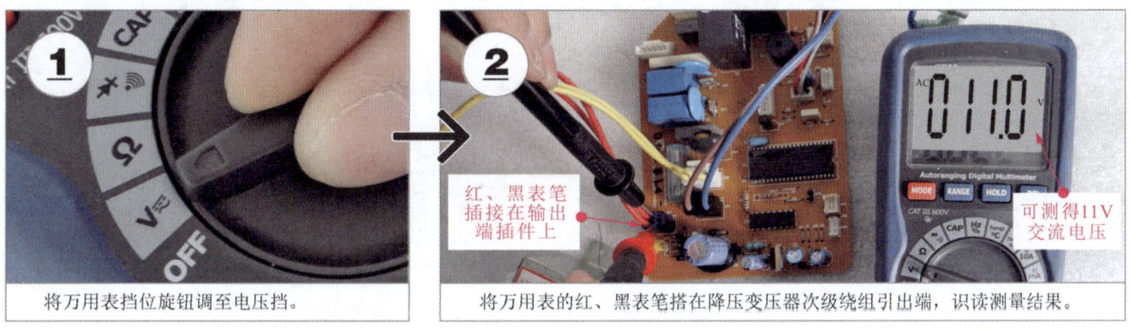

图9-2 降压变压器次级输出交流电压的检测方法

9.1.3 检测电路电流

检测电路电流是指借助钳形表检测空调器整机的启动和运行电流、压缩机运行电流等，用以实现在不深度拆机的情况下，检测空调器的动态参数，并对其工作状态进行初步判断，对锁定故障范围、推断故障原因十分重要。

例如，图9-3为借助钳形表检测空调器的运行电流。通过将实测运行电流的大小与空调器额定电流大小相比较可判断出空调器的工作状态。

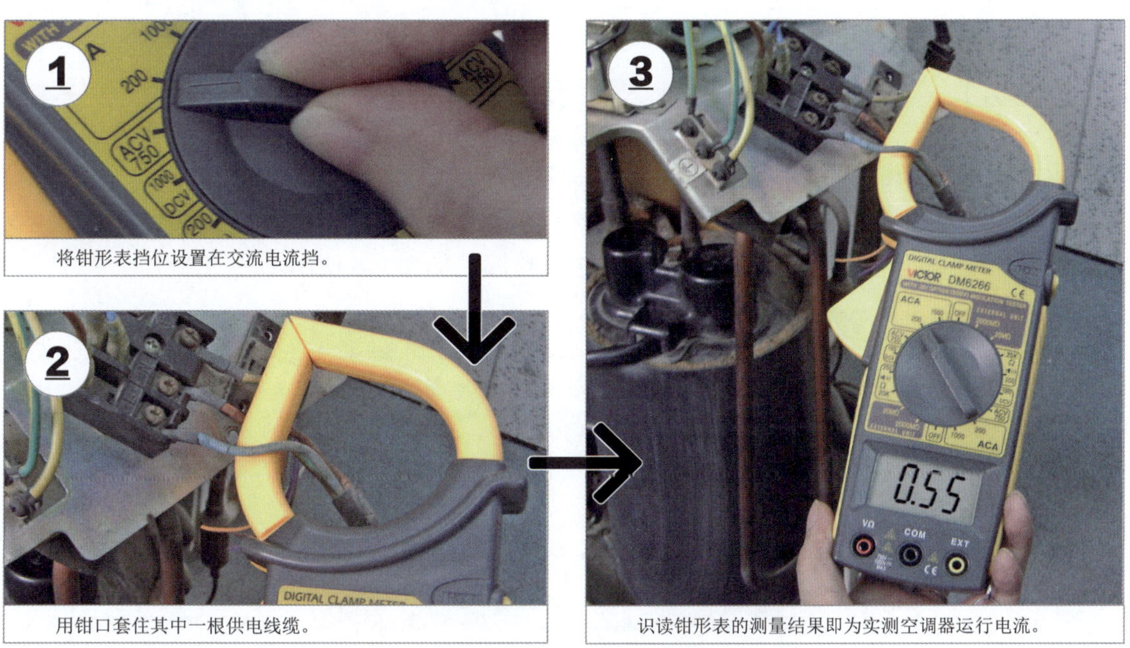

图9-3 借助钳形表检测空调器的运行电流

9.1.4 检测电路信号

检测电路信号是指借助示波器在空调器能够通电开机的状态下，检测电路中关键信号的波形，如变频驱动信号、晶振信号、遥控信号、脉冲信号、开关变压器振荡信号、变频电路输入侧的 PWM 调制信号，用以准确判断电路中关键部位有无异常。

如图 9-4 所示，借助示波器检测空调器电路中的信号波形。

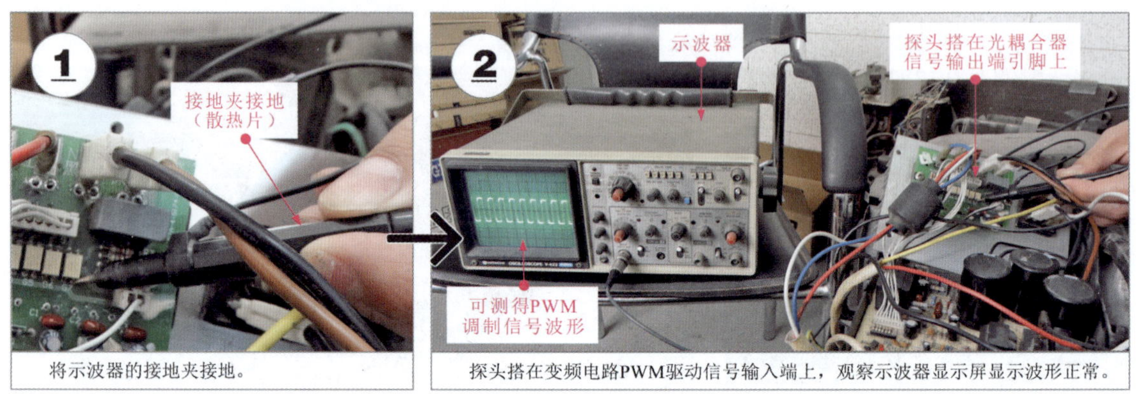

图9-4 借助示波器检测空调器电路中的信号波形

9.2 空调器的检漏技能

9.2.1 常规检漏

常规检漏是指用洗洁精水（或肥皂水）检查管路各焊接点有无泄漏，以检验或确保空调器管路系统的密封性。

检漏前首先了解一下空调器易发生泄漏故障的部位，可重点在这些部位检查有无泄漏。图 9-5 为空调器管路系统易发生泄漏故障的重点检查部位。

【提示说明】

当空调器出现不制冷或制冷效果差的故障时，若经检查确认是由于系统制冷剂不足引起的，则需在充注制冷剂前，首先查找泄漏点并进行处理。否则，即使补充制冷剂，则由于漏点未处理，在一段时间后，空调器仍会出现同样的故障。

配制检漏用的泡沫水，涂抹在检漏部位进行检漏，如图 9-6 所示。

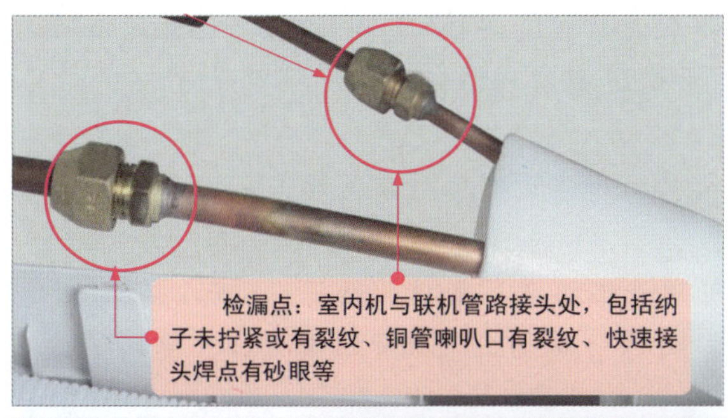

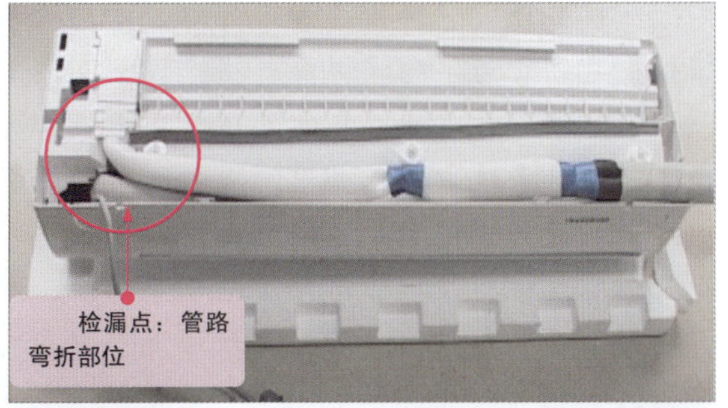

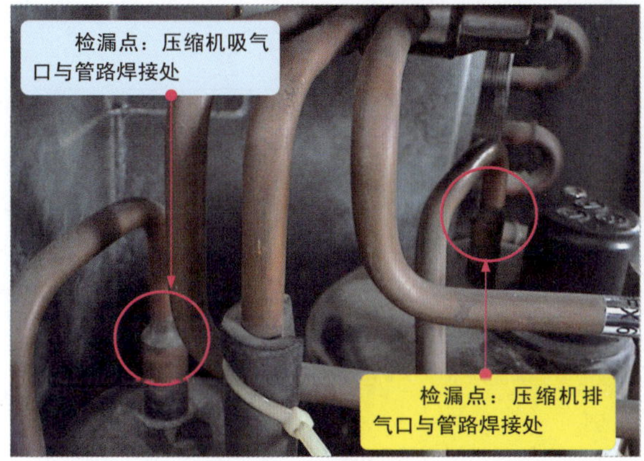

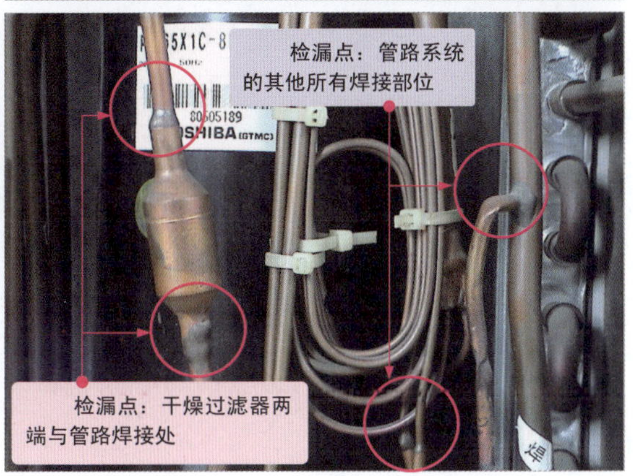

图9-5 空调器管路系统易发生泄漏故障的重点检查部位

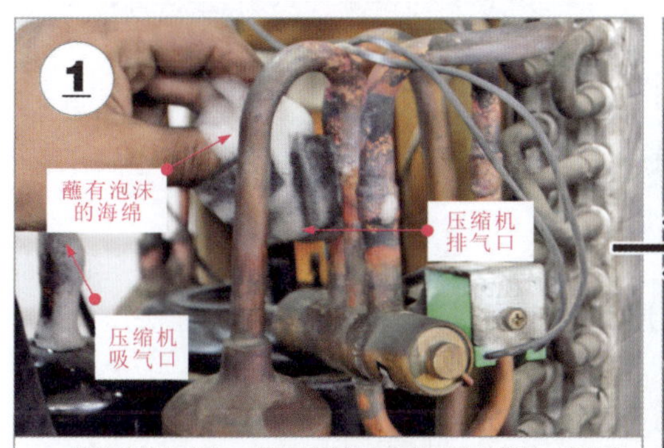

将洗洁精与水按1:5的比例放置在容器中进行调制，直至产生丰富的泡沫，用海绵（或毛刷）蘸取泡沫，涂抹在压缩机吸气口、排气口的焊接口处。

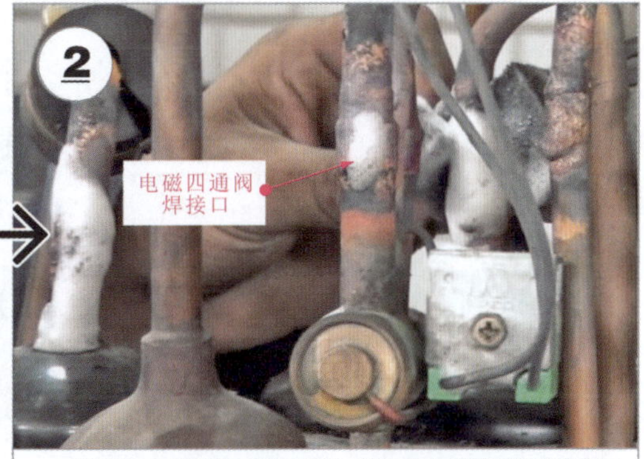

用海绵（或毛刷）蘸取泡沫，涂抹在电磁四通阀各焊接口处。

用海绵（或毛刷）蘸取泡沫，涂抹在干燥过滤器、单向阀各焊接口处。

观察各涂有泡沫的接口处是否向外冒泡。若有冒泡现象，则说明检查部位有泄漏故障，没有冒泡，则说明检查部位正常。

图9-6 常规检漏的具体操作方法

压缩机吸气管、排气管焊接口、四通阀根部及连接管道焊接口、毛细管与干燥过滤器焊接口、毛细管与单向阀焊接口（冷暖型空调）、干燥过滤器与系统管路焊接口等。

对空调器管路泄漏点的处理方法一般如下：

若管路系统中焊点部位泄漏，则可补焊漏点或切开焊接部位重新气焊；

若四通阀根部泄漏，则应更换整个四通阀；

若室内机与联机管路接头纳子未旋紧，则可用活络扳手拧紧接头纳子；

若室外机与联机管路接头处泄漏，则应将接头拧紧或切断联机管路喇叭口，重新扩口后连接；

若压缩机工艺管口泄漏，则应重新进行封口。

9.2.2 保压检漏

保压检漏是指向空调器的管路系统中充入氮气，并使空调器管路系统具有一定的压力后，保持压力表与管路构成密封的回路，通过观察压力变化，检查管路有无泄漏，用以检查空调器管路系统的密封性。

这种检漏方法通常适用于管路微漏、漏点太小的情况，通过充氮增大管路压力，最高静态压力可达 2MPa，大于制冷剂的最大静态压力 1MPa，有利于漏点检出。

【提示说明】

由于制冷剂在空调器管路系统中的静态压力最高为 1MPa 左右，系统漏点较小的故障部位无法直接检漏，因此多采用充氮气增加系统压力的方法进行检测，一般向空调器管路系统充入氮气的压力为 1.5 ~ 2MPa。

实施保压检漏时，首先根据要求将相关的充氮设备与空调器连接。连接时，需要准备氮气钢瓶、减压器、充氮用高压连接软管、三通压力表阀等，通过空调器三通截止阀工艺管口进行充氮操作，如图 9-7 所示。

如图 9-8 所示，根据设备连接关系，将充氮设备进行连接，并向空调器管路充入氮气，当管路压力达到 2MPa 时，停止充氮，关闭三通压力表阀，取下氮气钢瓶进行保压测试。

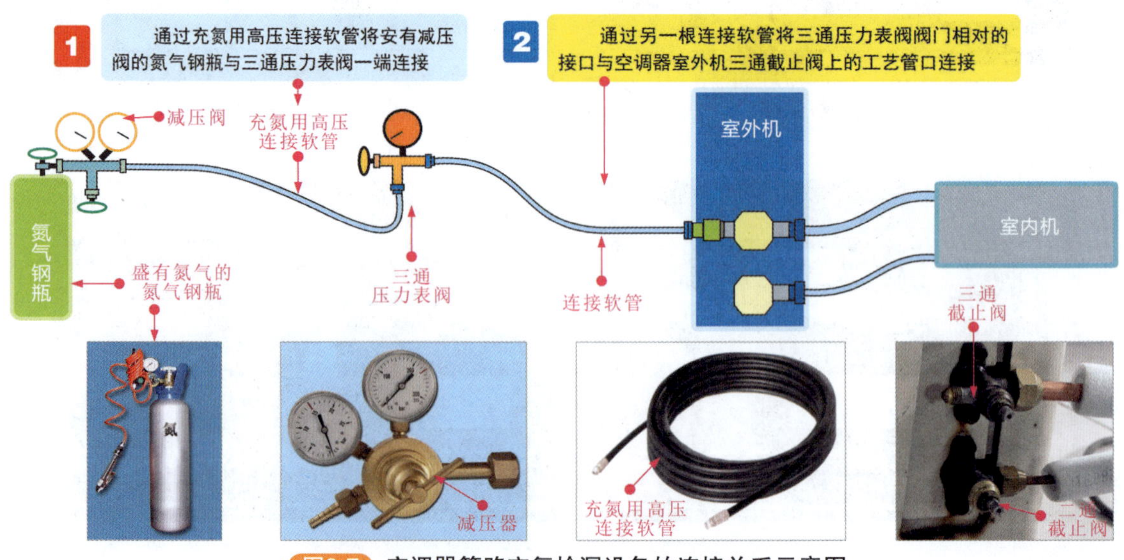

图9-7 空调器管路充氮检漏设备的连接关系示意图

将充氮设备按照连接顺序和要求正确连接。

打开氮气钢瓶阀门，向空调器管路中充入氮气，压力达2MPa时，停止充氮。

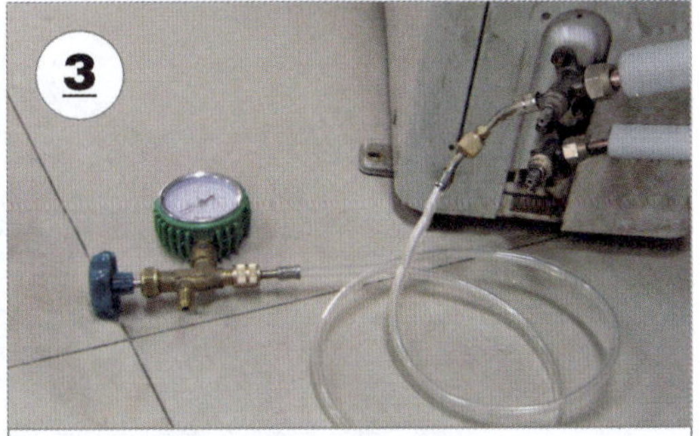
关闭三通压力表阀，保持其与三通截止阀工艺管口连接进行保压。

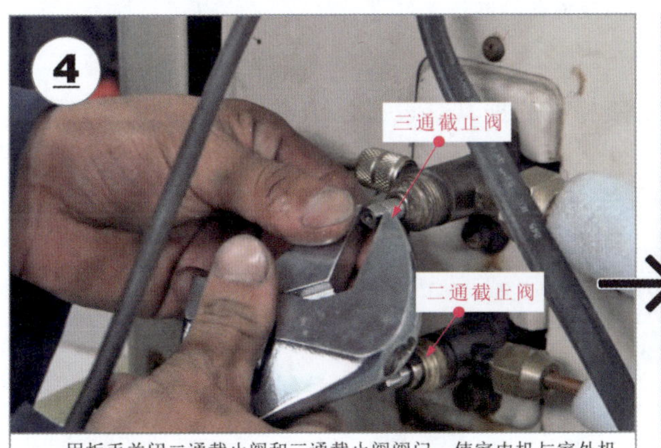

用扳手关闭二通截止阀和三通截止阀阀门，使室内机与室外机制冷管路形成两个独立的密闭空间，即分开保压。

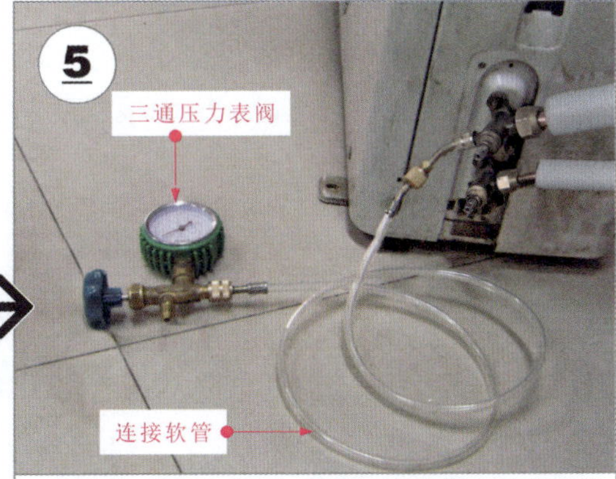

保持三通压力表阀与空调器三通截止阀工艺管口连接，根据压力表压力变化判断空调器的漏点范围。

图9-8　空调器管路充氮检漏的操作方法

9.3 空调器抽真空和充注制冷剂技能

9.3.1 抽真空

在空调器的管路检修中，特别是在进行管路部件更换或切割管路操作后，空气很容易进入管路中，进而造成管路中高、低压力上升，增加压缩机负荷，影响制冷效果。另外，空气中的水分也可能导致压缩机线圈绝缘下降，缩短使用寿命；制冷时，水分容易在毛细管部分形成冰堵引起空调器故障。因此，在空调器的管路维修完成后，在充注制冷剂之前，需要对整体管路系统进行抽真空处理。

（1）准备抽真空设备

抽真空设备主要包括真空泵、三通压力表阀、连接软管及转接头等，如图 9-9 所示。借助抽真空设备可将空调器管路中的空气、水分抽出，确保管路系统环境的纯净。

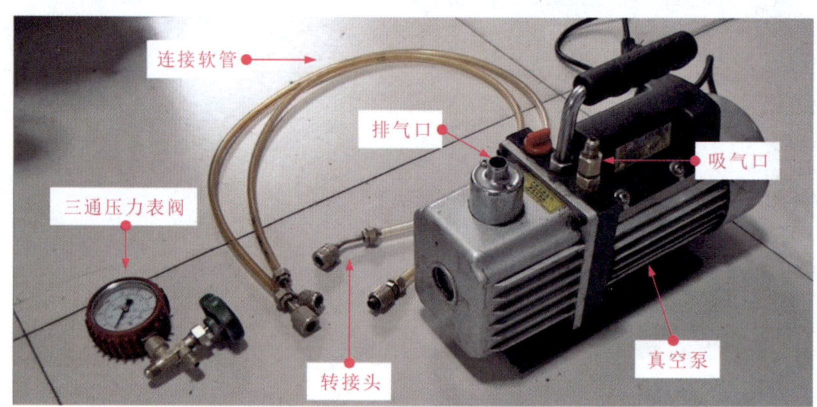

图9-9 抽真空设备的准备

（2）连接抽真空设备

在空调器的抽真空前，应先根据要求连接相关的抽真空设备，这也是维修空调器过程中的关键操作环节。

图 9-10 为空调器管路抽真空设备连接关系。

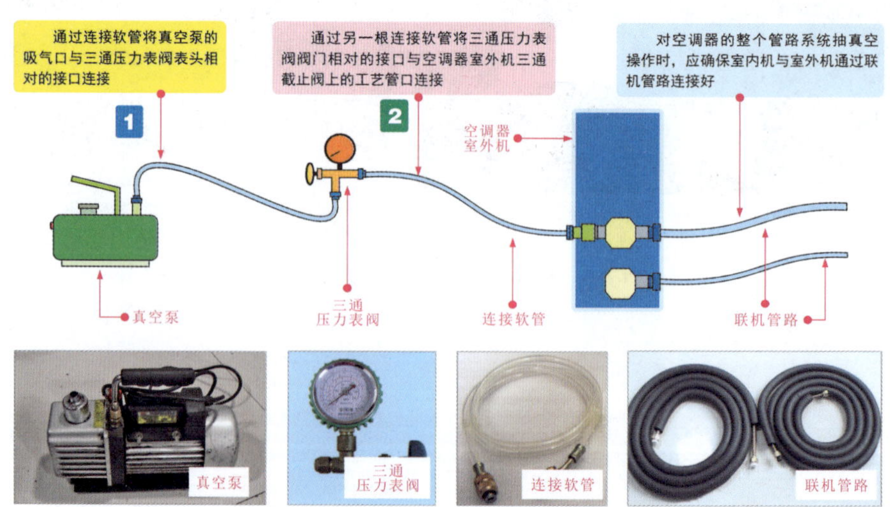

图9-10 空调器管路抽真空设备连接关系

如图 9-11 所示，根据要求将相关的抽真空设备与空调器连接。

（3）抽真空的操作方法

抽真空设备连接完成后，需要根据操作规范按要求的顺序打开各设备开关或阀门，然后开始对空调器管路系统抽真空。

如图 9-12 所示，根据操作规范要求的顺序打开各设备开关或阀门，开始抽真空操作。

抽真空完成后，将三通压力表阀上的阀门关闭，再将真空泵电源关闭，抽真空操作完成。

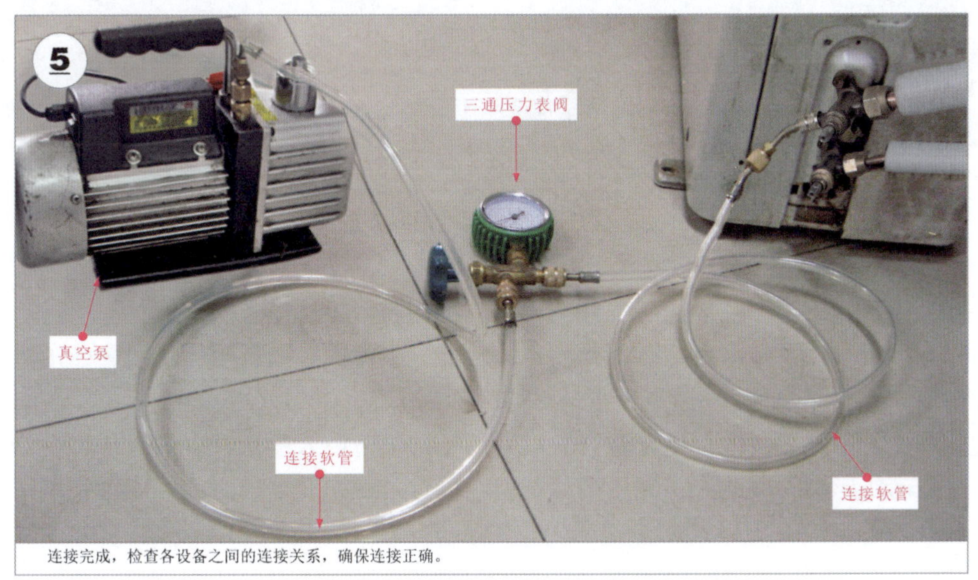

图9-11　空调器抽真空设备的连接操作

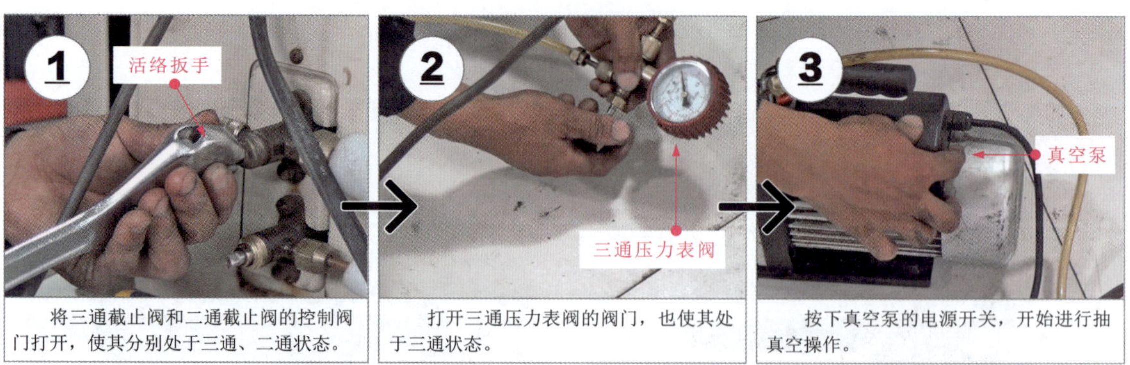

将三通截止阀和二通截止阀的控制阀门打开，使其分别处于三通、二通状态。

打开三通压力表阀的阀门，也使其处于三通状态。

按下真空泵的电源开关，开始进行抽真空操作。

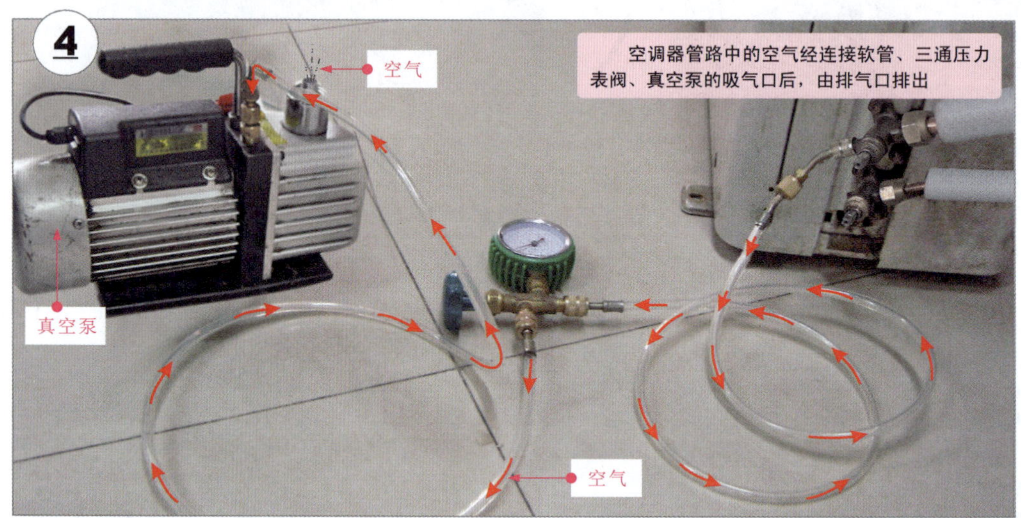

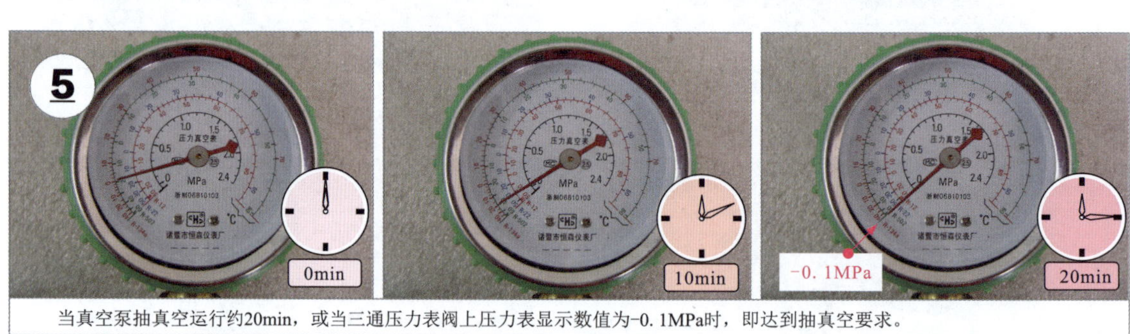

当真空泵抽真空运行约20min，或当三通压力表阀上压力表显示数值为-0. 1MPa时，即达到抽真空要求。

图9-12 抽真空操作的具体方法

9.3.2 充注制冷剂

充注制冷剂是检修空调器制冷管路的重要技能。空调器管路检修之后或管路中制冷剂泄漏等都需要充注制冷剂。

充注制冷剂的量和类型一定要符合空调器的标称量，充入的量过多或过少都会对空调器的制冷效果产生影响。因此，在充注制冷剂前，可首先根据空调器上的铭牌标识识别制冷剂的类型和标称量，如图 9-13 所示。

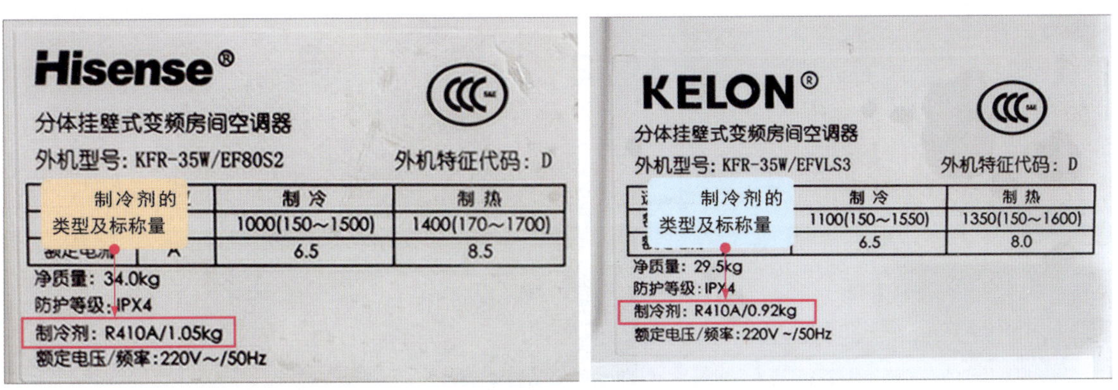

图9-13 通过空调器的铭牌标识识别制冷剂的类型和标称量

（1）充注制冷剂设备的连接

充注制冷剂设备包括盛放制冷剂的钢瓶、三通压力表阀、连接软管等。按照要求将这些设备与空调器室外机三通截止阀上的工艺管口连接即可。

在空调器维修操作中，抽真空、重新充注制冷剂是完成管路部分检修后必需的、连续性的操作环节。因此，在抽真空操作时，三通压力表阀阀门相对的接口已通过连接软管与空调器室外机三通截止阀上的工艺管口接好，操作完成后，只需将氮气瓶连同减压器取下即可，其他设备或部件仍保持连接，这样在下一个操作环节时，相同的连接步骤无需再次连接，可有效减少重复性操作步骤，提高维修效率。

如图 9-14 所示，将制冷剂钢瓶与三通压力表、空调器室外机连接。

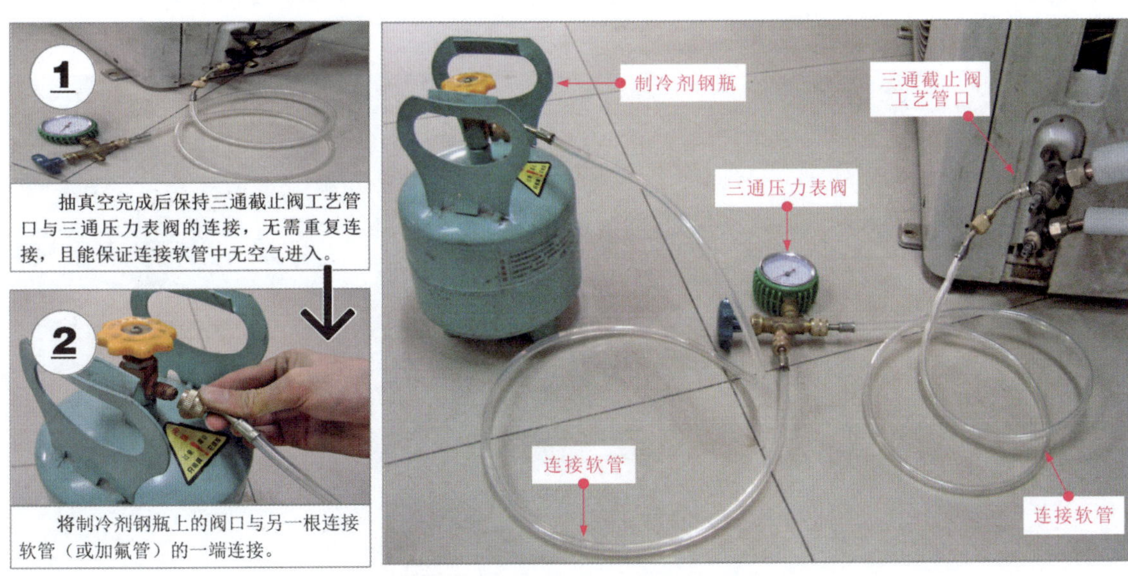

图9-14 充注制冷剂设备的连接方法

（2）充注制冷剂的操作方法

充注制冷剂的设备连接完成后，需要根据操作规范按要求的顺序打开各设备开关或阀门，开始对空调器管路系统充注制冷剂。

如图 9-15 所示，根据规范要求顺序打开各设备开关或阀门，开始充注制冷剂。

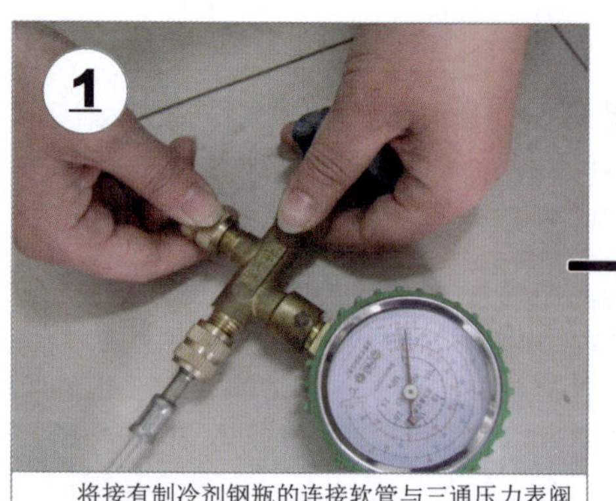

将接有制冷剂钢瓶的连接软管与三通压力表阀表头相对的接口处虚拧。

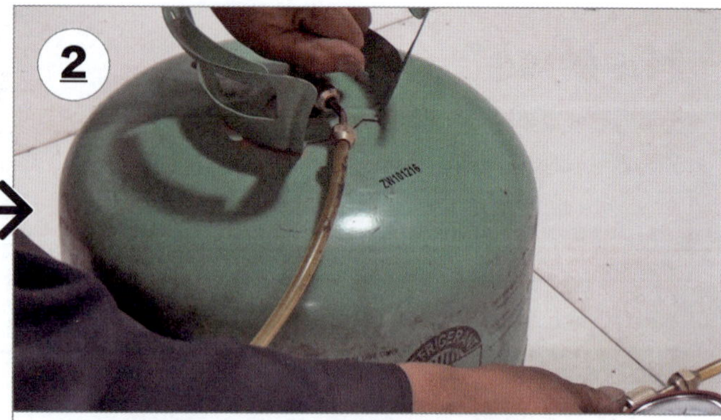

打开制冷剂钢瓶阀门，制冷剂将连接软管中的空气从虚拧处排出。

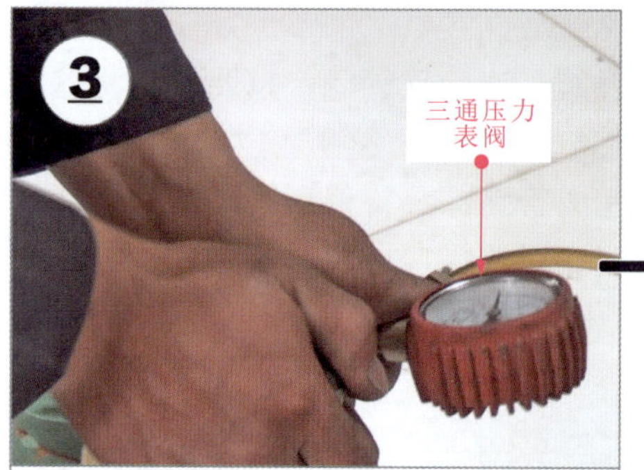

当连接软管虚拧处有轻微制冷剂流出时，表明空气已经排净，迅速拧紧虚拧部分。

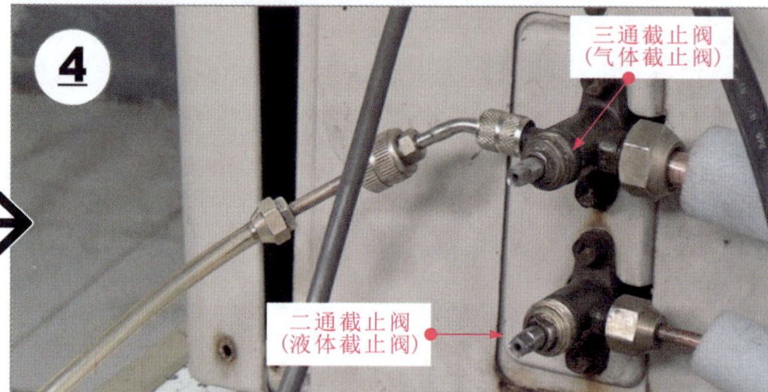

将虚拧的连接软管拧紧，打开三通压力表阀，使其处于三通状态，开始充注制冷剂。

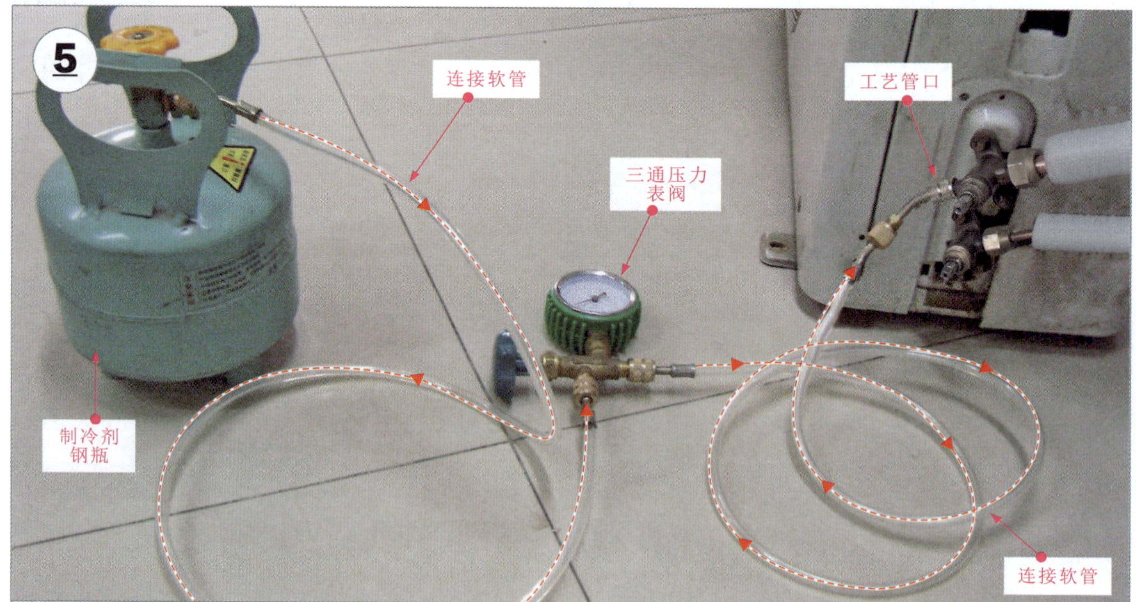

充注制冷剂操作一般分多次完成，即开始充注制冷剂约10s后，关闭压力表阀、关闭制冷剂钢瓶，开机运转几分钟后，开始第二次充注。充注第二次时同样充注10s左右后，停止充注，运转几分钟后，再开始第三次充注。

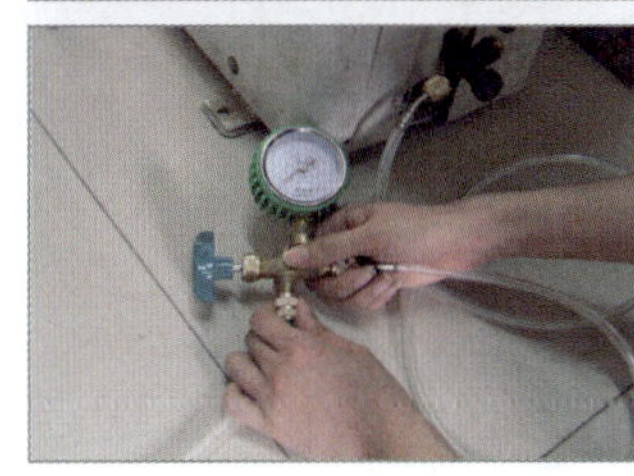

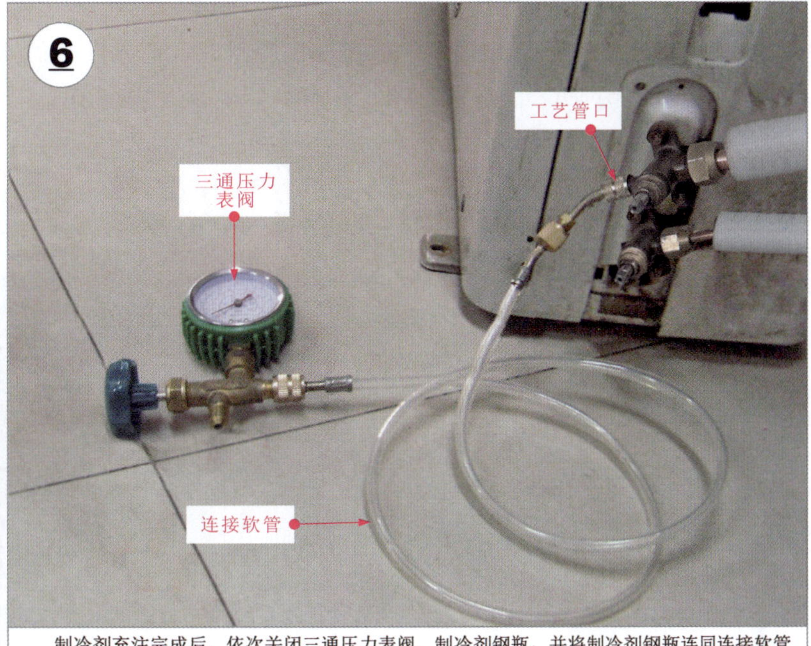

制冷剂充注完成后，依次关闭三通压力表阀、制冷剂钢瓶，并将制冷剂钢瓶连同连接软管与三通压力表阀分离。

图9-15 充注制冷剂的具体操作方法

空调器充注制冷剂一般可分为 5 次进行，充注时间一般在 20min 内，可同时观察压力表显示的压力，判断制冷剂充注是否完成。根据检修经验，制冷剂充注完成后，开机一段时间（至少 20min），将出现以下几种情况，表明制冷剂充注成功。

夏季制冷模式下：

• 空调器充注制冷剂时，压力表显示的压力值在 0.4 ～ 0.45MPa 之间；

• 整机运行电流等于或接近额定值；

• 空调器二通截止阀和三通截止阀都有结霜现象，用手触摸三通截止阀时感觉冰凉，并且温度低于二通截止阀的温度；

• 蒸发器表面有结霜现象，用手触摸，整体温度均匀并且偏低；

• 用手触摸冷凝器时，温度为热→温→接近室外温度；

• 室内机出风口吹出的温度较低，进风口温度减去出风口温度大于 9℃，并且房间内温度可以达到制冷要求，室外机排水管有水流出。

冬季制热模式下：

• 充注制冷剂时，压力表显示的压力值在 2MPa 左右，不超过 0.3MPa；

• 整机运行电流等于或接近额定值；

• 用手触摸二通截止阀时，温度较高，蒸发器温度较高并且均匀，冷凝器表面有结霜现象；

• 出风口温度高，出风口温度减去进风口温度大于 15℃。

空调器充注制冷剂完成后，保持三通压力表阀连接在空调器三通截止阀工艺工口上，在空调器运行 20min 后，通过观察三通压力表阀上显示的压力变化情况（在正常情况下，运行 20min 后，运行压力应维持在 0.45MPa，夏季制冷模式下最高不超过 0.5MPa），通过保压测试判断空调器管路系统的运行状况。

(3)补充制冷剂的操作方法

当空调器管路系统因泄漏而缺少部分制冷剂时，需要向空调器中补充制冷剂。这种情况下仅需要补充部分制冷剂即可，如图9-16所示。

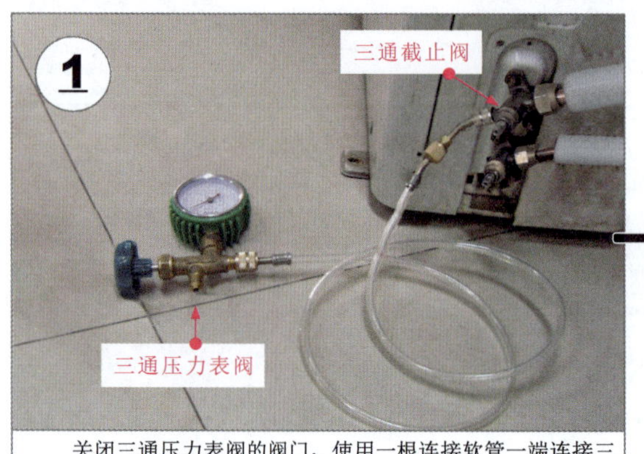

关闭三通压力表阀的阀门，使用一根连接软管一端连接三通压力表阀，带阀针的一端连接三通截止阀工艺管口，此时压力表显示空调器的系统压力。

另外选取一根连接软管连接制冷剂钢瓶和三通压力表阀。将空调器制冷模式下开机，运行一段时间后，观察压力表，若压力低于正常压力，则打开制冷剂钢瓶和三通压力表阀阀门（注意排空气），因压力差向空调器系统中补充制冷剂。

图9-16 空调器管路系统补充制冷剂的操作方法

第10章 定频空调器的结构原理

10.1 定频空调器的结构组成

定频空调器是调节室内或封闭空间、区域内空气温度、湿度、洁净度等参数的空气调节设备，其中常见的定频空调器是指内部压缩机只能输入固定频率和大小的电压，转速和输出功率固定不变的驱动频率和电压幅度为恒定的空调器，定频空调器主要是由室内机和室外机构成的，如图10-1所示。

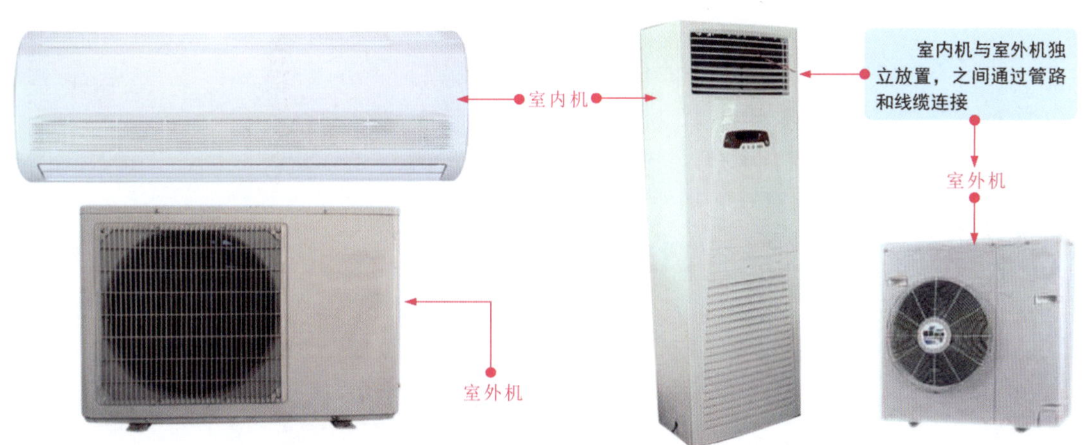

图10-1 定频空调器的室内机和室外机实物外形

10.1.1 定频空调器的整机结构

（1）室内机的结构组成

定频空调器的室内机的机壳是由上盖、前壳和后壳拼合在一起，并通过螺钉和卡扣固定连接，中间安装有过滤网、导风板、蒸发器、贯流风扇等组件。

电路板位于室内机的一侧，固定在电控盒内，除电路板外，还包括显示和遥控接收电路板，主要用于接收由遥控器送来的控制信号，如图10-2所示。

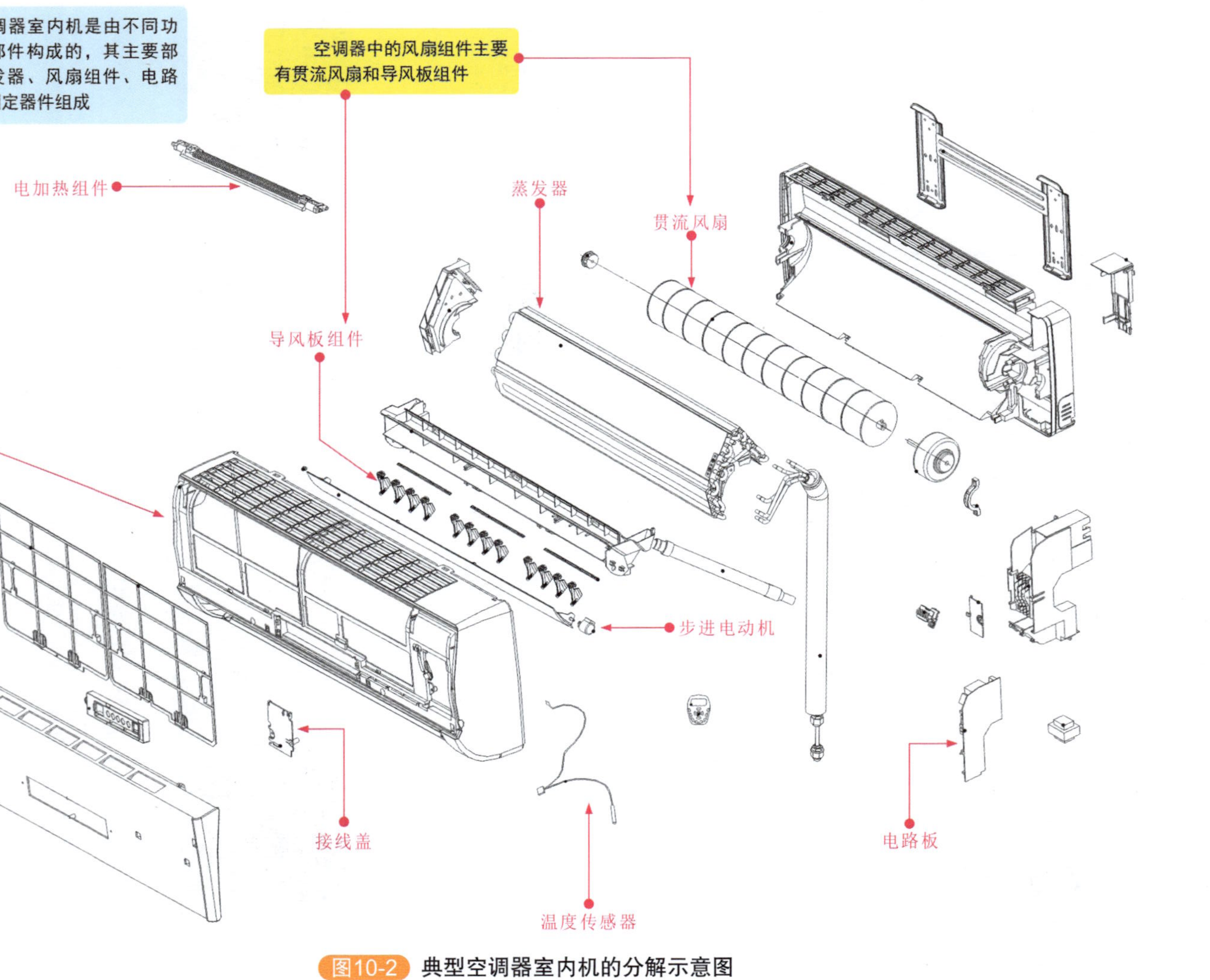

图10-2 典型空调器室内机的分解示意图

① 蒸发器

蒸发器安装在空调器室内机中，它是空调器制冷 / 制热系统中的重要组成部分。蒸发器是在弯成 S 状的铜管上胀接翅片制成的。目前，分体壁挂式空调器中的蒸发器多采用这种强制通风对流的方式，以加快空气与蒸发器之间的热交换，如图 10-3 所示，由图可知，蒸发器主要是由翅片、铜管等构成。

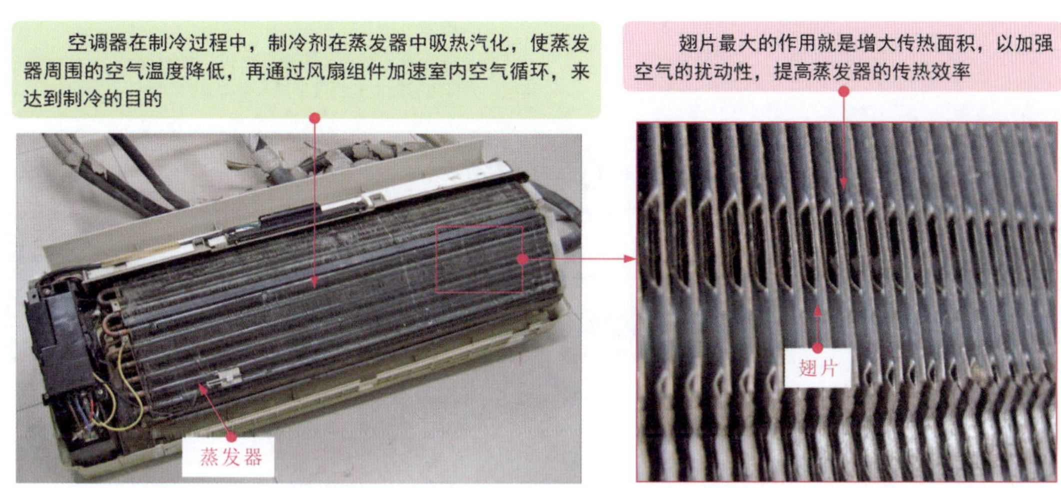

图10-3　定频空调器室内机蒸发器的实物外形

② 贯流风扇

贯流风扇组件安装在蒸发器下方，横卧在室内机中，用来实现室内空气的强制循环对流，使室内空气进行热交换。

图 10-4 所示为定频空调器室内机的贯流风扇组件，由图可知该组件包含有两大部分：贯流风扇扇叶和贯流风扇驱动电动机。

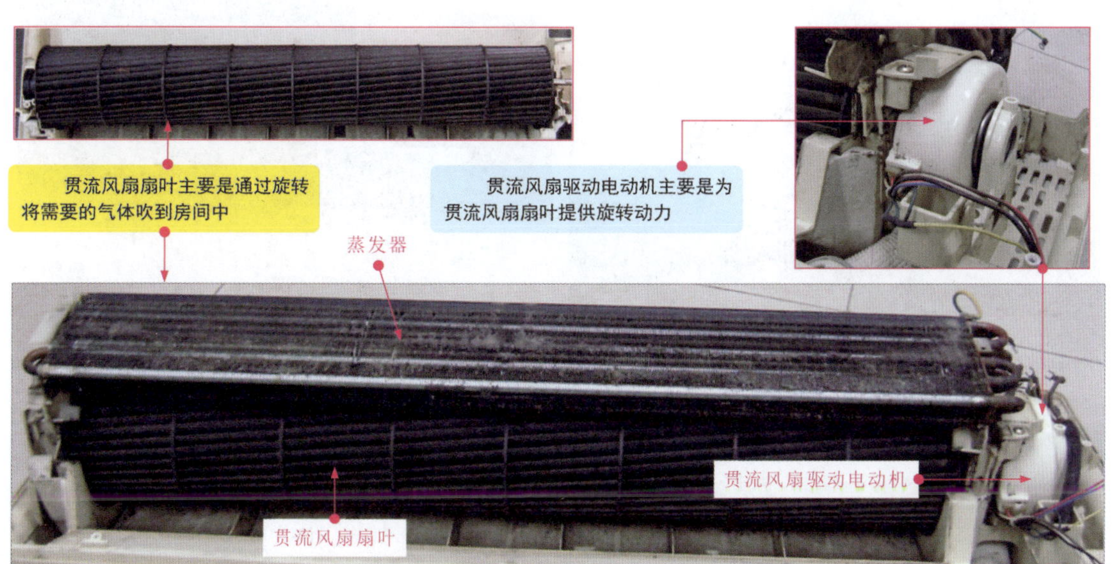

图10-4　定频空调器室内机的贯流风扇组件

③ 导风板组件

空调器导风板组件主要用来改变空调器吹出的风向，扩大送风面积，增强房间内空气的流动性，使温度均匀。在空调器室内机中，导风板组件通常位于上部，如图 10-5 所示，导风板组件主要是由导风板和导风板驱动电动机构成。导风板包括垂直导风板和水平导风板，其中垂直导风板安装在外壳上，而水平导风板则安装在内部机架上，位于蒸发器的侧面，由驱动电动机驱动。

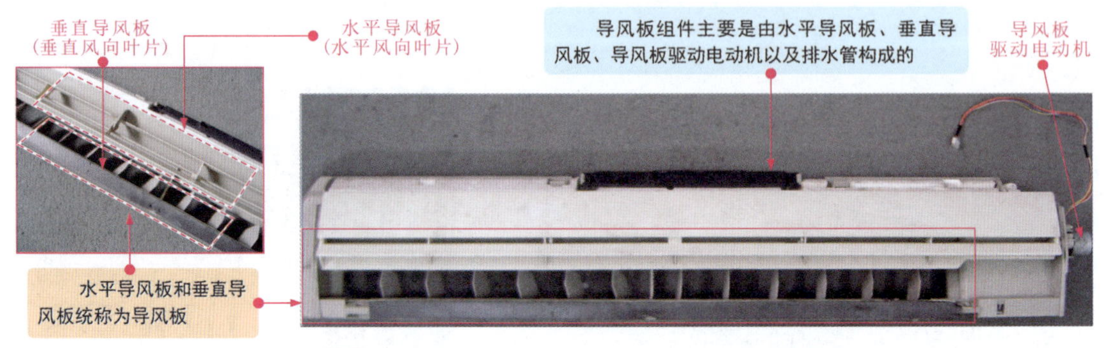

图10-5 定频空调器室内机导风板组件的实物外形

水平导风板又可称为水平导风叶片，通常是由两组或三组叶片构成，是专门用来控制垂直方向的气流；垂直导风板也可称为垂直导风叶片，用来控制水平方向的气流；导风板驱动电机位于导风板侧面，通过主轴直接与导风板连接。

④ 电路板

空调器室内机的电路部分是空调器中非常重要的部件，它主要包括主电路板、显示和遥控电路板，如图 10-6 所示，通常主电路板位于空调器室内机一侧的电控盒内；显示和遥控电路板位于空调器室内机前面板处，通过连接引线与主电路板相连。

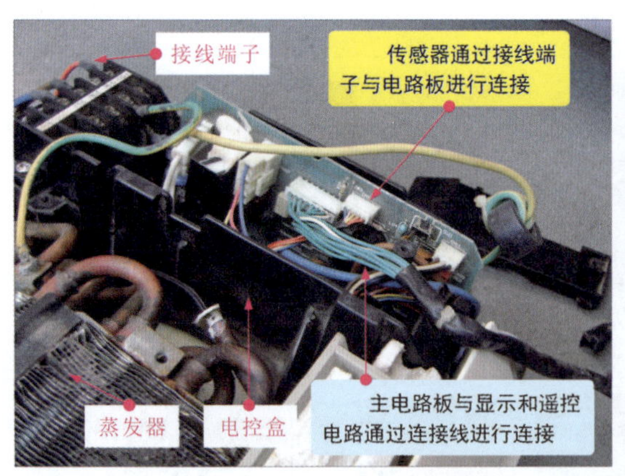

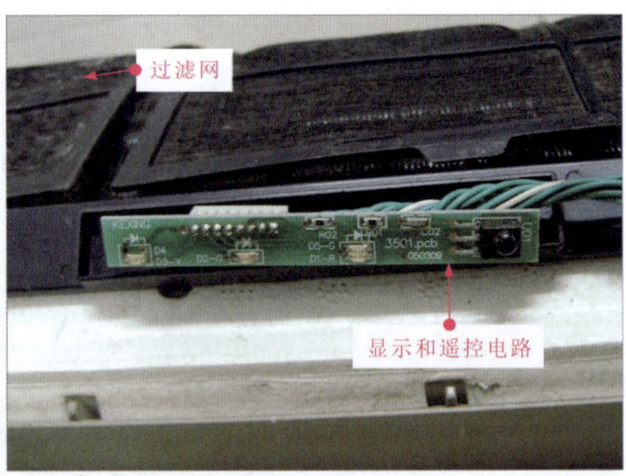

图10-6 定频空调器室内机的电路板

⑤ 清洁部件

在空调器中通常安装有清洁部件，如空气过滤网、清洁滤尘网，主要是用来对空调器室内机送出的空气进行清洁过滤，通常安装在蒸发器的上方，如图 10-7 所示。

（2）室外机的结构组成

定频空调器的室外机主要是由外壳、轴流风扇组件、冷凝器、压缩机、电磁四通阀、干燥过滤器、单向阀和截止阀等部分构成的，如图 10-8 所示。

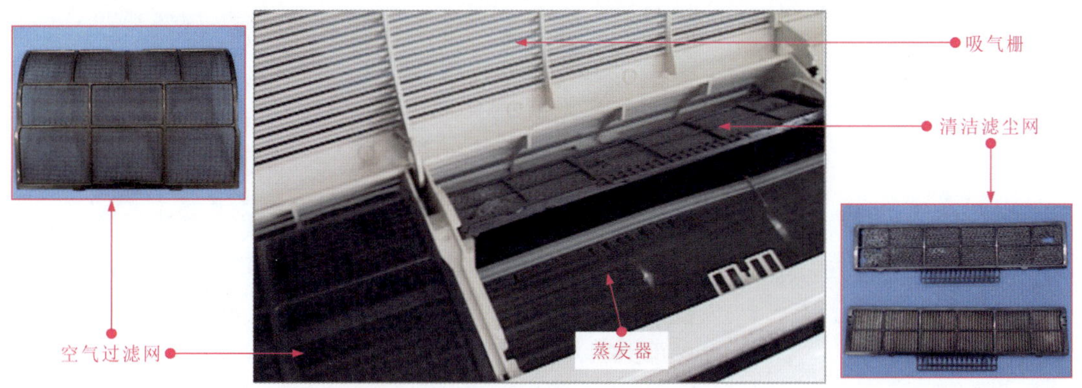

图10-7　定频空调器中清洁部件的实物外形

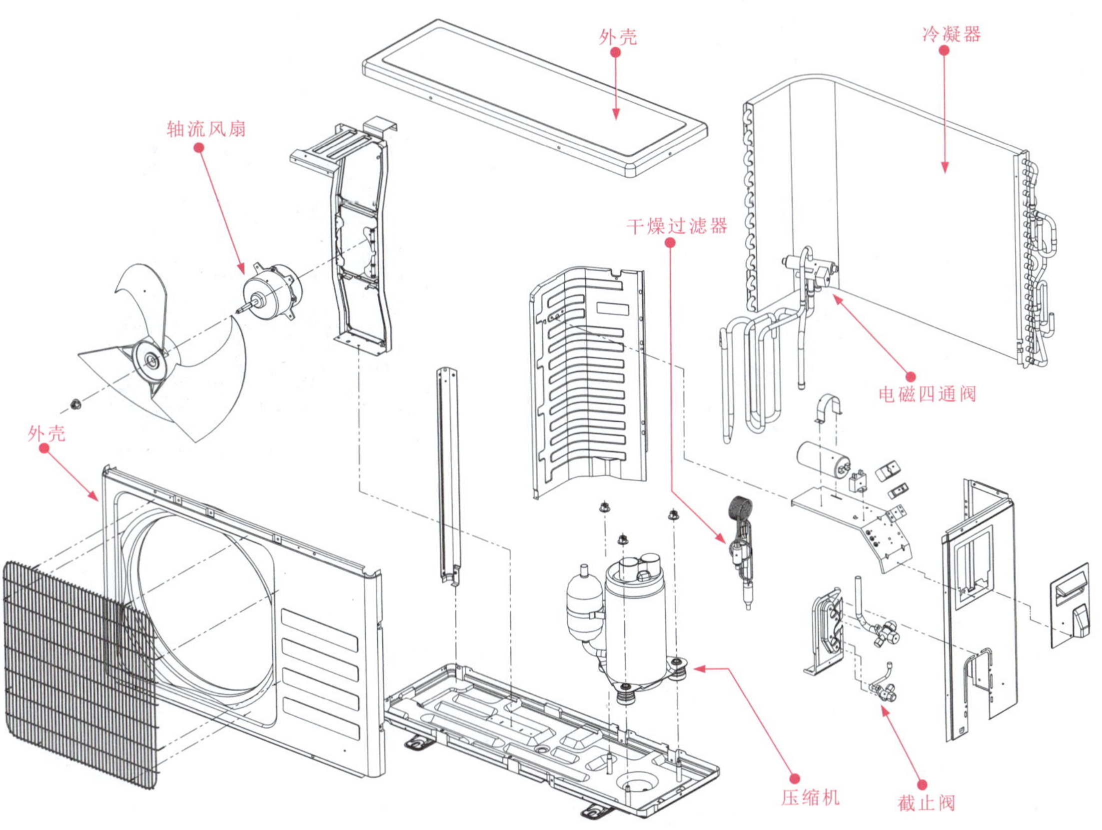

图10-8　定频空调器室外机的结构

【提示说明】

在定频空调器室外机中，只有冷暖型空调器的室外机才会安装有电磁四通阀，用于切换空调器的制冷 / 制热状态，而对于单冷型空调器，则没有该器件。

① 压缩机

空调器中压缩机是实现空调器制冷剂循环的主要动力器件，压缩机通过对制冷剂施加压力，可以改变管路系统中制冷剂的温度和压力，从而使其物理状态发生变化，然后再通过热交换过程实现制热或制冷，图 10-9 所示为压缩机的实物外形。

图10-9 压缩机的实物外形

② 冷凝器

空调器中冷凝器与室内机蒸发器的结构相似，也是由一组一组的S形铜管胀接铝合金散热翅片而制成的。其中S形铜管用于传输制冷剂，使制冷剂不断地循环流动，翅片用来增大散热面积，提高冷凝器的散热效率，图10-10所示为冷凝器的实物外形。

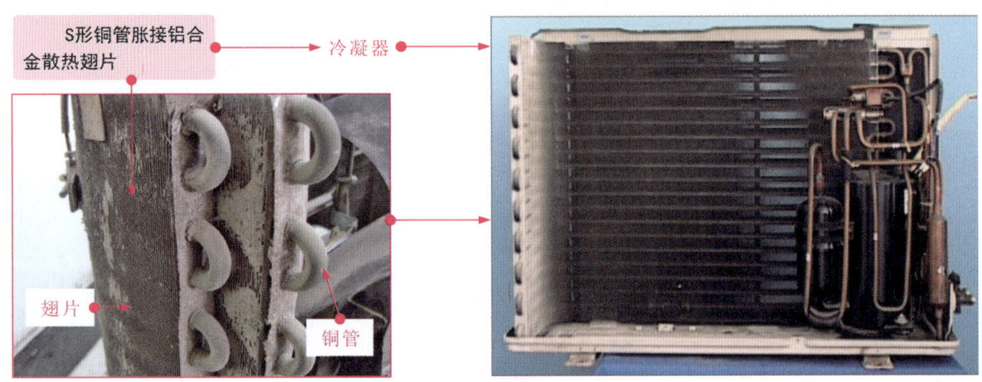

图10-10 冷凝器的实物外形

【提示说明】

事实上，空调器的蒸发器和冷凝器都是用于空气调节的热交换部件，现在所说的名称都是以制冷状态为前提的。严格地说，室内机的热交换器被用于制冷时就作为蒸发器，同时室外机组中的热交换器主要被用作冷凝器。而当空调器处于制热状态时，室内机中的热交换器就相当于冷凝器，而室外机中的热交换器则起蒸发器的作用。

③ 轴流风扇组件

空调器的轴流风扇组件安装在室外机内，位于冷凝器的内侧，轴流风扇组件主要由轴流风扇驱动电动机、轴流风扇扇叶和轴流风扇启动电容器组成，如图10-11所示，其主要作用是确保室外机内部热交换部件（冷凝器）良好的散热。

④ 电磁四通阀

空调器室外机中电磁四通阀是一种由电流来进行控制的电磁阀门，由该器件主要用来控制制冷剂的流向，从而改变空调器的工作状态，实现制冷或制热。图10-12所示为电磁四通阀的实物外形，由图可知电磁四通阀主要是由导向阀、换向阀、线圈以及管路等构成的。

⑤ 毛细管

毛细管是制冷系统中的部件之一，实际上毛细管是一段又细又长的铜管，通常盘在室外机的箱体中，起到节流降压的作用。图10-13所示为毛细管的实物外形，在毛细管的外面通

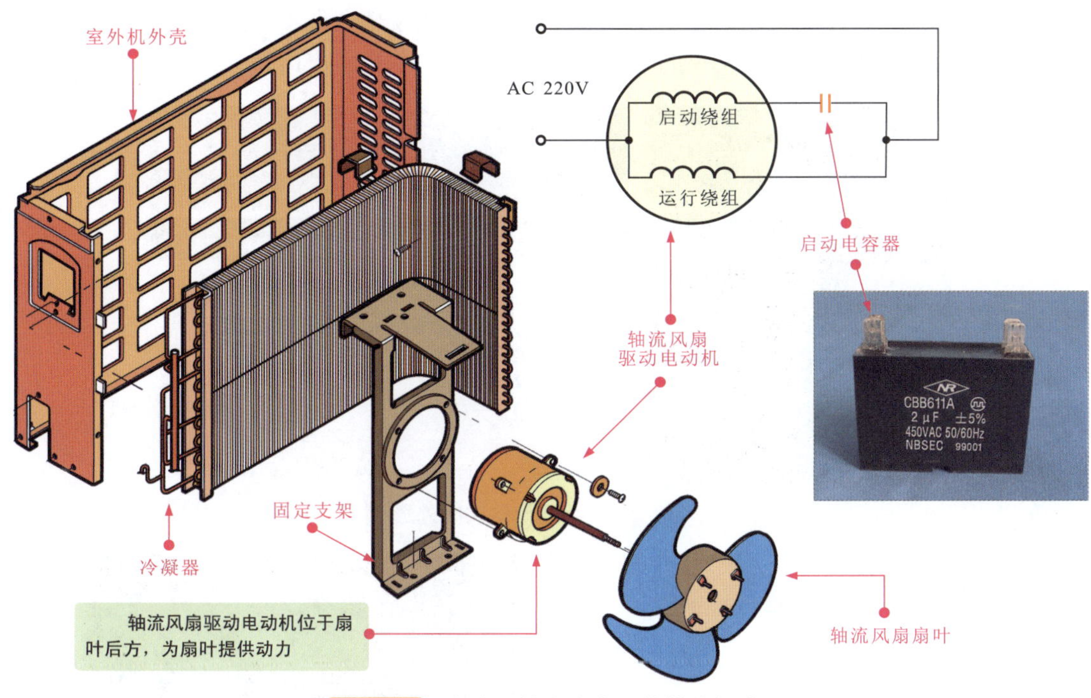

图10-11　室外机轴流风扇组件的实物外形

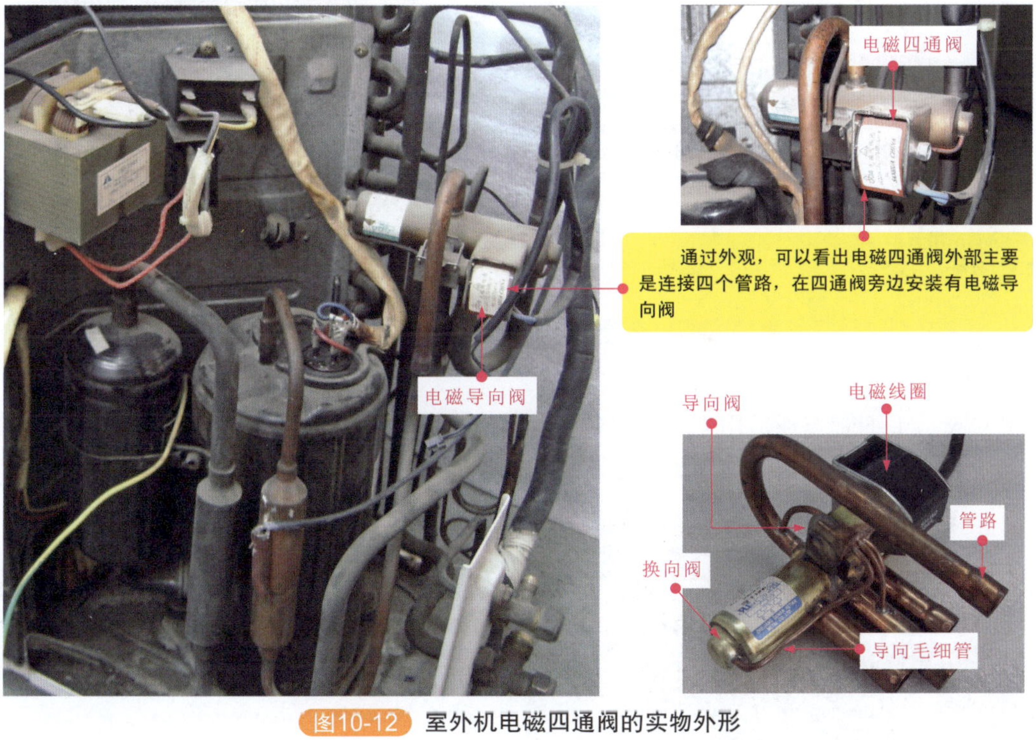

电磁四通阀

通过外观，可以看出电磁四通阀外部主要是连接四个管路，在四通阀旁边安装有电磁导向阀

电磁导向阀

导向阀

电磁线圈

管路

换向阀

导向毛细管

图10-12　室外机电磁四通阀的实物外形

常包裹有隔热层。

⑥ 干燥过滤器

干燥过滤器是空调器制冷系统中的辅助部件之一，通常情况下，干燥过滤器位于冷凝器

和毛细管之间，主要过滤和干燥制冷剂，防止制冷系统出现堵塞现象，图 10-14 所示为空调器室外机干燥过滤器的实物外形。常见的干燥过滤器主要有单入口单出口和单入口双出口两种。

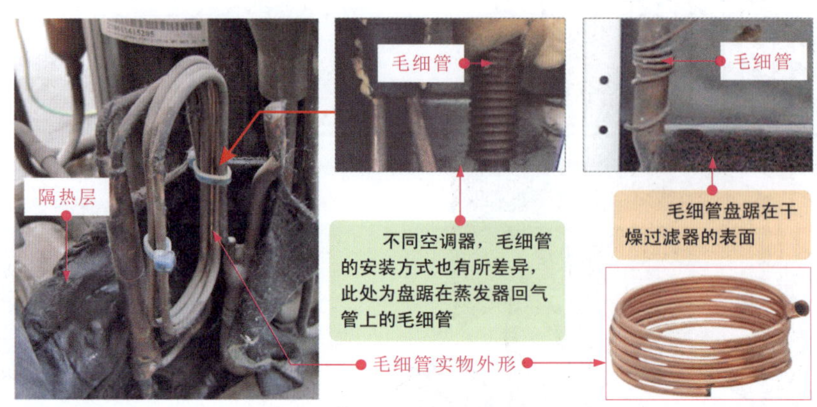

图10-13 毛细管的实物外形

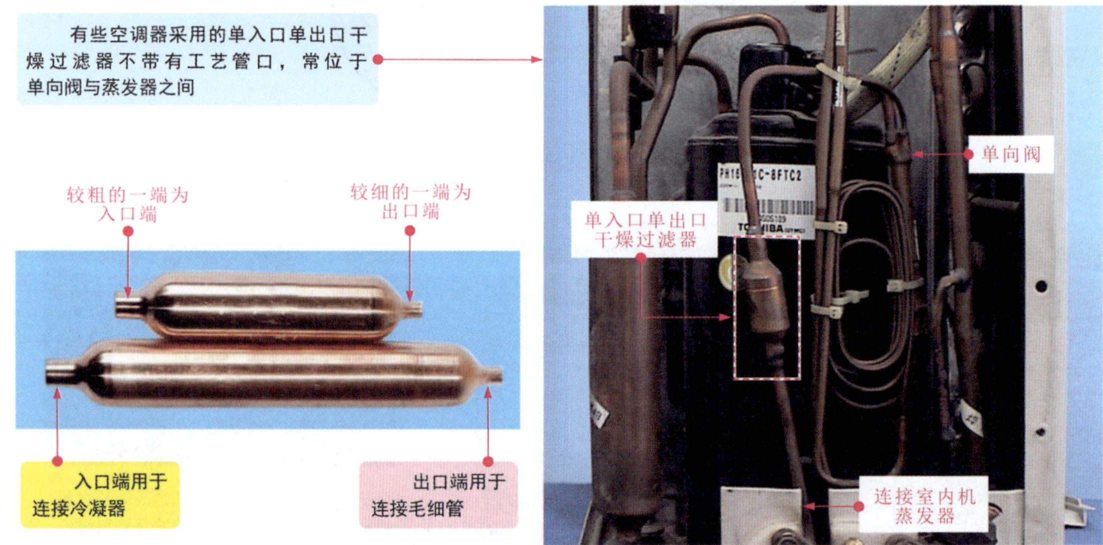

图10-14 空调器室外机干燥过滤器的实物外形

⑦ 单向阀

单向阀与毛细管相连，用来防止制冷剂回流。通常在单向阀的壳体上标注有制冷剂的流动方向，方便维修人员在安装和维修过程中识别其连接方向，如图 10-15 所示。

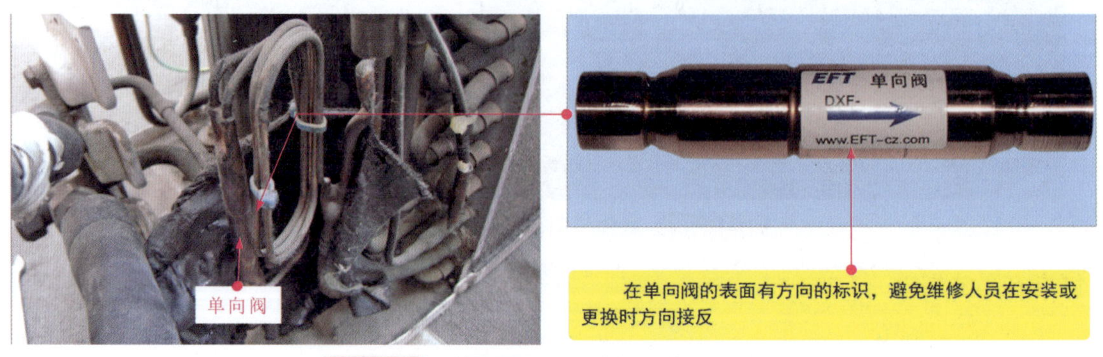

图10-15 空调器室外机单向阀的实物外形

⑧ 电路板

定频空调器室外机的电路部分较为简单，主要由多个启动电容器、变压器以及相关插件构成，如图 10-16 所示。

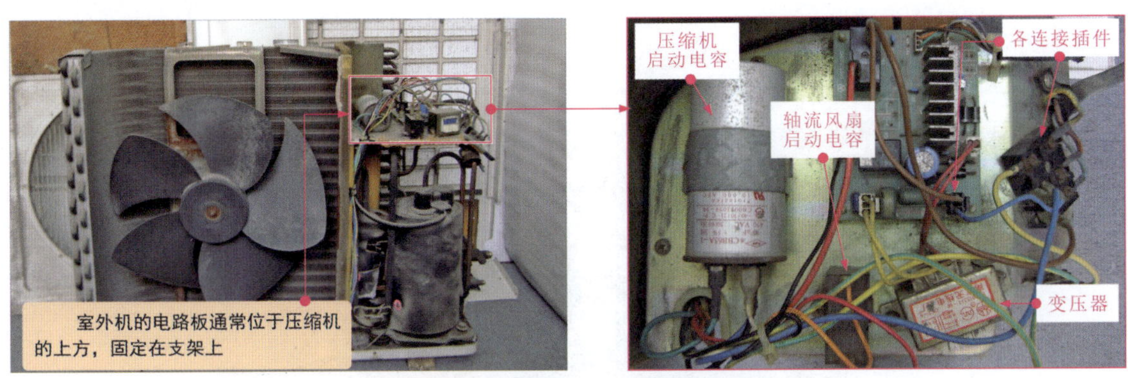

图10-16 定频空调器室外机电路板

10.1.2 定频空调器的电路结构

定频空调器的电路部分集中在室内机中，是整个空调器的控制中心，对空调器的整机进行控制，这种空调器室外机的电路部分通常不设置电路板，而是将必要的几个电气部件通过接插件连接起来，因此，定频空调器的电路系统十分简单，可根据电路功能分为电源电路、控制电路、显示和遥控接收电路等几部分，如图 10-17 所示。

图10-17 定频空调器的电路结构

（1）电源电路

图 10-18 为定频空调器中的电源电路部分，可以看到，该机中电源电路大多元器件与主控电路安装在一个电路板上，降压变压器独立安装在空调器室内机的电路板支架槽内，通过引线及插件与电路板关联。

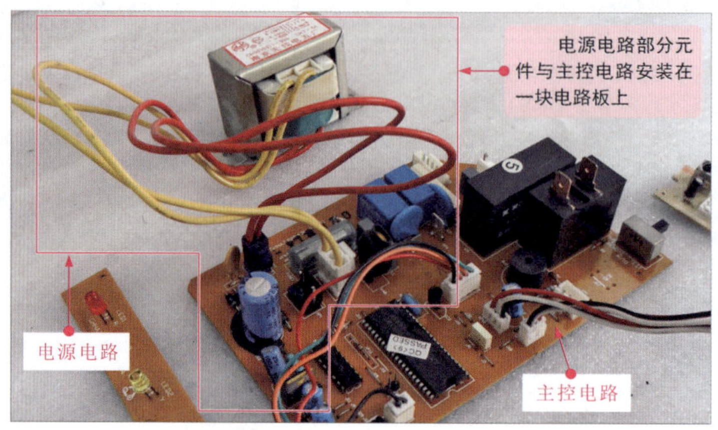

图10-18 定频空调器中的电源电路

（2）控制电路

定频空调器的控制电路位于空调器室内机中，是空调器中的核心控制电路，用于控制整机的协调运行。

图 10-19 为定频空调器中的控制电路部分。可以看到，承载该电路的电路板位于空调器室内机一侧，通过电路板支架固定，电路板中除几个电源电路元器件外，主控电路占据整个电路板的大部分位置，该电路主要控制器件则是微处理器，由微处理器输出各种控制信号，控制空调器的正常运行。

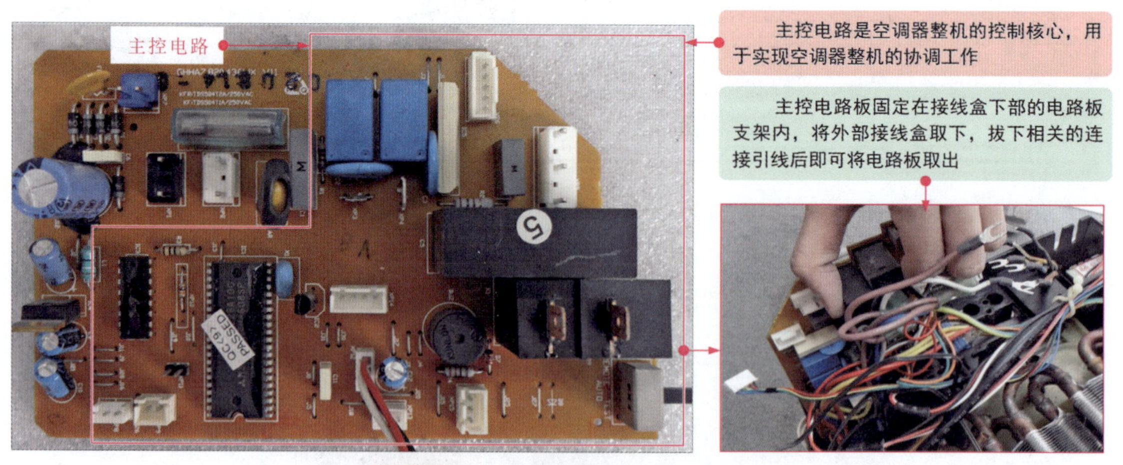

图10-19 定频空调器中的控制电路

（3）遥控电路

空调器的遥控电路是通过红外光传输控制信息的功能电路。遥控电路是由遥控接收电路和遥控发射电路构成的。空调器遥控接收电路位于空调器室内机前部面板部分，它将接收的红外光信息变成电信号送给微处理器。遥控发射电路是一个独立的发射红外信息的电路单元。

图 10-20 为定频空调器中的遥控电路部分。可以看到，该电路位于空调器室内机前部靠右下方部位，通过卡扣固定在主控电路板支架上部，并由信号线缆与控制电路相连。

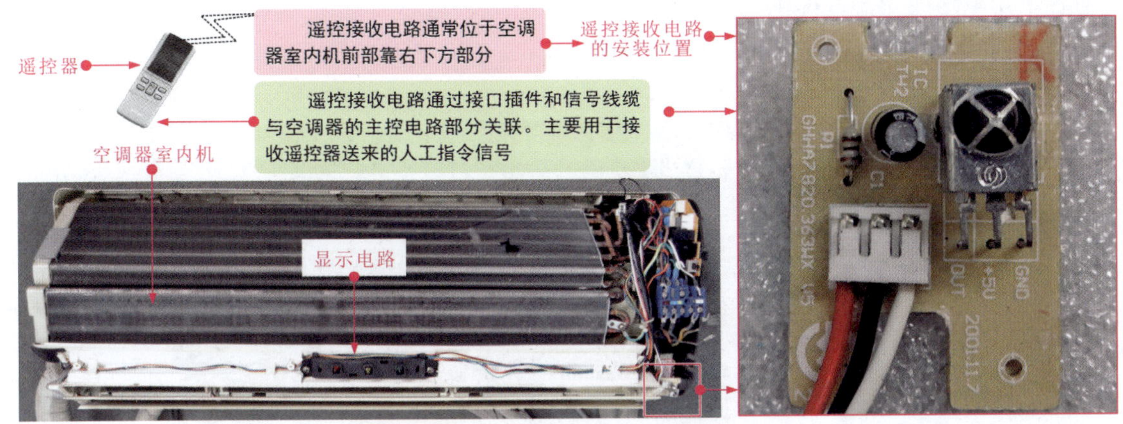

图10-20　定频电路器中的摇控电路部分

10.2　定频空调器的工作原理

10.2.1　定频空调器的整机工作过程

定频空调器是由各单元电路协同工作，完成信号的接收、处理和输出，并控制相关的部件工作，从而完成制冷/制热的目的，这是一个非常复杂的过程。

图 10-21 为定频空调器工作时各电路之间的关系示意图。

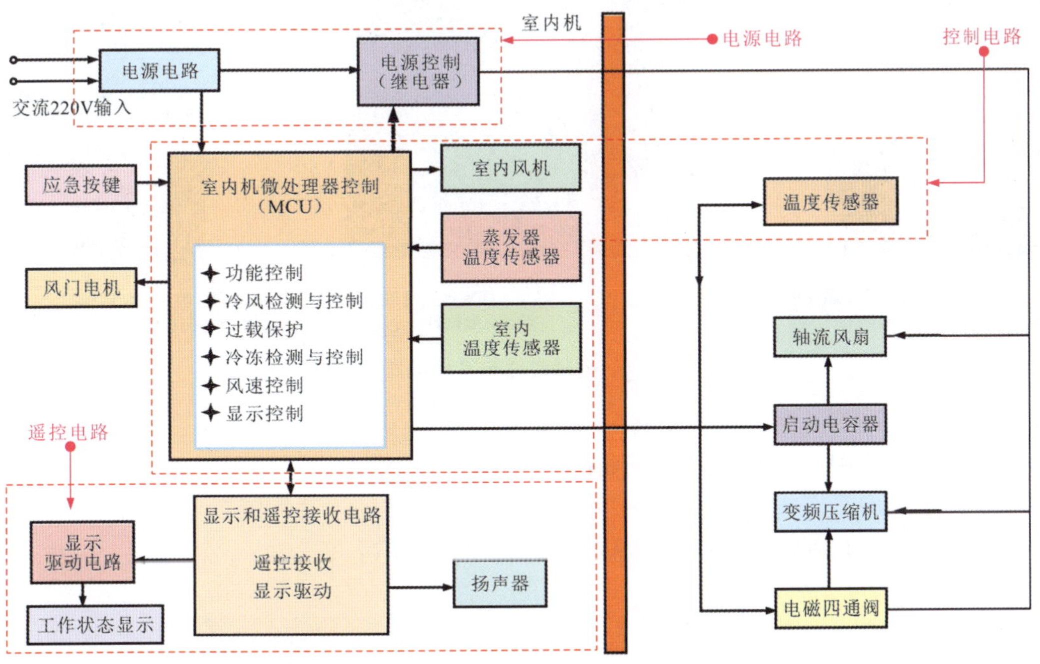

图10-21　定频空调器各电路之间的关系示意图

（1）电源电路与其他电路的关系

电源电路是空调器的能源供给电路，它将交流 220V 市电处理后，输出各级直流电压为其他各单元电路或元器件提供工作电压。

如图 10-22 所示为电源电路与其他电路的关系。

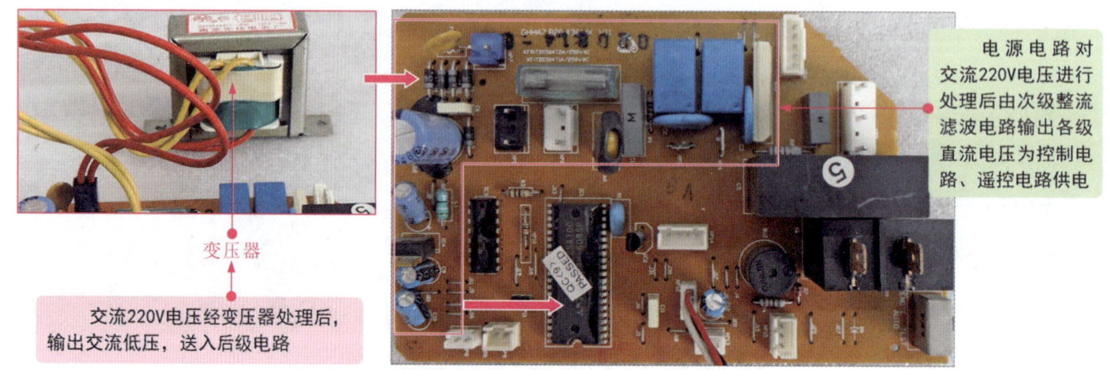

图10-22 电源电路与其他电路的关系

（2）控制电路与其他电路的关系

控制电路是由电源电路提供工作电压，并接收显示和遥控电路送来的控制信号，对该信号进行处理后，输出控制信号对相关电路或元器件进行控制。

如图 10-23 所示为控制电路与其他电路的关系。

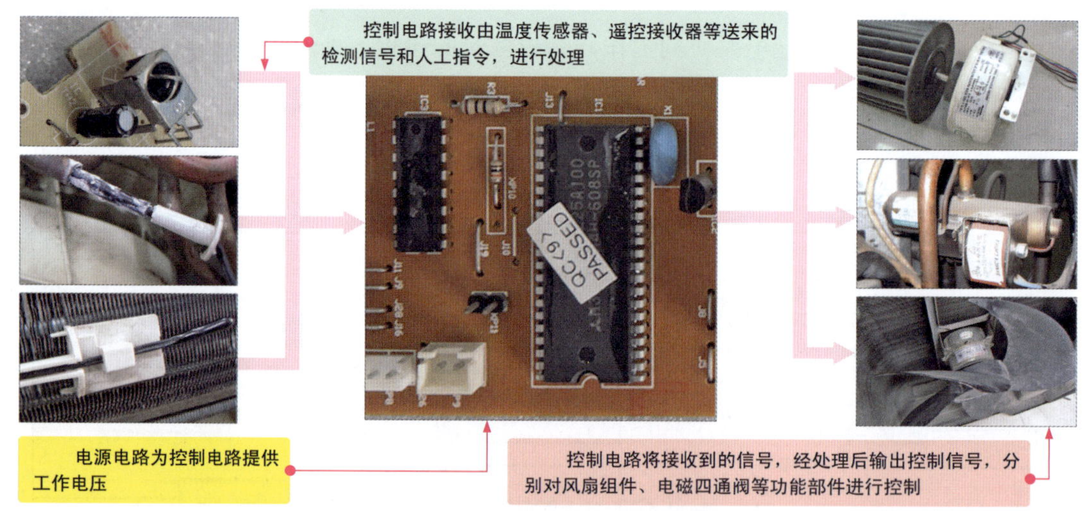

图10-23 控制电路与其他电路的关系

（3）遥控电路与其他电路的关系

显示和遥控电路主要是将外界或遥控器送来的人工指令进行处理后，送到控制电路中，间接控制空调器的工作状态。

如图 10-24 所示为显示和遥控电路与其他电路的关系。

10.2.2 定频空调器的电路分析

图 10-25 为春兰 KFR-33GW/T 型空调器的电路框图。

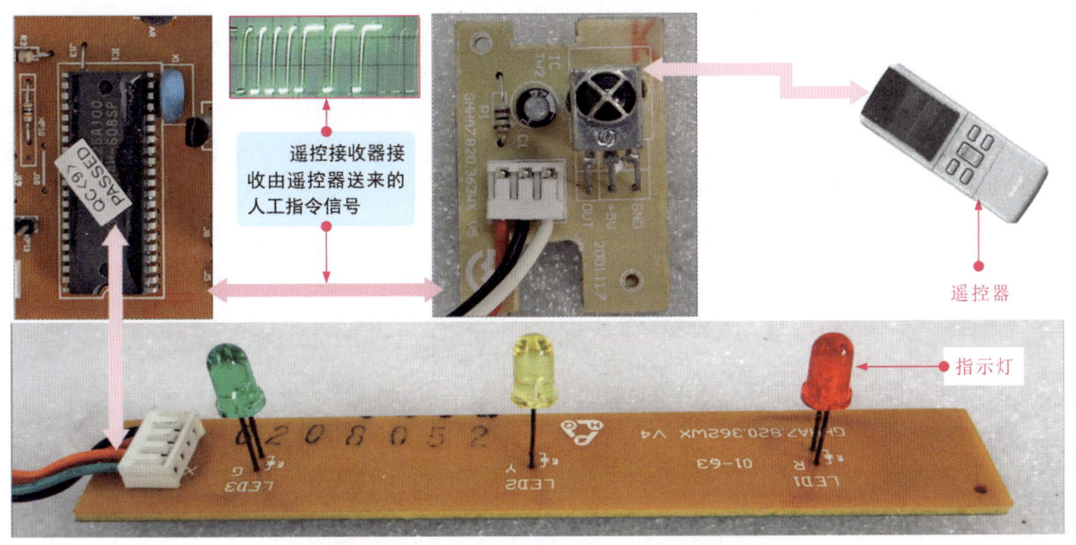

图10-24 显示和遥控电路与其他电路的关系

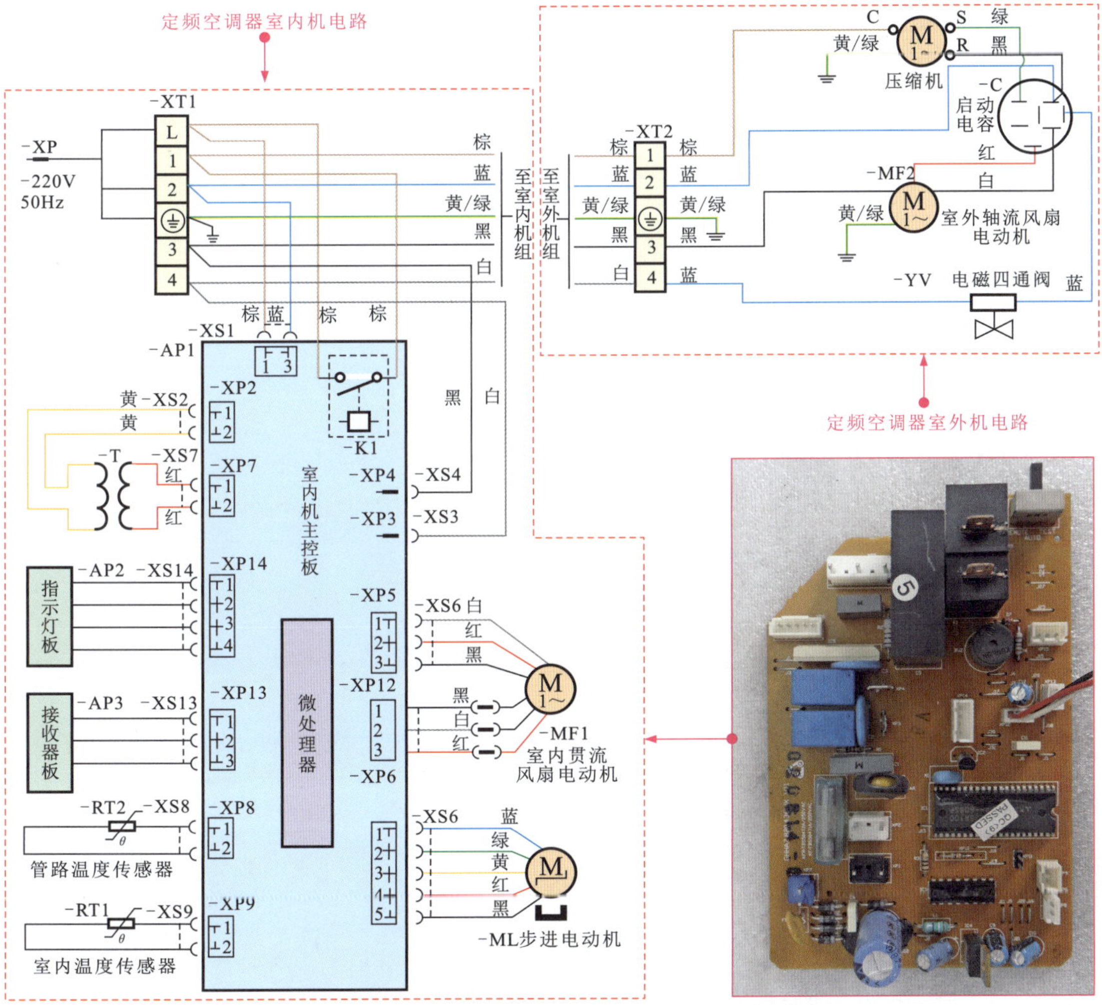

定频空调器室内机电路

-XT1
L
1
2
3
4
-XP
-220V
50Hz
棕
蓝
黄/绿
黑
白
至室内机组
至室外机组
棕 蓝 棕 棕
-XS1
-AP1
-K1
黄 -XS2
黄
-XP2
-T -XS7
红
红
-XP7
-AP2 -XS14
指示灯板
-XP14
-AP3 -XS13
接收器板
-XP13
-RT2 -XS8
管路温度传感器
-XP8
-RT1 -XS9
室内温度传感器
-XP9
室内机主控板
微处理器
-XP4 -XS4
-XP3 -XS3
黑 白
-XP5
-XS6 白
红
黑
-XP12
黑
白
红
-MF1
室内贯流风扇电动机
-XP6
-XS6 蓝
绿
黄
红
黑
-ML步进电动机

C S 绿
黄/绿 R 黑
压缩机
-C
启动电容
-XT2
棕 棕
蓝 蓝
黄/绿 黄/绿
黑 黑
白 蓝
红
-MF2
白
黄/绿
室外轴流风扇电动机
-YV 电磁四通阀 蓝

定频空调器室外机电路

图10-25 春兰KFR-33GW/T型空调器电路框图

从图 10-25 可以看到，定频空调器的电路大部分位于室内机中。室内机与室外机电路通过接线盒连接。

定频空调器电路的核心元器件为一个多引脚集成电路，该集成电路称为微处理器室内机的传感器，指示灯板、接收器板、电动机组件通过接插件连接到电路板上，通过印制线路板与微处理器进行数据传输和控制信息的传递。

定频空调器交流供电线路经插件分别加到室内机和室外机电路板上。其中室内机经降压变压器后为电路中的电子元器件供电；室外机中的压缩机、风扇电动机和电磁四通阀则直接由交流线路供电。

第 11 章 定频空调器的拆卸

11.1 定频空调器室内机的拆卸

定频空调器室内机是通过电路板及各电器部件的连接实现对制冷循环的控制，因此，学习空调器室内机的维修，首先应掌握空调器室内机的拆卸方法。

如图 11-1 所示，空调器的室内机主要是由外壳、电路板、风扇及管路部件组成。其中，

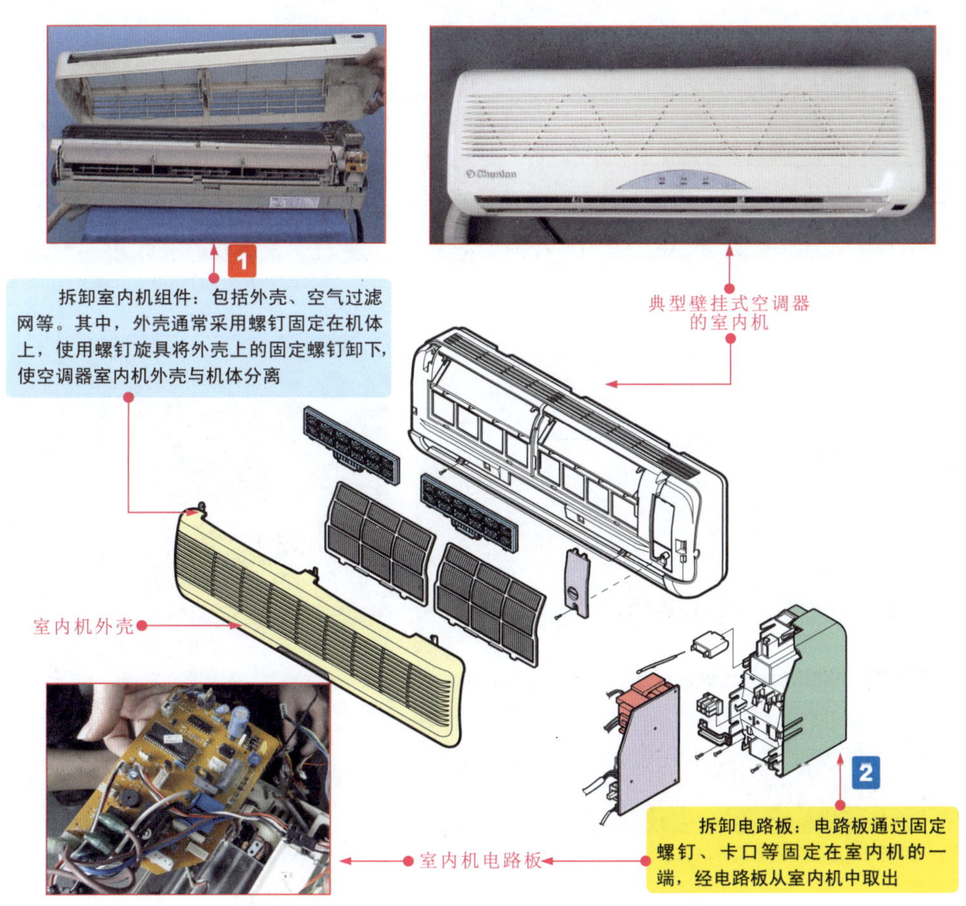

图11-1 壁挂式空调器室内机的拆卸示意图

风扇及管路部件只有在涉及维修相应部件时才需要进行拆装，我们将在检修部件的章节具体讲解。这里我们主要针对室内机的外部组件和电路板两部分进行拆卸讲解。

11.1.1 定频空调器室内机外部组件的拆卸

壁挂式空调器室内机组件包括外壳、过滤网、吸气栅等。其中，外壳通常采用按扣、卡扣和螺钉的方式固定在室内机机体上。采用相应的拆装方式进行拆装即可。在拆卸前，一般首先将空气过滤网和清洁滤尘网取下，如图 11-2 所示。

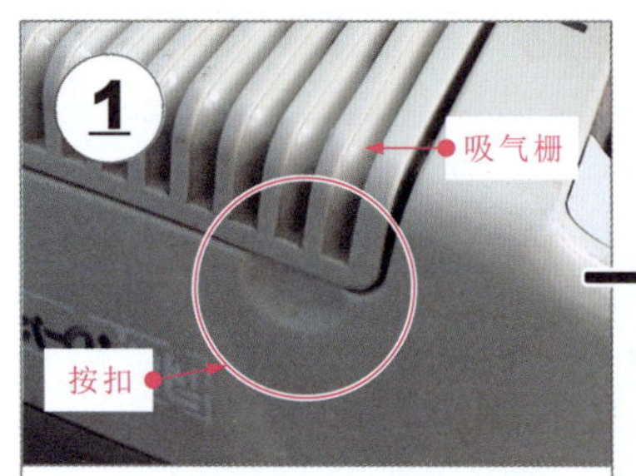

在吸气栅侧面可以找到固定按扣。

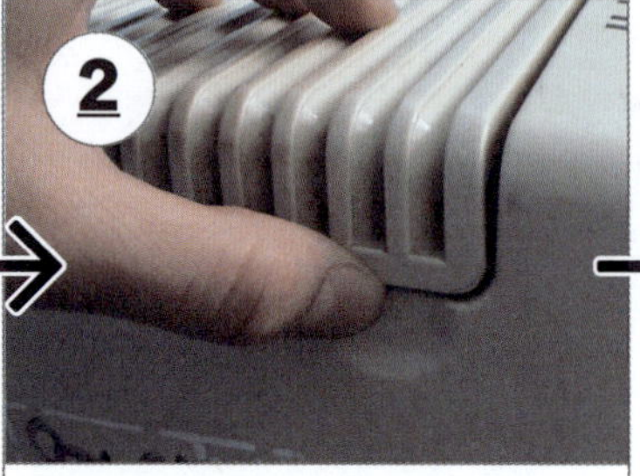

按下机壳两侧按扣，并向上提起。

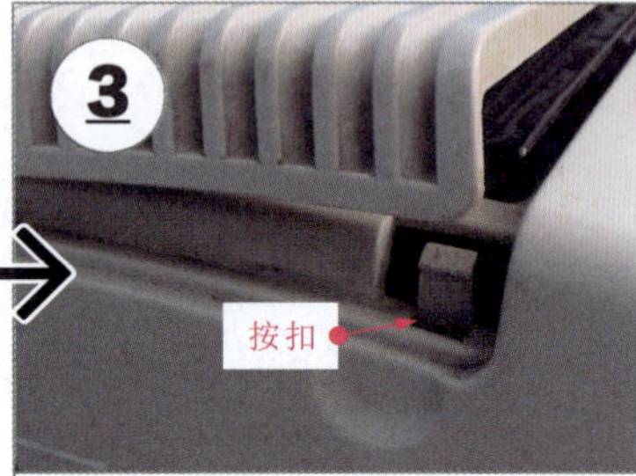

稍微用力打开卡扣，使吸气栅脱离。

将吸气栅向上掀，即可看到空气过滤网和清洁滤尘网。

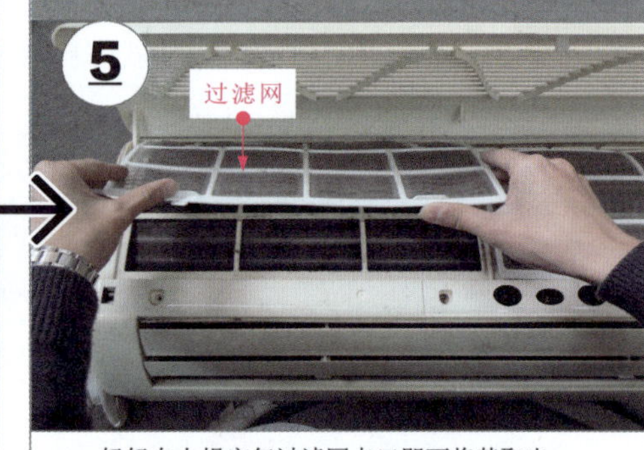

轻轻向上提空气过滤网卡口即可将其取出。

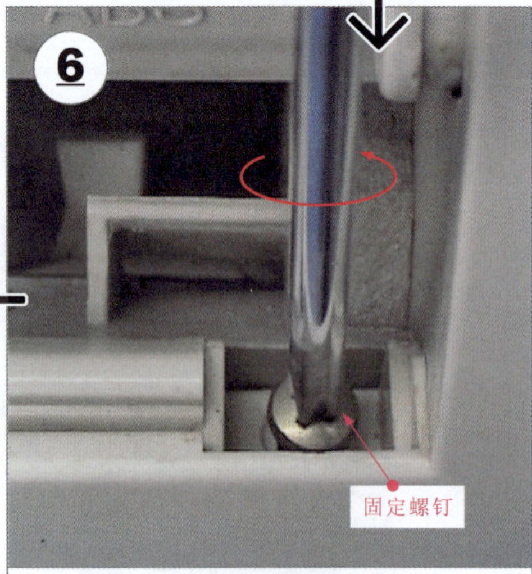

使用十字螺钉旋具将前盖板的固定螺钉拧下。

取下所有螺钉后，即可将室内机的前盖板掀起。

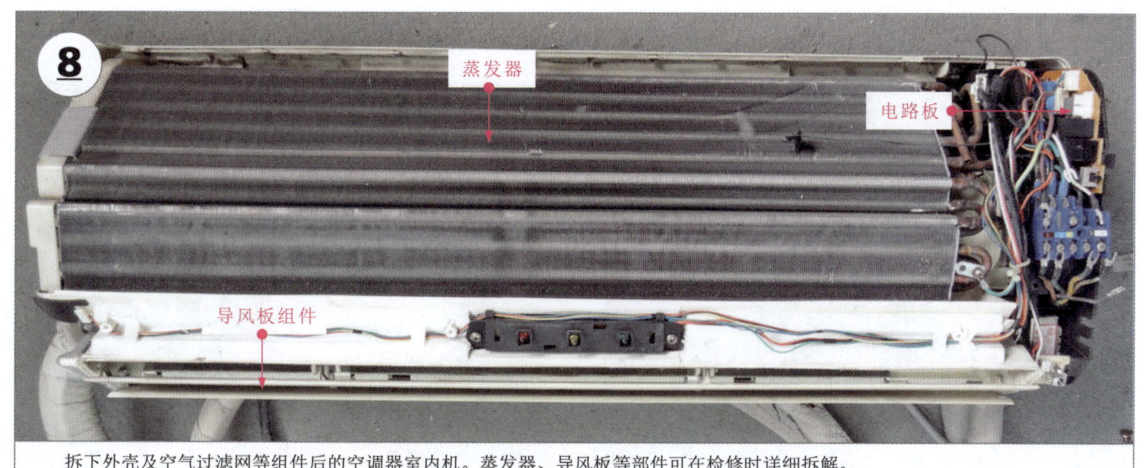

图11-2　壁挂式空调器室内机外部组件的拆卸方法

11.1.2　定频空调器室内机电路板的拆卸

壁挂式空调器室内机外壳拆下后，就可以看到室内机的主要部件了。其中，空调器的电路部分一般集中安装在室内机的一侧，此处涉及的零部件较多，拆装时需要讲究顺序和技巧。

图 11-3 为壁挂式空调器室内机电路板的拆卸方法。

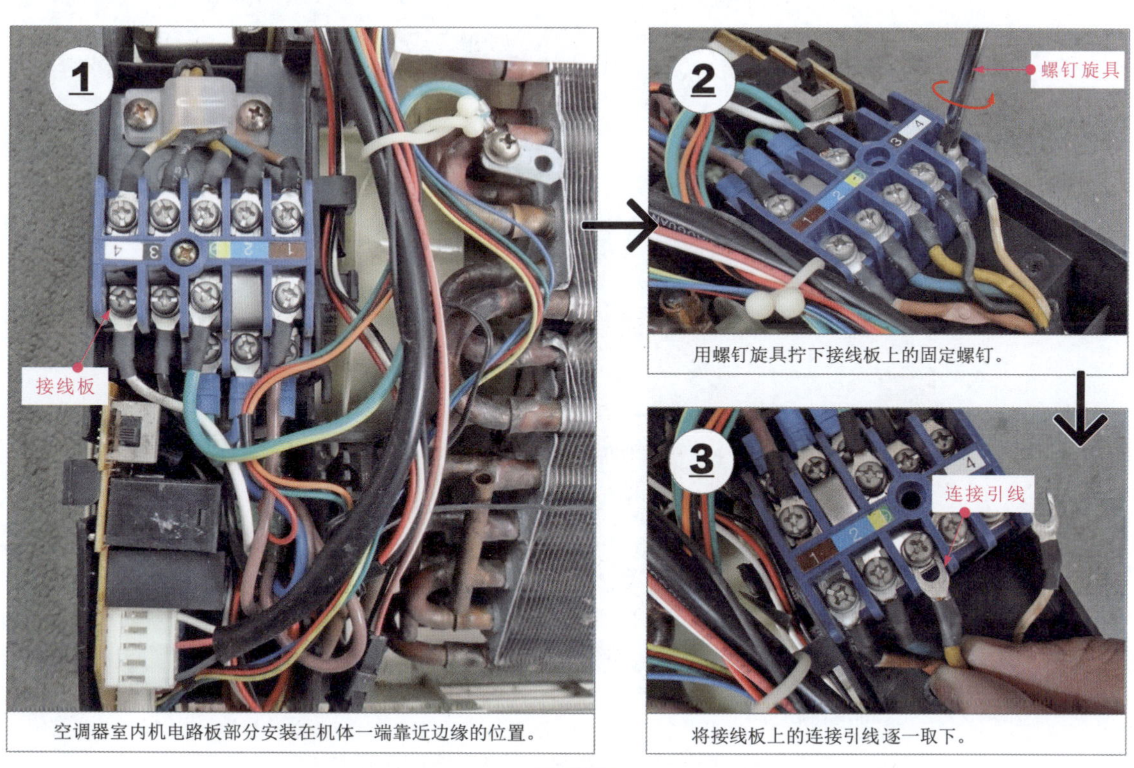

图11-3

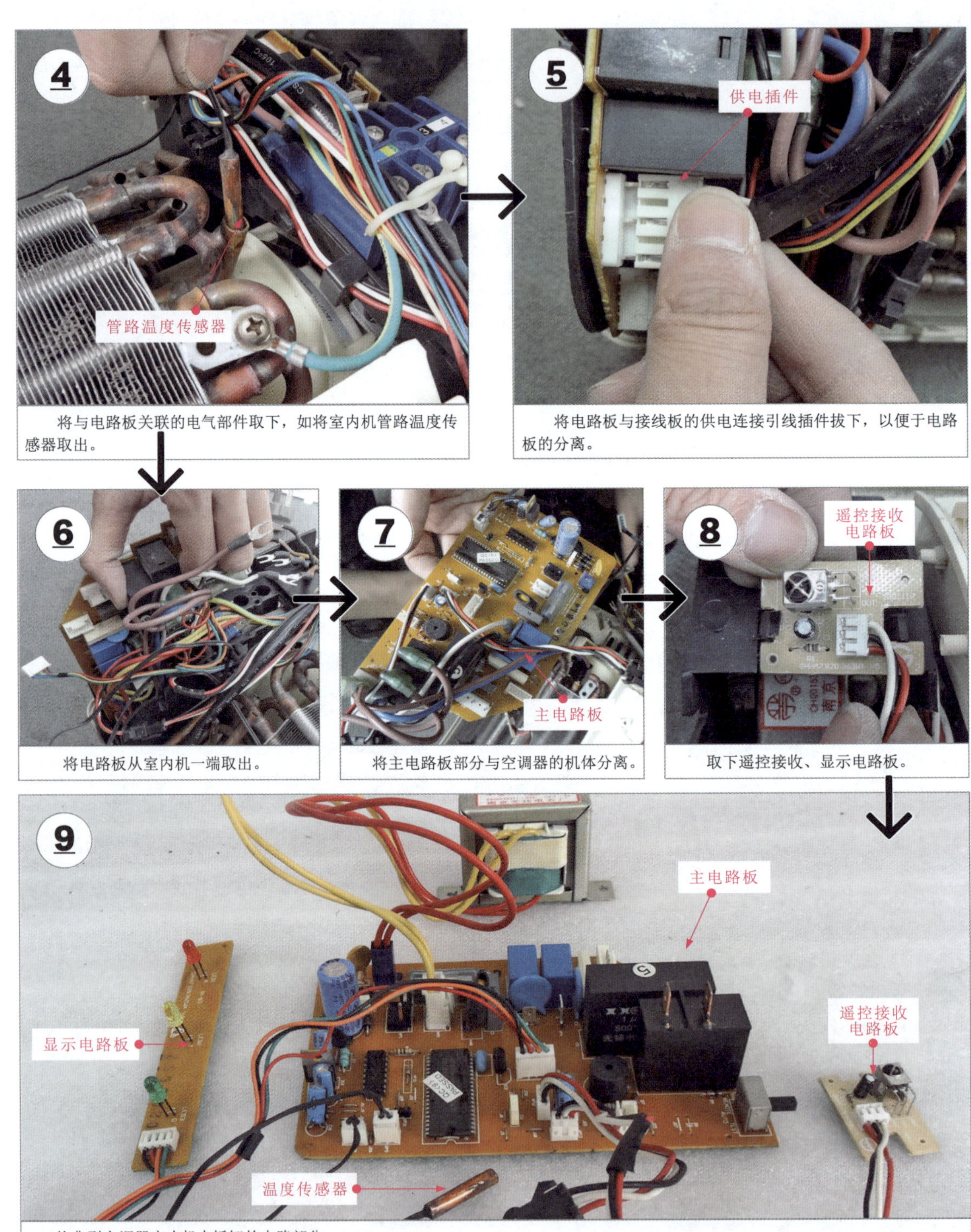

将与电路板关联的电气部件取下，如将室内机管路温度传感器取出。

将电路板与接线板的供电连接引线插件拔下，以便于电路板的分离。

将电路板从室内机一端取出。

将主电路板部分与空调器的机体分离。

取下遥控接收、显示电路板。

从典型空调器室内机中拆卸的电路部分。

图11-3 壁挂式空调器室内机电路板的拆卸方法

11.2　定频空调器室外机的拆卸

定频空调器的室外机主要是由外壳、电路板、风扇、压缩机及管路部件组成，其中，风扇、压缩机及管路部件只有在涉及维修相应部件时才需要进行拆装。

11.2.1　定频空调器室外机组件的拆卸

如图 11-4 所示，拆卸空调器室外机组件主要是指拆卸外壳部分。外壳大都是由固定螺钉固定的，拆卸时，将室外机外壳上盖、前盖、后盖之间固定螺钉拧下即可。

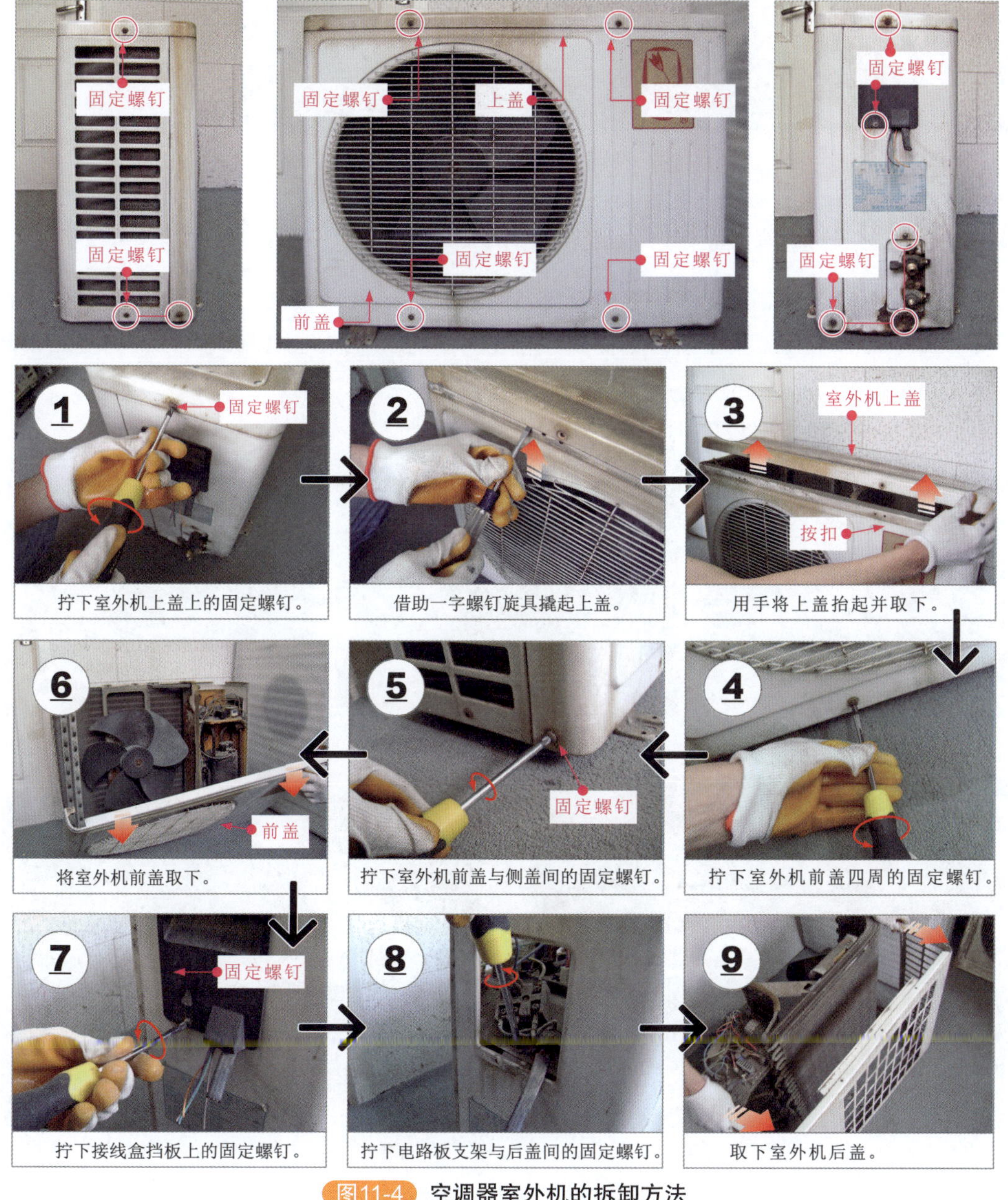

图11-4　空调器室外机的拆卸方法

拆开空调器室外机外壳后，即可看到室外机的内部结构组成，如图 11-5 所示。

图11-5 空调器室外机组件拆解后的效果图

11.2.2 定频空调器室外机电路板的拆卸

室外机电路部分通常安装在压缩机及制冷管路上面，并通过固定螺钉固定在机体上，通过连接引线与其他电气部件连接。当需要检修室外机电而无法通电测试时，需将电路部分拆下，拧下固定螺钉，拔除连接引线即可。

图 11-6 为室外机电路板的拆卸方法。

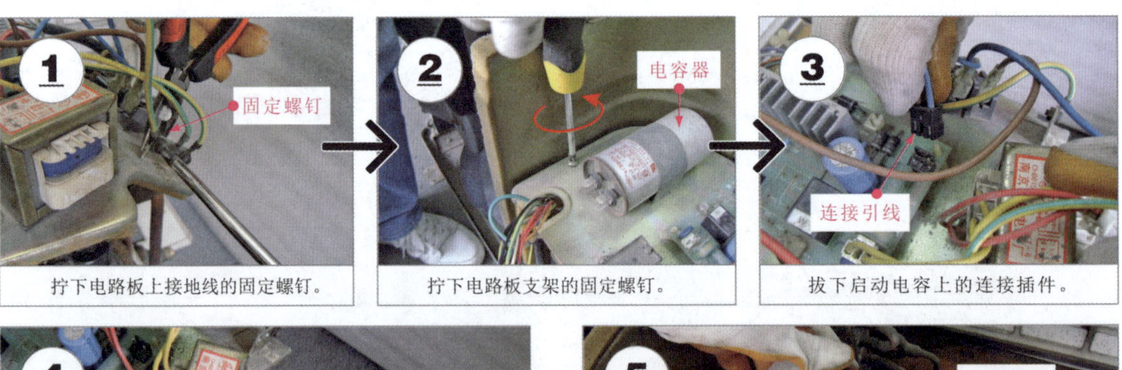

拧下电路板上接地线的固定螺钉。

拧下电路板支架的固定螺钉。

拔下启动电容上的连接插件。

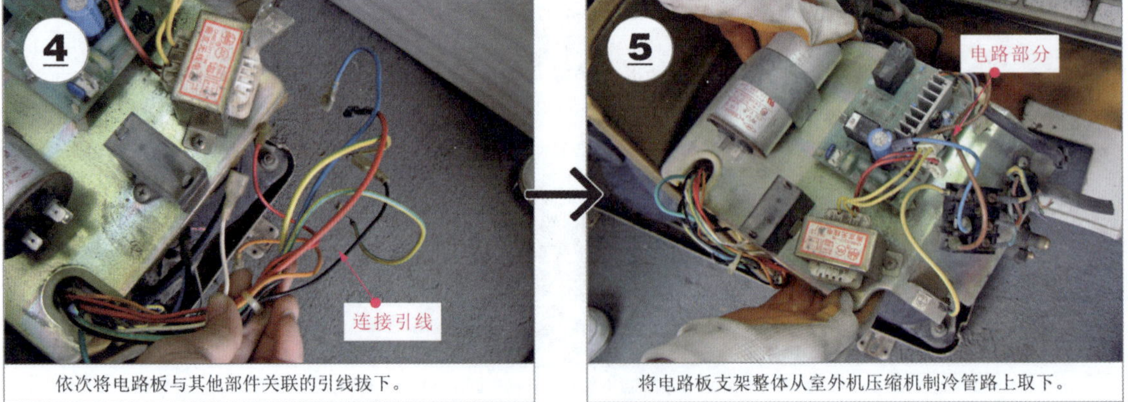

依次将电路板与其他部件关联的引线拔下。

将电路板支架整体从室外机压缩机制冷管路上取下。

图11-6 室外机电路板的拆卸方法

对空调器室外机的拆卸至此完成，如图 11-7 所示。其余电气部件将在涉及检修时，再针对性地拆卸。

图11-7 空调器室外机组件拆解后的效果图

拆卸过程中需注意，拆下的器件最好选择干净、平整的平台存放，尤其注意不要在电路板上放置杂物，要确保放置平台的干燥。

第 12 章
风扇组件的检测代换

12.1 贯流风扇组件的特点与检测代换

12.1.1 贯流风扇组件的结构和功能特点

贯流风扇组件的结构和功能特点提供电子版，读者可扫码阅读。

12.1.2 贯流风扇组件的检测代换

（1）贯流风扇组件的检测方法

对于室内机贯流风扇组件的检修，应首先检查贯流风扇扇叶否变形损坏。若没有发现机械故障，再对贯流风扇驱动电动机（电动机绕组、霍尔元件）进行检查。

① 对贯流风扇扇叶进行检查

空调器长时间未使用，贯流风扇的扇叶会堆积大量灰尘会造成风扇送风效果差的现象。出现此种情况时，打开空调器室内机的外壳后，首先检查贯流风扇外观及周围是否有异物，扇叶若是被异物卡住，散热效果将大幅度降低，严重时，还会造成贯流风扇驱动电机损坏，

贯流风扇扇叶的检查方法如图 12-1 所示。

经检查，贯流风扇扇叶存在严重脏污、变形或破损无法运转，则需要用相同规格的扇叶进行代换，或使用清洁刷对扇叶进行清洁处理。

② 对贯流风扇驱动电机进行检查

贯流风扇组件工作异常时，若经检查贯流风扇扇叶正常，则接下来应对贯流风扇驱动电机进行仔细检查，若贯流风扇驱动电机损坏应及时更换。

图12-1　贯流风扇的检查方法

贯流风扇驱动电机是贯流风扇组件中的核心部件，若贯流风扇驱动电机不转或是转速异常，可以使用万用表对贯流风扇驱动电机绕组的阻值进行检测，进而判断贯流风扇驱动电机是否出现故障。

a. 贯流风扇驱动电机各绕组间阻值的检测

对贯流风扇驱动电机进行检测时，一般可使用万用表的欧姆挡检测其绕组阻值的方法来判断好坏。将万用表调至欧姆挡，红黑表笔任意搭接在贯流风扇驱动电机的绕组端分别检测各引脚之间的阻值。

贯流风扇驱动电机各绕组间阻值的检测方法如图 12-2 所示。

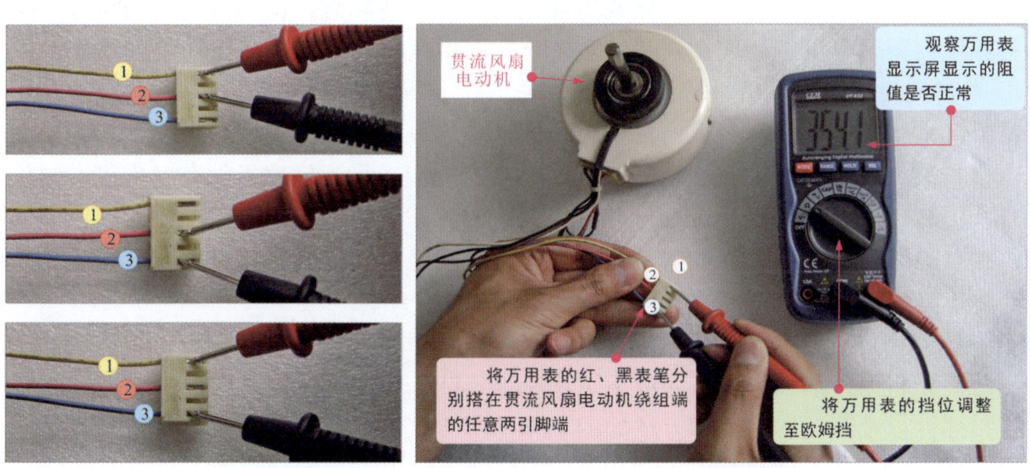

图12-2　贯流风扇驱动电机各绕组间阻值的检测方法

正常情况下，可测得插件①、②脚之间阻值约为 750Ω，②、③脚之间阻值约为 350Ω，①、③脚之间阻值约为 350Ω。若检测到的阻值为零或无穷大，说明该贯流风扇驱动电动机损坏，需进行更换；若经检测正常，则应进一步对其内部霍尔元件进行检测。

b. 贯流风扇驱动电机内霍尔元件的检测

霍尔元件是贯流风扇驱动电机中的位置检测元件，若该元件损坏也会引起贯流风扇驱动电机运转异常或不运转的故障。

对霍尔元件的检测与贯流风扇驱动电机相似，可使用万用表对其连接插件引脚之间的阻值进行检测，来判断其是否损坏。将万用表量程调至欧姆挡，红、黑表笔任意搭接在贯流风扇驱动电机的霍尔元件连接端，分别检测各引脚之间的阻值。

贯流风扇驱动电机内霍尔元件的检测方法如图 12-3 所示。

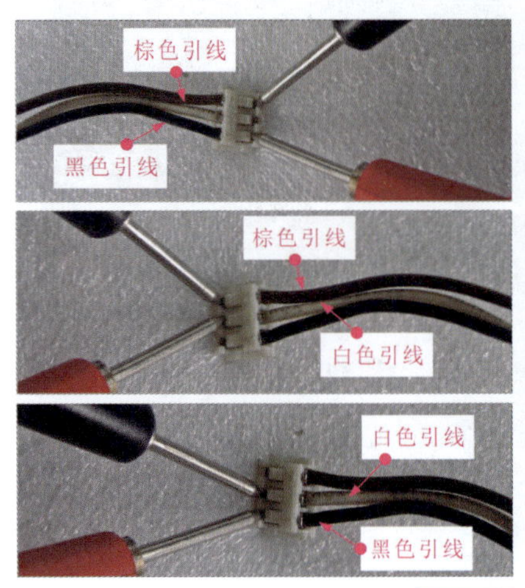

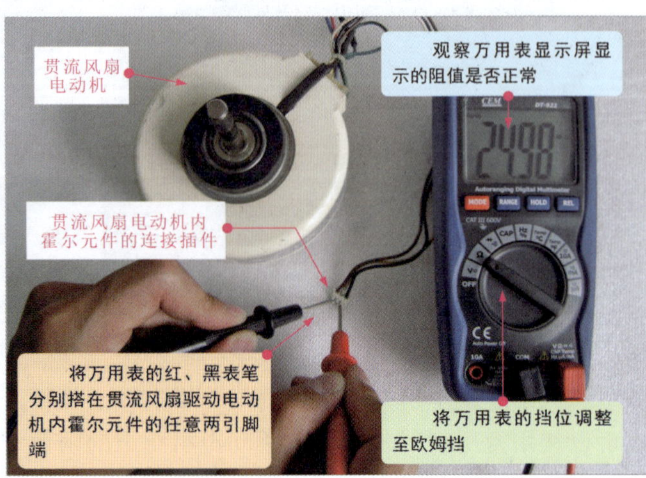

图12-3 贯流风扇驱动电机的检测方法

正常情况下，可测得插件①、②脚之间阻值约为 2000Ω，②、③脚之间阻值约为 3050Ω，①、③脚之间阻值约为 600Ω。若检测时发现某两个接线端的阻值为零或无穷大，则说明该驱动电动机的霍尔元件可能损坏，应对贯流风扇驱动电机进行更换。

（2）贯流风扇驱动电动机的代换方法

贯流风扇组件中的驱动电机老化或出现无法修复的故障时，就需要使用同型号或参数相同的贯流风扇驱动电机进行代换。在代换之前需要将损坏的贯流风扇驱动电机取下。

① 对贯流风扇驱动电机进行拆卸

贯流风扇组件安装在室内机的机体内，通常贯流风扇扇叶安装在蒸发器下方，横卧在室内机中、贯流风扇驱动电机安装在贯流风扇扇叶的一端。贯流风扇组件在室内机安装位置比较特殊，拆卸时应按顺序逐一进行。对贯流风扇的拆卸，首先是对连接插件以及蒸发器进行拆卸，接着是对固定螺钉进行拆卸，最后是对贯流风扇驱动电机和贯流风扇扇叶进行拆卸。

a. 对连接插件以及蒸发器进行拆卸

由于贯流风扇组件中的贯流风扇驱动电机与电路板之间是通过连接线进行连接的，因此在拆卸前应先将连接插件拔下，并取下贯流风扇扇叶上方的蒸发器。

连接插件以及蒸发器的拆卸方法如图 12-4 所示。

图12-4 连接插件以及蒸发器的拆卸方法

b. 对固定支架固定螺钉进行拆卸

取下蒸发器后，即可看到贯流风扇组件，接下来对贯流风扇组件的固定螺钉进行拆卸，如图 12-5 所示。

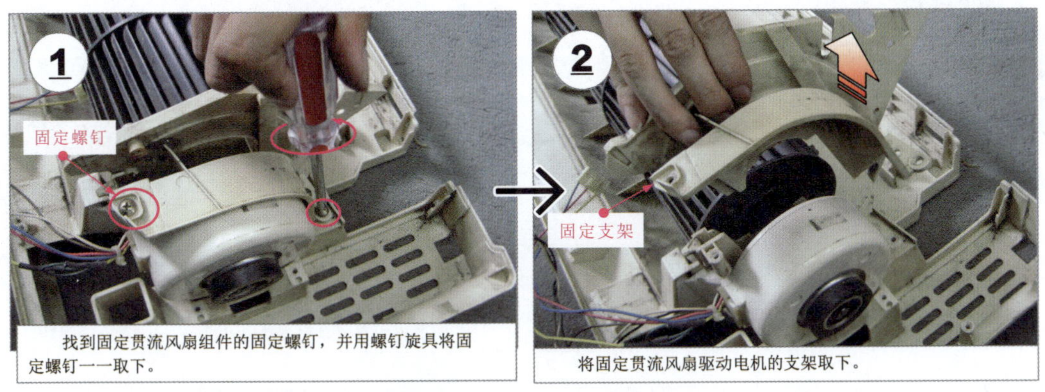

图12-5 固定螺钉的拆卸方法

c. 对贯流风扇驱动电机和贯流风扇扇叶进行拆卸

将固定螺钉取下后，即可取出贯流风扇组件，此时即可对贯流风扇驱动电机进行拆卸，如图 12-6 所示。

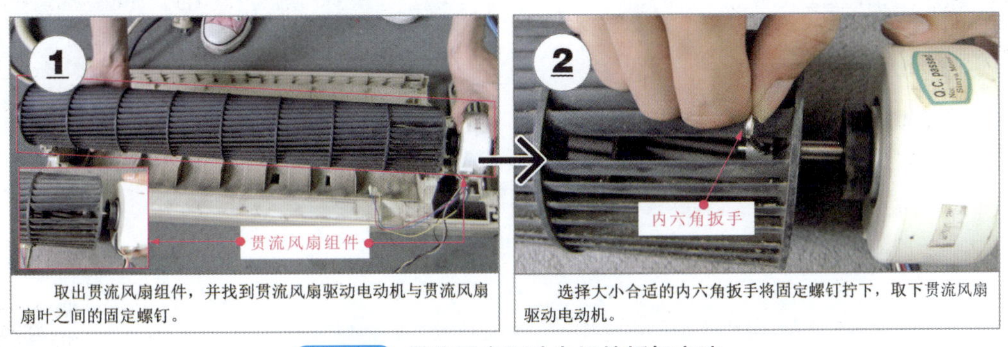

图12-6 贯流风扇驱动电机的拆卸方法

② 对贯流风扇驱动电机进行代换

将损坏的贯流风扇驱动电机拆下后，接下来需要寻找可替代的贯流风扇驱动电机进行代换。代换时需要根据损坏贯流风扇驱动电机的类型、型号、大小等规格参数选择适合的器件进行代换。

贯流风扇驱动电机的选择方法如图 12-7 所示。

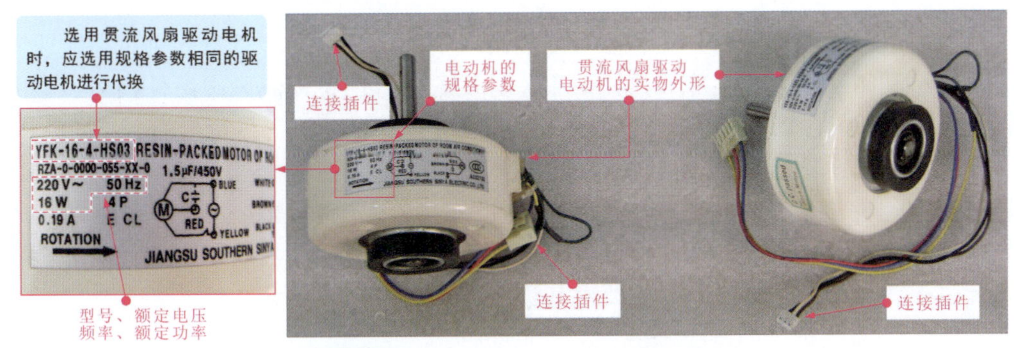

图12-7 贯流风扇驱动电机的选择方法

将新贯流风扇驱动电机安装到贯流风扇扇叶上，并将贯流风扇组件安装好后，通电试机，方法如图 12-8 所示。

将新的贯流风扇驱动电动机与贯流风扇扇叶进行连接。使用工具将贯流风扇驱动电动机与贯流风扇扇叶固定好。

安装并固定贯流风扇驱动电动机的支架。

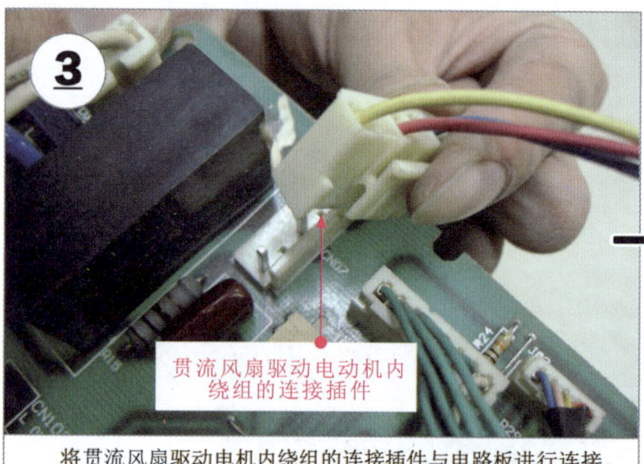

将贯流风扇驱动电机内绕组的连接插件与电路板进行连接。

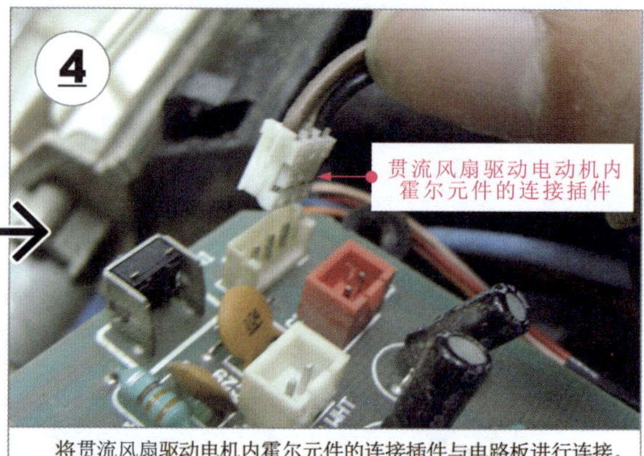

将贯流风扇驱动电机内霍尔元件的连接插件与电路板进行连接。

图12-8 贯流风扇驱动电机的代换方法

12.2 轴流风扇的特点与检测代换

12.2.1 轴流风扇的结构和功能特点

为方便读者学习，提高效率，轴流风扇的结构和功能特点提供电子版，读者可扫码阅读。

12.2.2 轴流风扇的检测代换

轴流风扇组件出现故障后，空调器可能会出现室外机风扇不转、室外机风扇转速慢进而导致空调器不制冷（热）或制冷（热）效果差等现象。若怀疑轴流风扇组件损坏，就需要分别对轴流风扇扇叶、轴流风扇启动电容器、轴流风扇驱动电动机等进行检测代换。

（1）轴流风扇扇叶的检测代换

轴流风扇组件放置在室外，容易堆积大量的灰尘，若有异物进去极易卡住轴流风扇扇叶，导致轴流风扇扇叶运转异常。检修前，可先将轴流风扇组件上的异物进行清理。若轴流风扇扇叶由于变形而无法运转，则需要对其进行更换。

① 对轴流风扇进行检查

打开空调器室外机后，首先检查轴流风扇外观及周围有无异物，尤其是长时间不使用空调器，轴流风扇扇叶会受运行环境恶劣和外力作用等因素的影响，出现轴流风扇扇叶破损、被异物卡住或轴流风扇扇叶与轴流风扇驱动电机转轴被污物缠绕或锈蚀等情况，这将使散热效能大幅度降低，使空调器出现停机现象，严重时，还会造成驱动电机损坏。

轴流风扇的检查方法如图 12-9 所示。

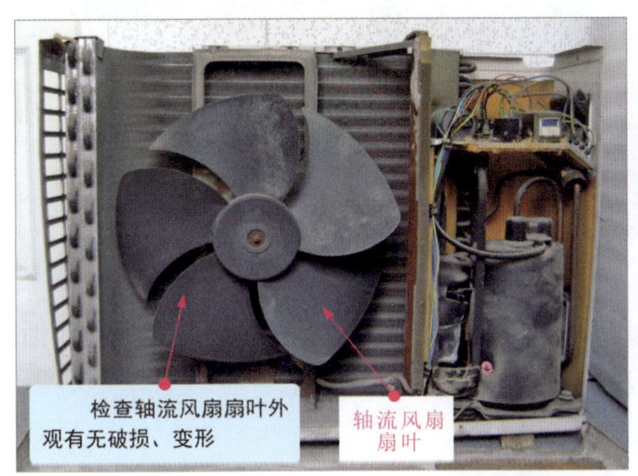

图12-9 轴流风扇的检查方法

② 对轴流风扇进行代换

若经检查，轴流风扇扇叶存在严重破损和脏污，则需要对扇叶进行清洁处理，若轴流风扇无法修复则需要用相同规格的扇叶进行代换。

轴流风扇扇叶是通过固定螺母固定在轴流风扇驱动电机的转轴上，代换之前需要先将轴流风扇扇叶从轴流风扇驱动电机中取下。将损坏的轴流风扇拆下后，接下来需要寻找可替代的轴流风扇进行代换。代换时需要根据损坏轴流风扇的类型、型号、大小等规格参数选择适合的器件进行代换。

轴流风扇的代换方法如图 12-10 所示。

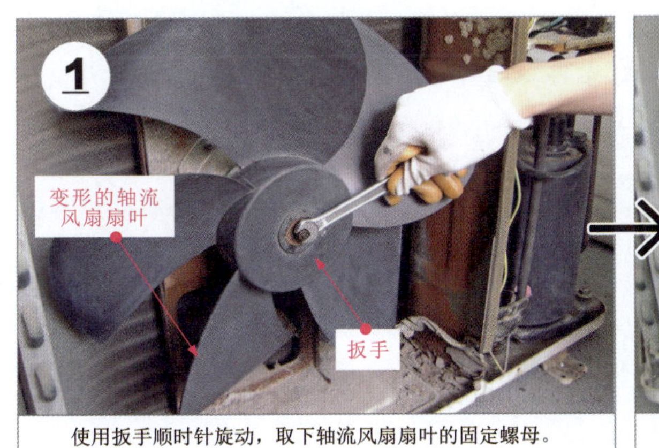

使用扳手顺时针旋动，取下轴流风扇扇叶的固定螺母。

2
轴流风扇扇叶
轴流风扇驱动电动机

将损坏的轴流风扇扇叶从轴流风扇驱动电动机上取下。

图12-10

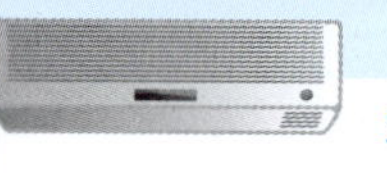

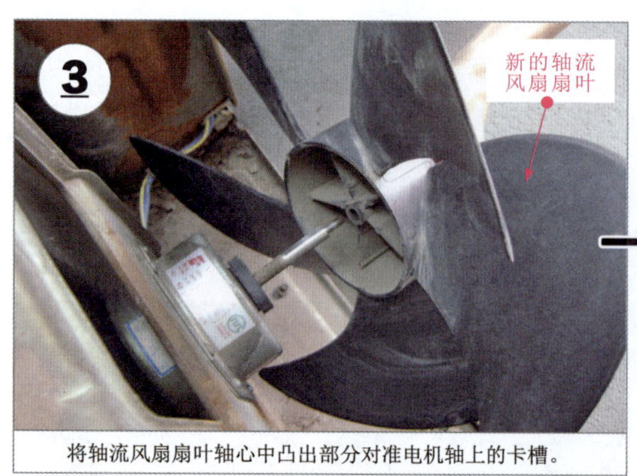

将轴流风扇扇叶轴心中凸出部分对准电机轴上的卡槽。

将新的轴流风扇扇叶穿入驱动电机转轴上，用木棒轻轻敲打，使其安装到位，用固定螺母固定，代换完成。

图12-10 轴流风扇的代换方法

（2）轴流风扇启动电容器的检测代换

轴流风扇启动电容正常工作是轴流风扇驱动电机启动运行的基本条件之一。因此当轴流风扇组件工作异常时，首先应检查轴流风扇启动电容是否正常，若不正常应对启动电容器进行代换；若正常则应进行下一步检测。

① 对轴流风扇启动电容器进行拆卸

轴流风扇启动电容通过固定螺钉安装在电路支撑板上，引脚端通过连接引线与轴流风扇驱动电机连接。拆卸轴流风扇启动电容时，主要需将连接引线拔开、固定螺钉卸下，使轴流风扇启动电容与电路支撑板和轴流风扇驱动电机的连接引线分离。

将连接引线拔下，然后用螺钉旋具将固定螺钉拧下就可以将轴流风扇启动电容从电路支撑板上取下了，如图 12-11 所示。

② 对轴流风扇启动电容器进行检测

轴流风扇启动电容正常工作是轴流风扇驱动电机启动运行的基本条件之一。若轴流风扇驱动电机不启动或启动后转速明显偏慢，应先对轴流风扇启动电容进行检测，如图 12-12 所示。

若轴流风扇启动电容因漏液、变形导致容量减少时，多会引起轴流风扇驱动电机转速变慢故障；若轴流风扇启动电容漏电严重，完全无容量时，将会导致轴流风扇驱动电机不启动、不运行故障。

③ 对轴流风扇启动电容器进行代换

将损坏的轴流风扇启动电容器拆下后，接下来便可寻找可替代的新轴流风扇启动电容器进行代换。代换时需要根据原轴流风扇启动电容的标称参数，选择容量、耐压值等均相同的电容器进行代换。

轴流风扇启动电容的选择方案如图 12-13 所示。

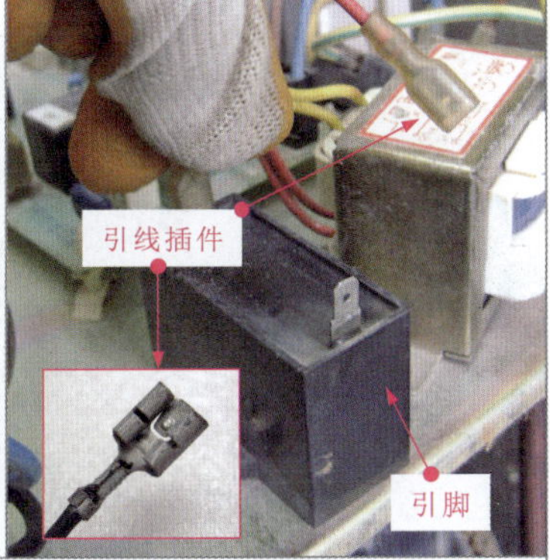

轴流风扇启动电容用螺钉固定在电路支撑板上，并通过引线及插件与驱动电机连接。拔下轴流风扇启动电容与轴流风扇驱动电机之间的连接引线。

用螺钉旋具将轴流风扇启动电容的固定螺钉拧下。

将轴流风扇启动电容从电路支撑板上取下。

图12-11 轴流风扇启动电容的拆卸方法

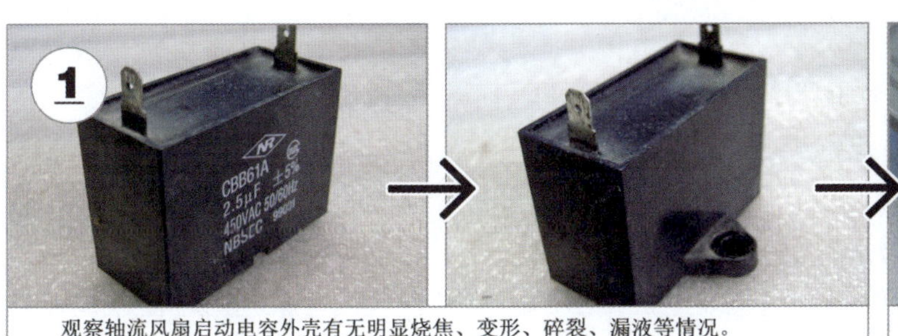

观察轴流风扇启动电容外壳有无明显烧焦、变形、碎裂、漏液等情况。

将万用表功能旋钮置于电容测量挡位。

图12-12

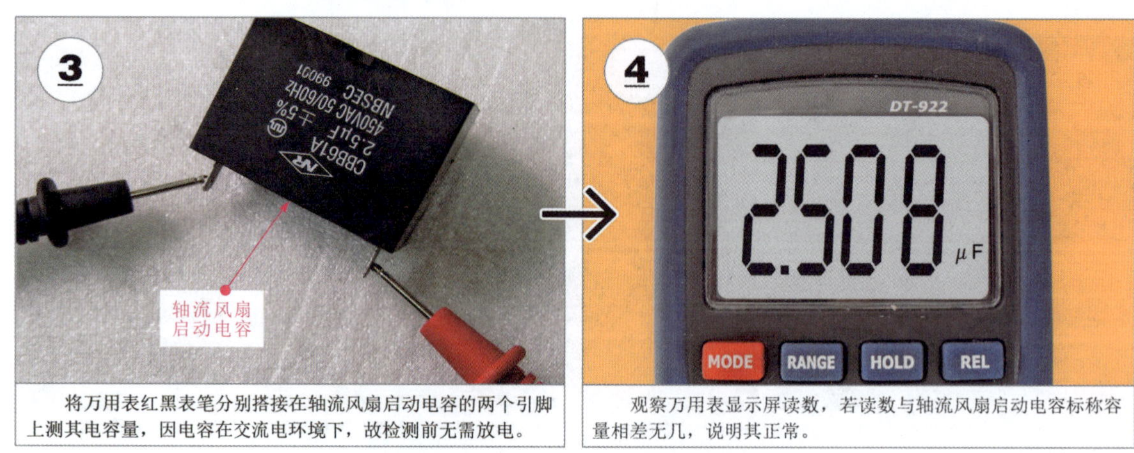

图12-12 轴流风扇启动电容的检测方法

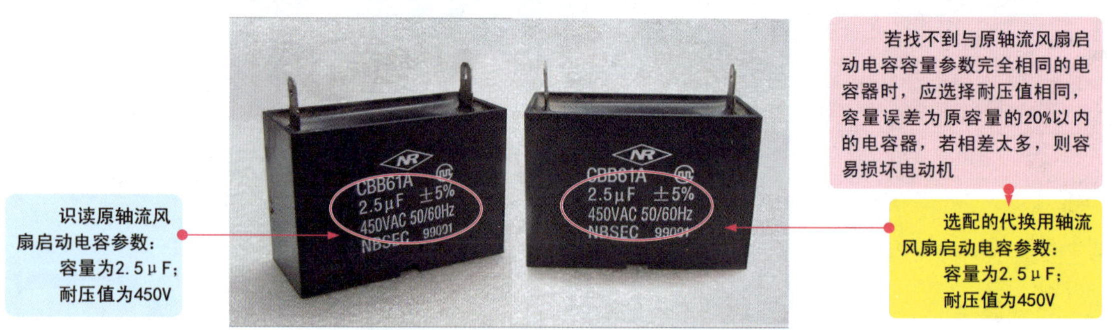

图12-13 轴流风扇启动电容的选择方案

选择好代换的轴流风扇启动电容器后，将代换用启动电容器安装到原轴流风扇启动电容的位置上，完成代换后，通电试机运行。

轴流风扇启动电容的代换方法如图 12-14 所示。

（3）轴流风扇驱动电动机的检测代换

轴流风扇组件工作异常时，若经检测和代换轴流风扇启动电容后故障依旧，则接下来应对轴流风扇驱动电机进行仔细检查，若轴流风扇驱动电机损坏应及时更换。

① 对轴流风扇驱动电机进行拆卸

轴流风扇驱动电机通过固定螺钉固定在电机支架上，电机引线通过线卡固定，拆卸轴流风扇驱动电机时，主要需将固定螺钉卸下，将线卡掰开，使轴流风扇驱动电机与电机支架分离，连接引线与线卡和连接部件分离即可。

使用适当尺寸的螺钉旋具将轴流风扇驱动电机的固定螺钉一一拧下，并将连接引线从线卡中抽出，就可以取下轴流风扇驱动电机了，如图 12-15 所示。

② 对轴流风扇驱动电机进行检测

将轴流风扇驱动电机拆下后，接下来需要对驱动电机进行检测。轴流风扇驱动电机是轴流风扇组件中的核心部件。在轴流风扇启动电容正常的前提下，若轴流风扇驱动电机不转或转速异常，则需通过万用表对轴流风扇驱动电机绕组的阻值进行检测，来判断轴流风扇驱动电机是否出现故障。

轴流风扇驱动电机绕组阻值的检测方法如图 12-16 所示。

将代换用的启动电容放置到原轴流风扇启动电容的位置上。

用固定螺钉将代换用启动电容重新固定。

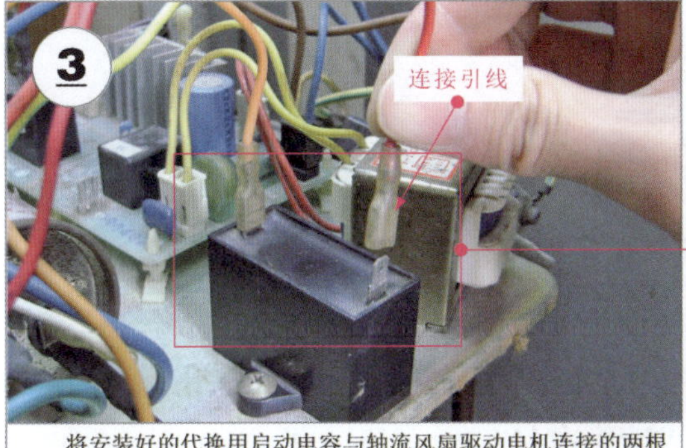

将安装好的代换用启动电容与轴流风扇驱动电机连接的两根引线进行插接。

图12-14 轴流风扇启动电容的代换方法

使用螺钉旋具将轴流风扇驱动电机四周的固定螺钉一一拧下。

将轴流风扇驱动电机与电机支架分离。

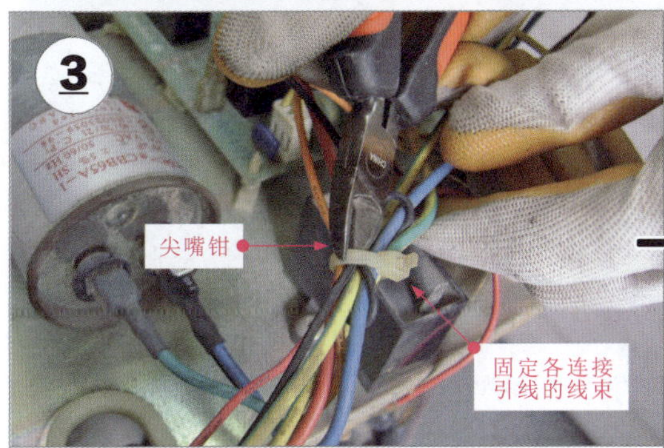

用尖嘴钳将绑扎轴流风扇驱动电机引线的线束剪断。

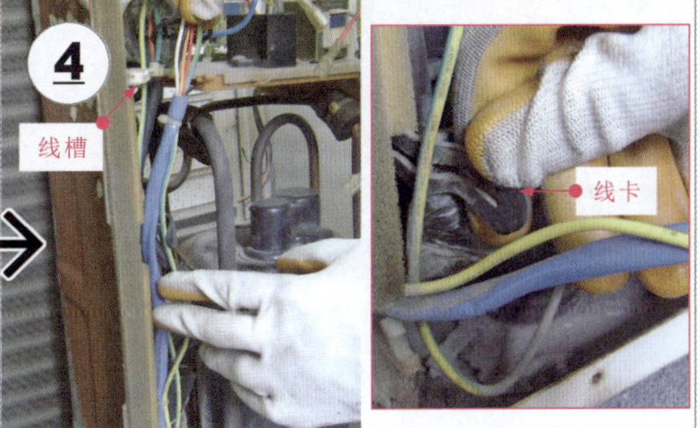

拔下轴流风扇驱动电机与电路板之间的连接引线，并从引线槽或线卡中分离出来。

图12-15

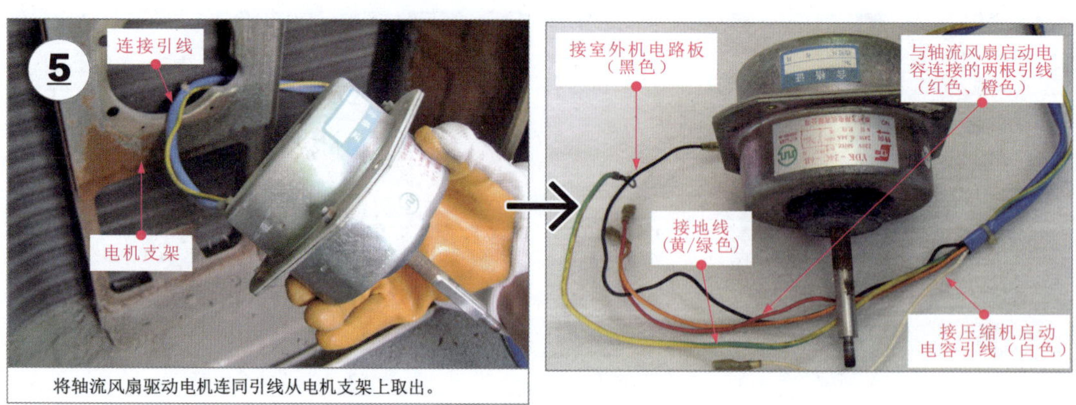

图12-15 轴流风扇驱动电机的拆卸方法

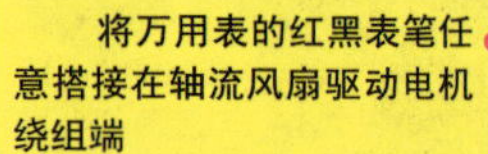

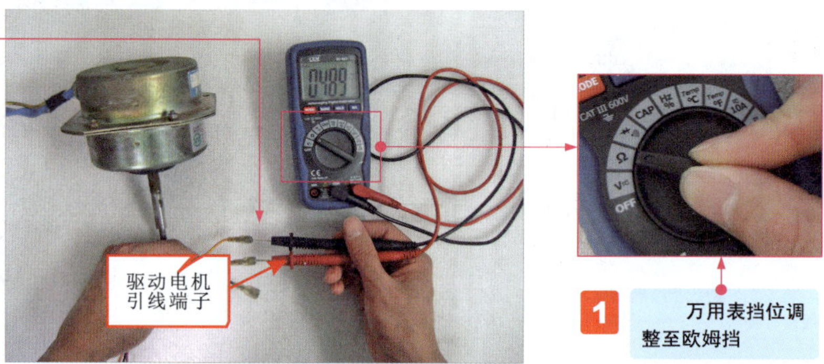

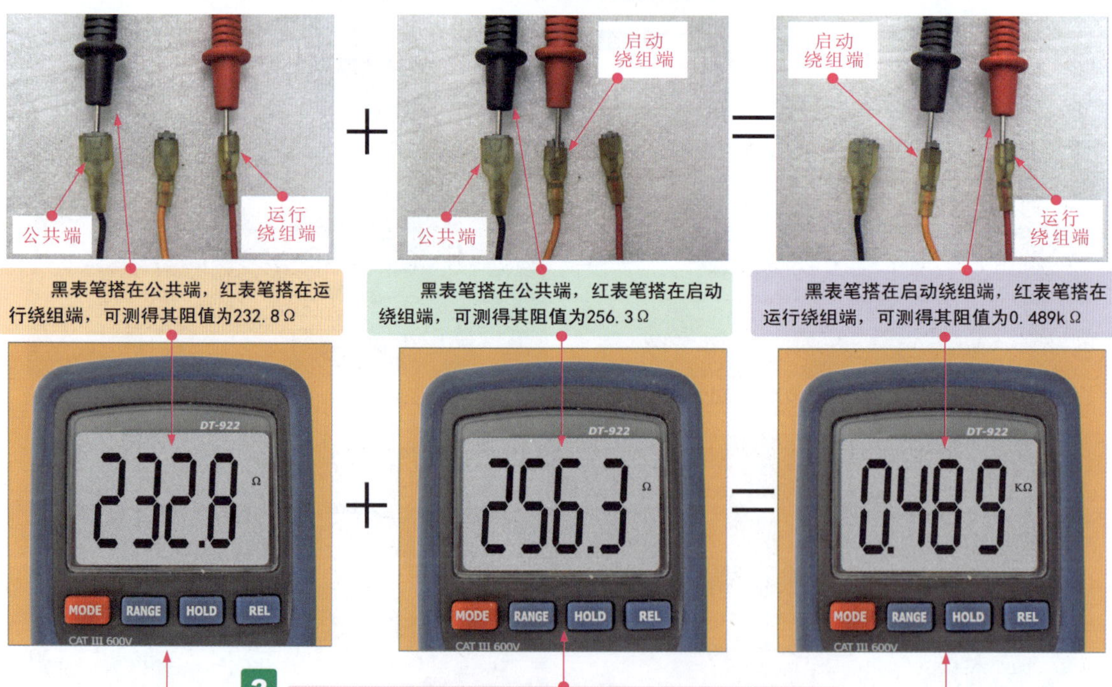

图12-16 轴流风扇驱动电机绕组阻值的检测方法

观察万用表显示的数值，正常情况下，任意两引线端均有一定阻值，且满足其中两组阻值之和等于另外一组数值。

若检测时发现某两个引线端的阻值趋于无穷大，则说明绕组中有断路情况；若三组数值间不满足等式关系，则说明驱动电机绕组可能存在绕组间短路情况；出现上述两种情况均应更换驱动电机。

【提示说明】

空调器室外机的轴流风扇驱动电机一般有五根引线和三根引线两种。在对空调器室外机轴流风扇驱动电机进行检测时，首先需要明确电动机各引线的功能（即区分启动端、运行端和公共端），在实际检测中，维修人员一般通过两种方法进行区分。

a. 根据轴流风扇驱动电机铭牌标识进行区分

在轴流风扇驱动电机外壳上都贴有该电机的铭牌，通过轴流风扇驱动电机的铭牌标识很容易区别不同颜色连接引线的功能，如图 12-17 所示。

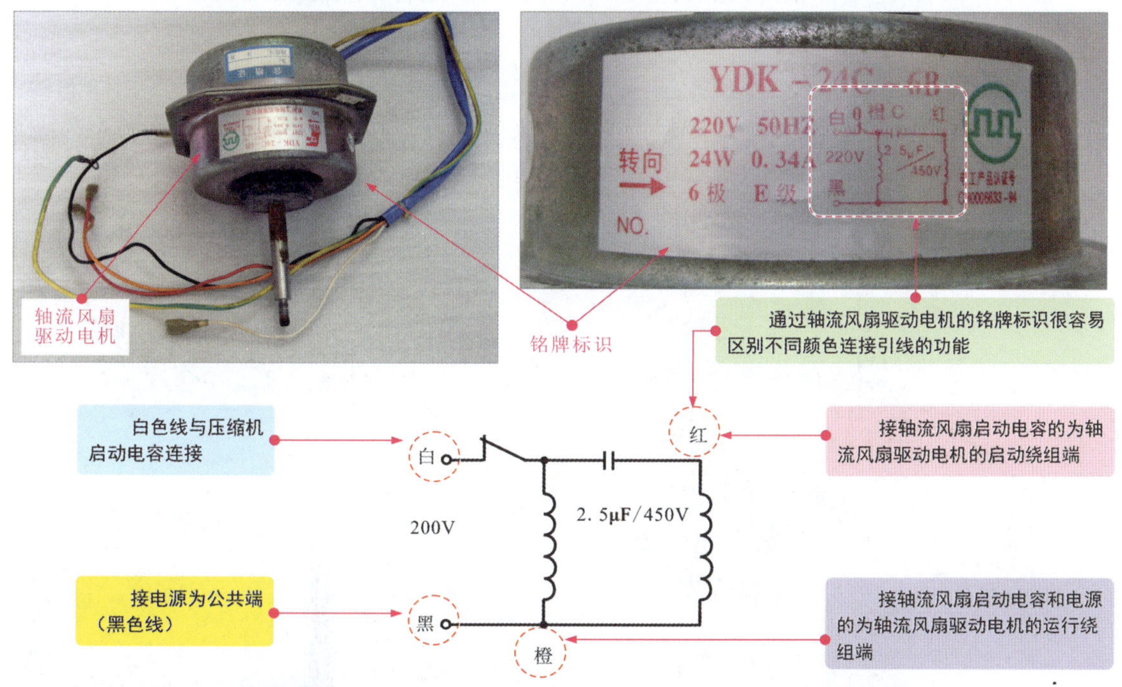

图12-17 根据铭牌标识区分轴流风扇驱动电机三根引线的功能

b. 根据实测轴流风扇驱动电机绕组阻值进行区分

轴流风扇驱动电机的绕组阻值通常有三组，即启动端与公共端之间的阻值、运行端与公共端之间的阻值和启动端与运行端之间的阻值。

正常情况下，万用表电阻挡测量三组阻值，最大的一组阻值中，表笔所接为启动端和运行端，另外一根则为公共端；再分别测量剩下两根引线与公共端之间阻值，其中阻值偏小的引线为运行端（即运行绕组）；阻值偏大的引线为启动端（即启动绕组），如图 12-18 所示。

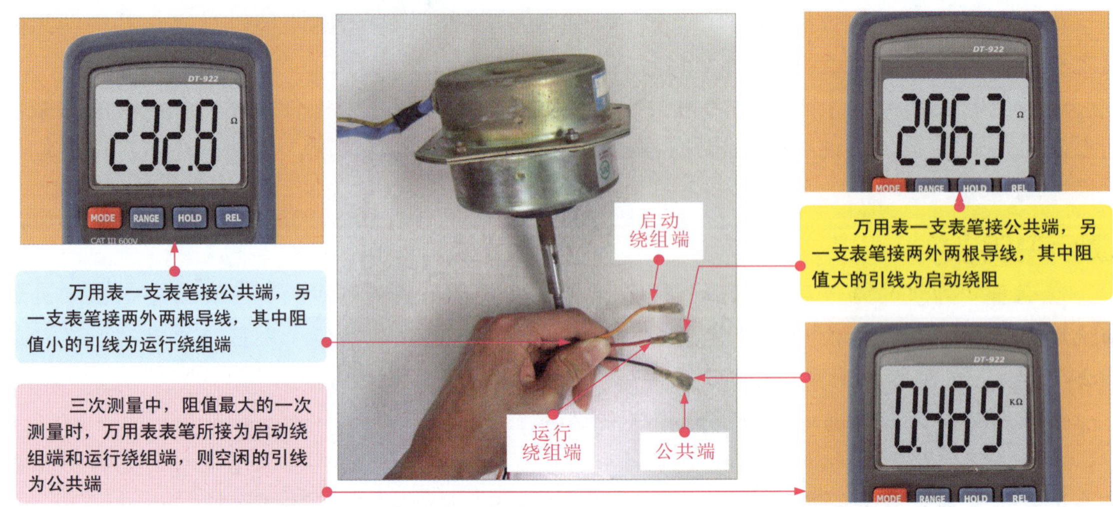

图12-18 根据绕组阻值测量结果区分轴流风扇驱动电机引线的功能

③ 对轴流风扇驱动电机进行代换

轴流风扇驱动电机老化或出现无法修复的故障时，就需要使用同型号或参数相同的轴流风扇驱动电机进行代换。代换之前应根据原轴流风扇驱动电机上的铭牌标识，选择型号、额定电压、额定频率、功率、极数等规格参数相同的电机进行代换。

轴流风扇驱动电机的选择方案如图 12-19 所示。

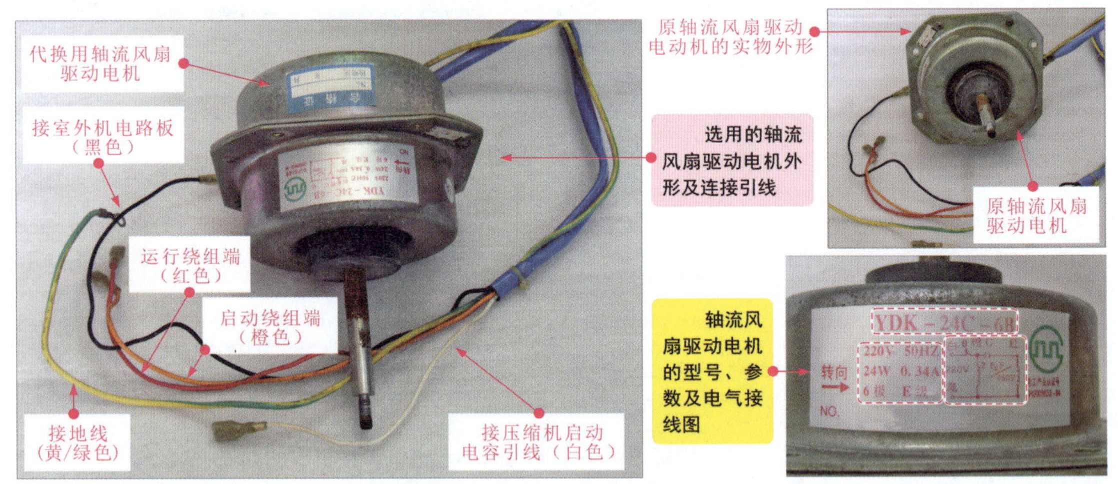

图12-19 轴流风扇驱动电机的选择方案

选择好代换用轴流风扇驱动电机后，将代换用轴流风扇驱动电机安装到电机支架上，并将轴流风扇驱动电机也装回到机轴上，通电试机，如图 12-20 所示。

将代换用的轴流风扇驱动电动机放到支架上。

用固定螺钉将轴流风扇驱动电机进行固定。

将轴流风扇扇叶轴心中凸出部分对准电机轴上的卡槽。

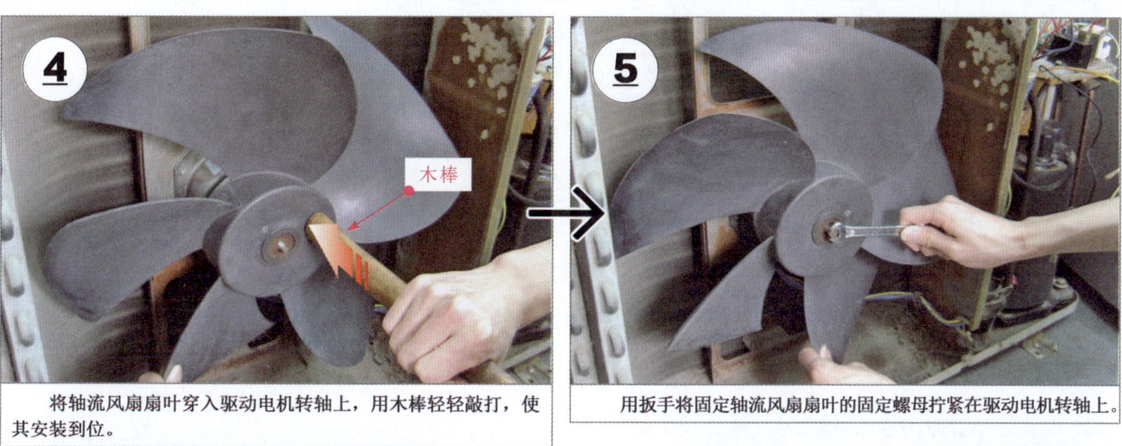

将轴流风扇扇叶穿入驱动电机转轴上，用木棒轻轻敲打，使其安装到位。

用扳手将固定轴流风扇扇叶的固定螺母拧紧在驱动电机转轴上。

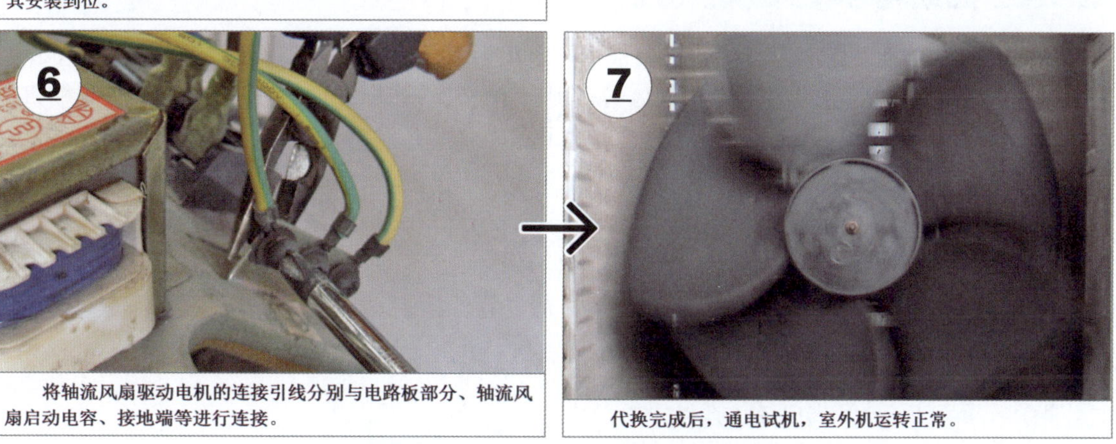

将轴流风扇驱动电机的连接引线分别与电路板部分、轴流风扇启动电容、接地端等进行连接。

代换完成后，通电试机，室外机运转正常。

图12-20　轴流风扇驱动电机的代换方法

第 13 章
启动和保护元器件的检测代换

13.1 启动电容器的功能与检测代换

在学习启动电容器的检测代换之前，首先要对启动电容器的功能有一定的了解，然后在此基础上对启动电容器进行检测代换。

13.1.1 启动电容器的功能特点

启动电容器是辅助压缩机启动的重要部件，该电容器是一只容量较大的电容器（1 ～ 6μF），用于为电动机的辅助绕组提供启动电流，辅助压缩机启动。启动电容器一般固定在压缩机上方的支架或支撑板上，引脚与压缩机的启动端相连。

图 13-1 所示为启动电容器的功能示意图。

可以看到，压缩机电动机中有两个绕组，即启动绕组（辅助绕组）和运行绕组。这两个绕组在空间位置上相位相差 90°。启动电容器串联在压缩机电动机的启动绕组端，当运交流 220V 电源加到供电端的瞬间，由于电容器充电特性，启动绕组中的电流在相位上比运行绕组中的电流超前 90°。

13.1.2 启动电容器的检测代换

启动电容器出现异常情况，通常会导致压缩机不能正常启动的故障。当怀疑启动电容器时，可首先启动电容器进行检测，一旦发现故障，就需要寻找可替代的启动电容器进行代换。

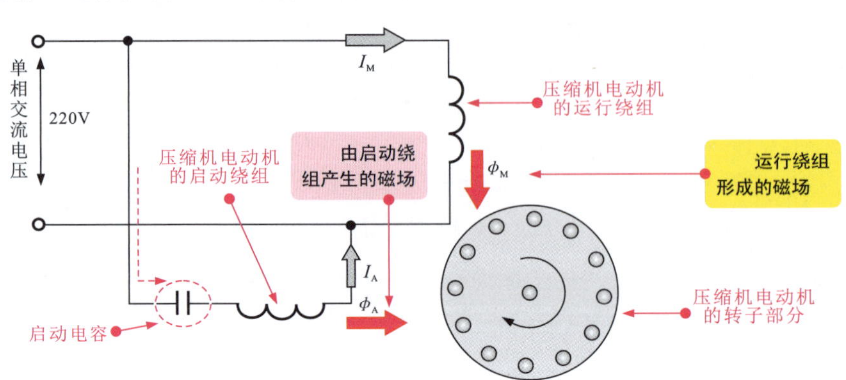

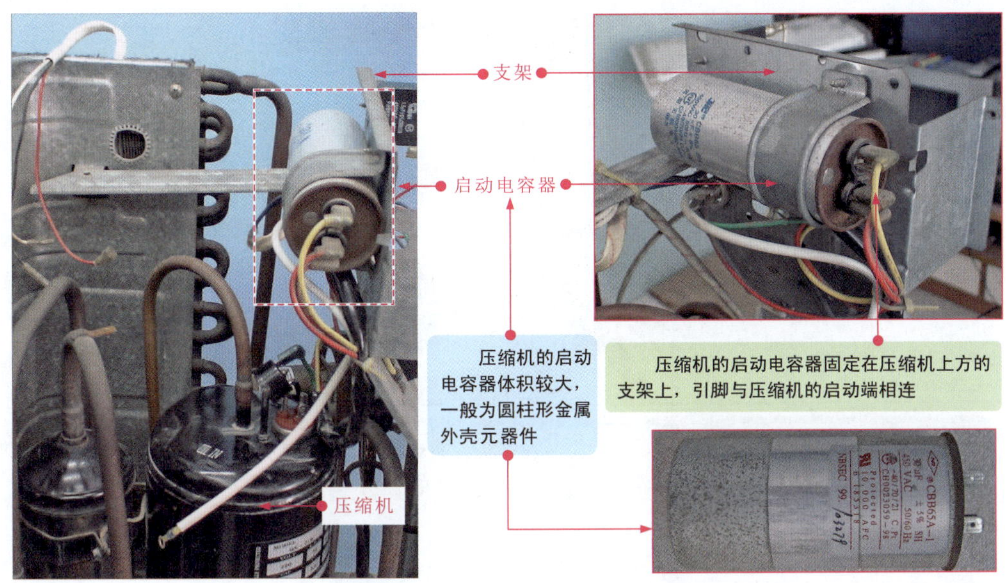

图13-1　启动电容器的功能示意图

（1）启动电容器的检测方法

压缩机的启动电容器是一种大容量电解电容器，检测时可使用数字万用表的电容挡对其电容量进行检测，判断其是否存在异常情况。

压缩机启动电容器的检测方法如图 13-2 所示。

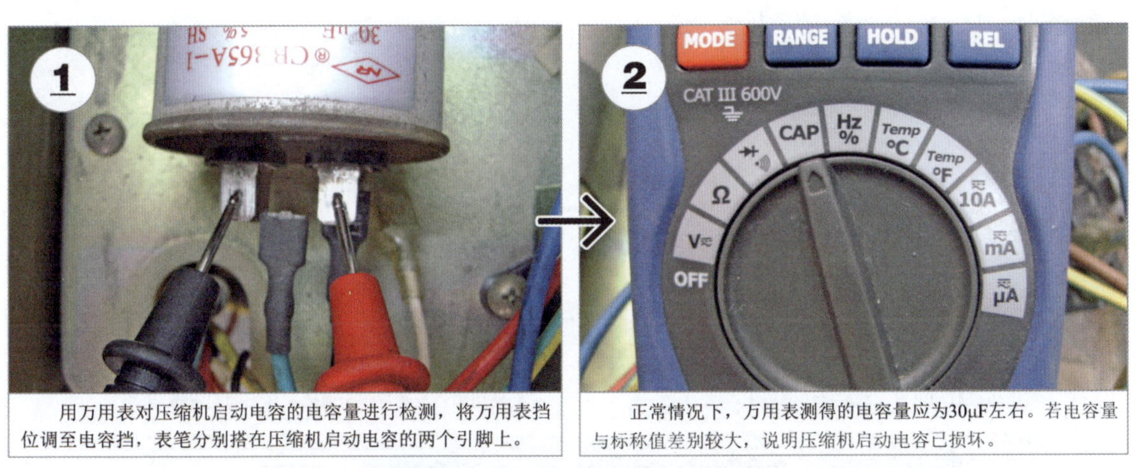

图13-2　压缩机启动电容器的检测方法

正常情况下，用万用表电容量挡检测电容器的电容量应与标称电容量相同或十分接近，否则多为启动电容器变质，如电解质干涸、漏液等，应进行更换。

判断压缩机启动电容是否正常，除了使用万用表对其电容量进行检测外，还可用指针式万用表的欧姆挡，对启动电容的充放电性能进行检测，如图 13-3 所示。

（2）启动电容器的代换方法

若经检测确定为压缩机启动电容器本身损坏引起的空调器故障，则需要对损坏的压缩机启动电容器进行更换。

代换启动电容器一般可分为拆卸启动电容器、寻找可替换的启动电容器和代换启动电容器三个步骤。

图13-3 使用指针式万用表欧姆挡对启动电容器的充放电性能进行检测

① 拆卸启动电容器

压缩机启动电容位于压缩机上方的电路支撑板上，拆卸时，将连接引线拔下，并用螺钉旋具取下其卡环的固定螺钉即可，如图 13-4 所示。

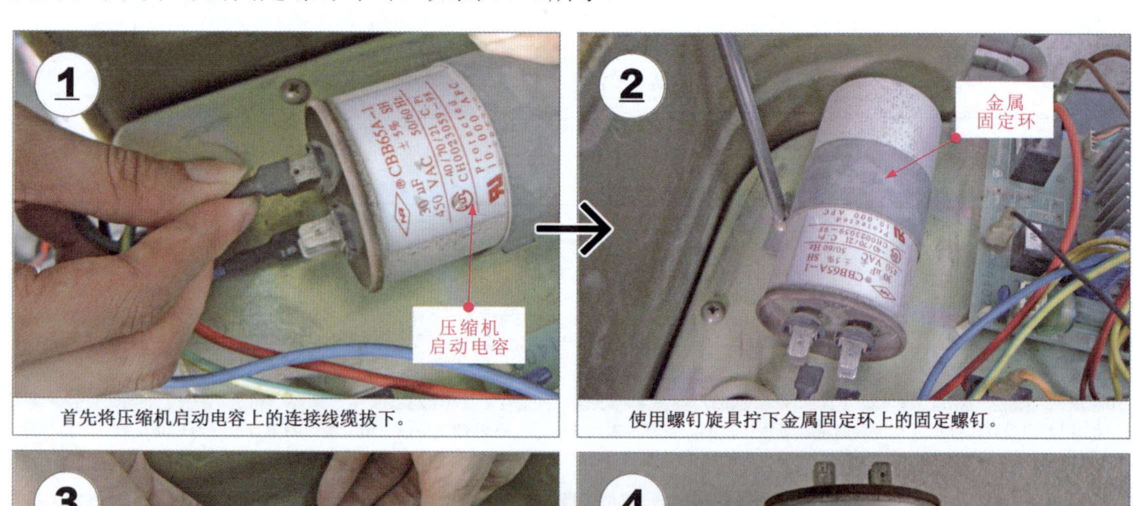

首先将压缩机启动电容上的连接线缆拔下。

使用螺钉旋具拧下金属固定环上的固定螺钉。

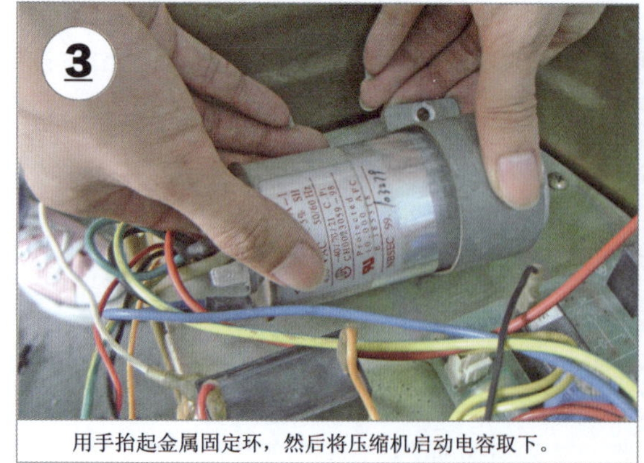

用手抬起金属固定环，然后将压缩机启动电容取下。

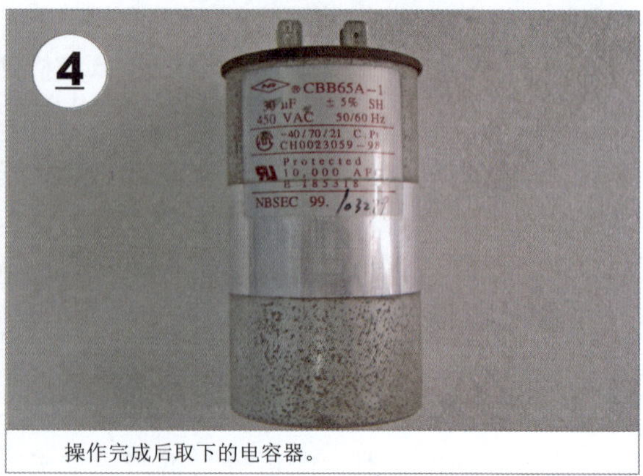

操作完成后取下的电容器。

图13-4 压缩机启动电容的拆卸操作

② 寻找可替换的电容器

将损坏的压缩机启动电容拆下后，接下来根据损坏启动电容的规格参数、体积大小等选择适合的新启动电容代换。

压缩机启动电容器的选配方法如图 13-5 所示。

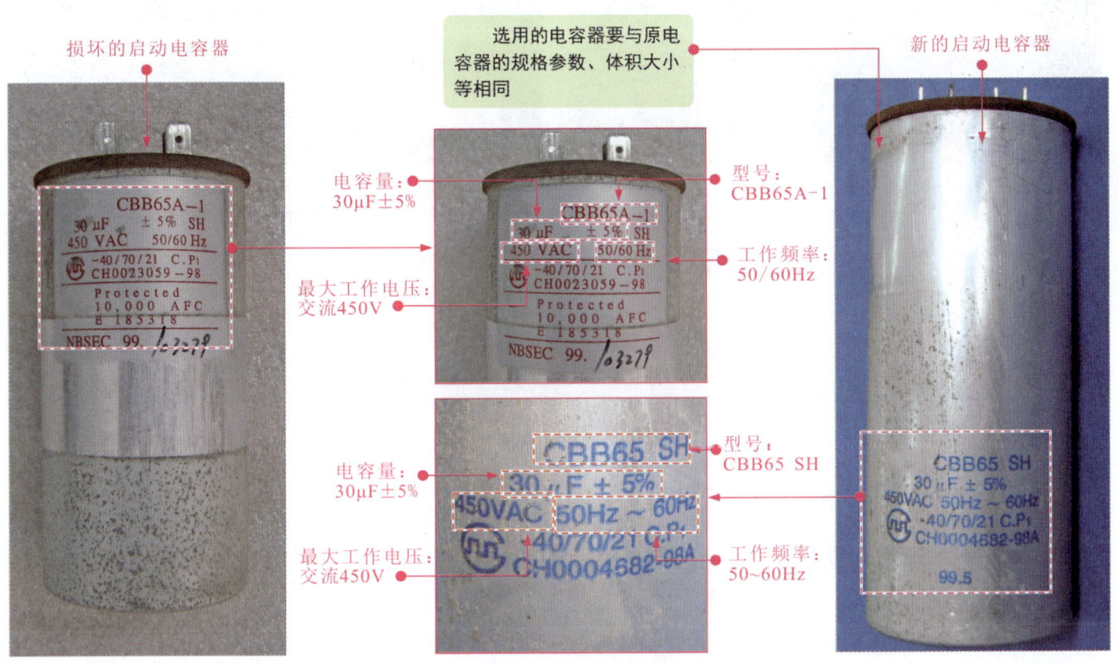

图13-5 压缩机启动电容器的选配方法

③ 代换启动电容器

选择好压缩机启动电容器后，将新压缩机启动电容器安装到室外机中，固定好金属固定环，重新将连接线缆插接好，即可通电试机，完成代换，如图 13-6 所示。

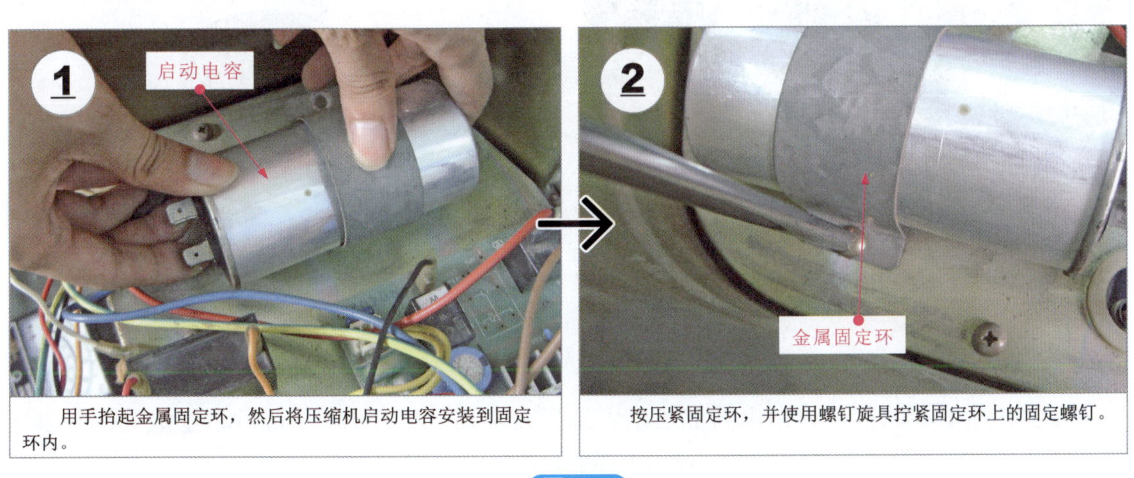

用手抬起金属固定环，然后将压缩机启动电容安装到固定环内。

按压紧固定环，并使用螺钉旋具拧紧固定环上的固定螺钉。

图13-6

最后将连接线缆插接好。

检查连接固定无误后，通电后试机，空调器压缩机启动正常，排除故障。停机后重装室外机外壳，代换完成。

图13-6 压缩机启动电容的代换方法

13.2 保护继电器的功能与检测代换

13.2.1 保护继电器的功能特点

保护继电器是压缩机组件中的重要组成部件，主要用于实现过流和过热保护。当压缩机运行电流过高或压缩机温度过高时，由保护继电器切断电源，实现停机保护。

保护继电器一般安装在压缩机顶部的接线盒内，其外观为黑色圆柱形。保护继电器的感温面紧贴在压缩机的顶部外壳上，供电端子与压缩机内的电动机绕组串联连接。

图 13-7 为保护继电器的结构。

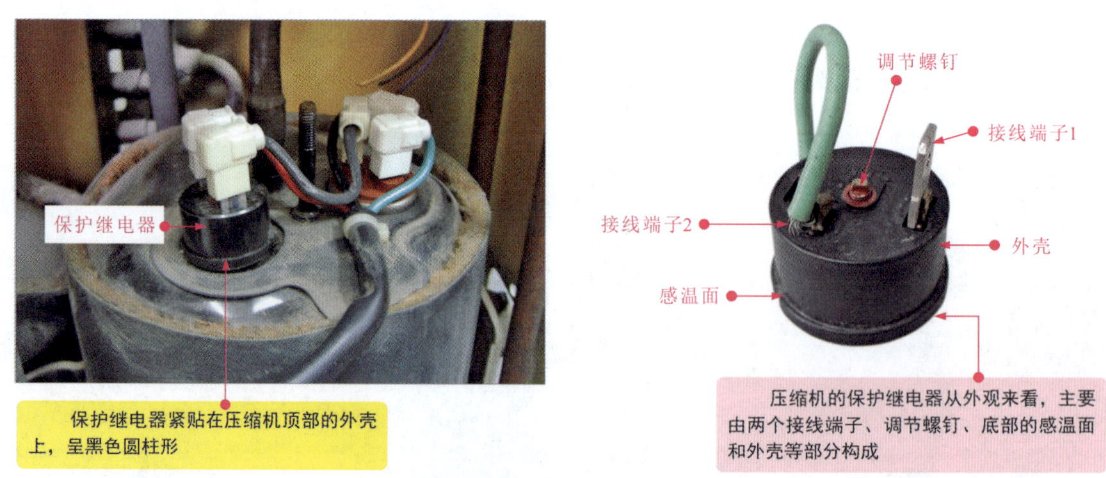

图13-7 保护继电器的结构

保护继电器的内部主要由电阻加热丝、蝶形双金属片、一对动 / 静触点组成。保护继电器实际上是一种过电流、过电压双重保护部件，是压缩机组件中的重要部分。

图 13-8、图 13-9 为保护继电器的功能特点。

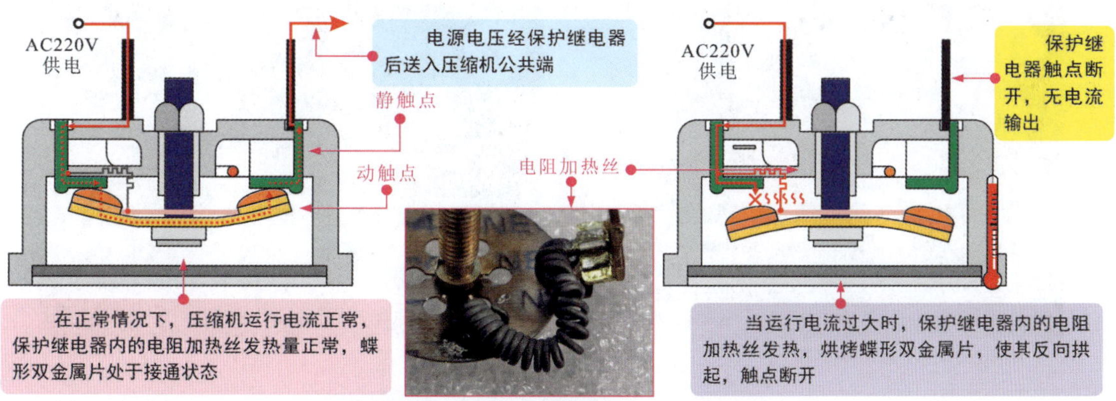

图13-8 保护继电器的过电流保护功能

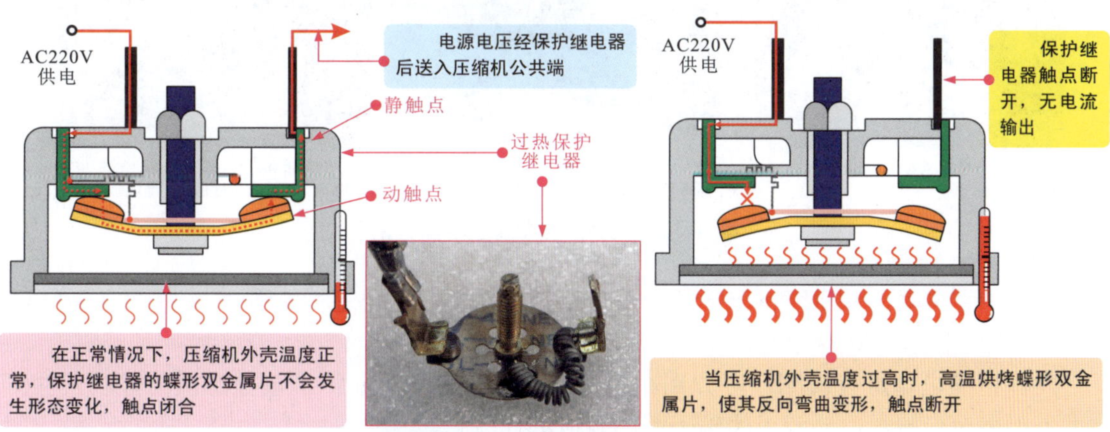

图13-9 保护继电器的过热保护功能

13.2.2 保护继电器的检测代换

保护继电器是空调器压缩机组件中不可缺少的电气部件，若保护继电器损坏，将无法对压缩机的异常情况进行监测和保护，可能会造成压缩机因过热烧毁或压缩机频繁启停的故障。因此当怀疑保护继电器损坏时，可首先对保护继电器进行检测，一旦发现故障，就需要寻找可替代的新保护继电器进行代换。

(1) 保护继电器的检测

对保护继电器进行检测之前，我们首先需要将保护继电器从压缩机上取下。

① 拆卸保护继电器

保护继电器安装在室外机压缩机的接线端子保护盖中，因此要先对保护盒进行拆卸，然后再将保护继电器取下。

保护继电器的拆卸方法如图13-10所示。

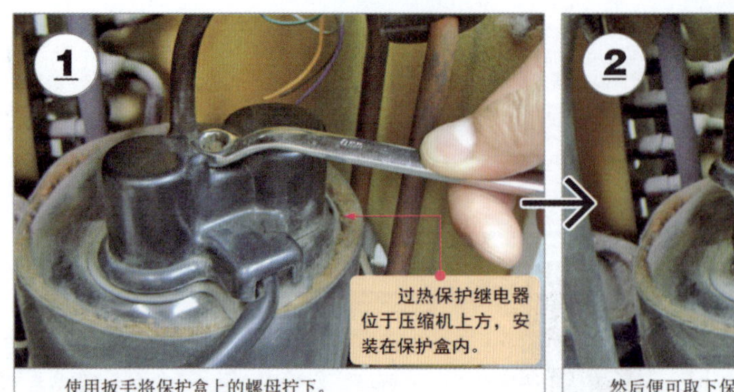

使用扳手将保护盒上的螺母拧下。

然后便可取下保护盒。

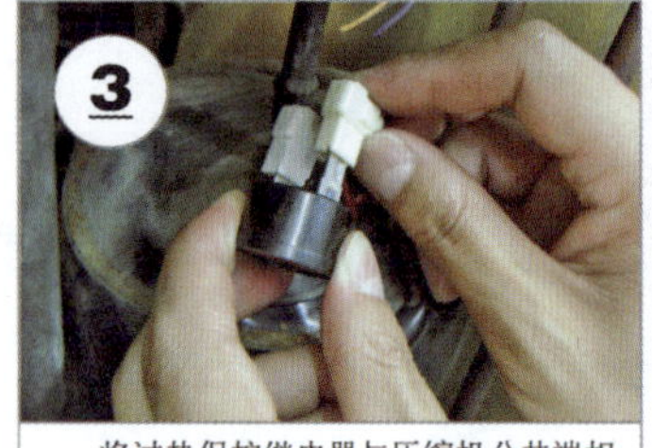

将过热保护继电器与压缩机公共端相连的插件拔下。

过热保护继电器分别与压缩机公共端和供电线缆连接。

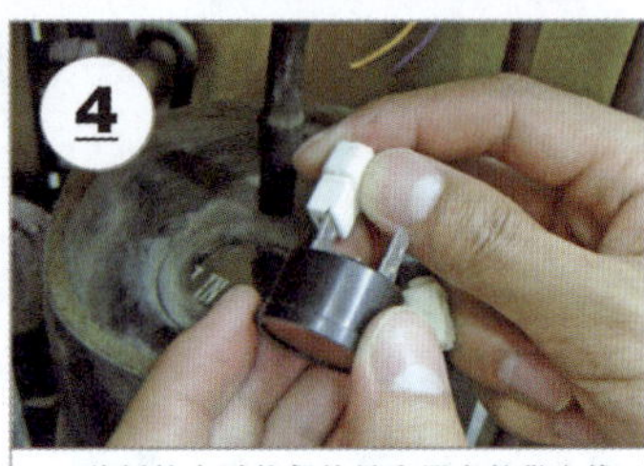

将插接在过热保护继电器上的供电线路拔下，即可取下过热保护继电器。

图13-10 保护继电器的拆卸方法

将保护继电器的从压缩机上拆卸下来后便可对保护继电器进行检测。

② 保护继电器的检测方法

对保护继电器进行检测，可分别在室内温度下和人为对保护继电器感温面升温条件下，借助万用表对保护继电器两引线端子间的阻值进行检测。

保护继电器的检测方法如图 13-11 所示。

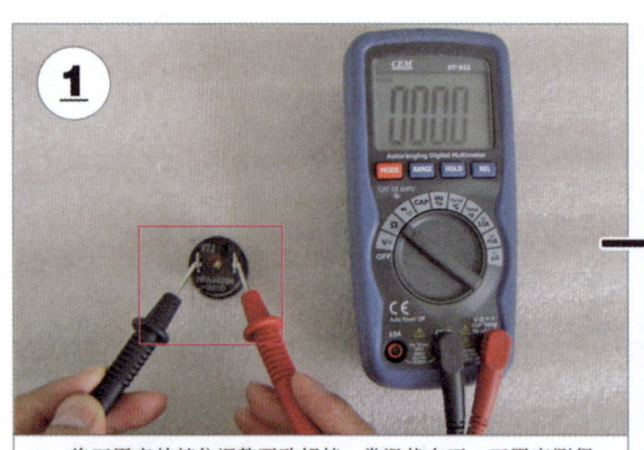

将万用表的挡位调整至欧姆挡。常温状态下，万用表测得的阻值应接近于零。

高温状态下，万用表测得的阻值应为无穷大。若测得阻值不正常，说明过热保护继电器已损坏。

图13-11 保护继电器的检测方法

常温（室温）状态下，保护继电器金属片触点处于接通状态，用万用表检测接线端子的阻值应接近于零。高温状态下，保护继电器金属片变形断开，用万用表检测接线端子的阻值应为无穷大。若测得阻值不正常，说明保护继电器已损坏，应更换。

（2）保护继电器的代换

若经过检测确定为保护继电器本身损坏引起的空调器故障，则需要对损坏的保护继电器进行更换。

更换时需要根据损坏的保护继电器的规格参数、体积大小、接线端子位置等选择适合的元器件进行代换。选择好保护继电器后，将新保护继电器安装到室外机压缩机顶部，连接好线缆后，通电试机进行检验。

保护继电器的代换方法如图 13-12 所示。

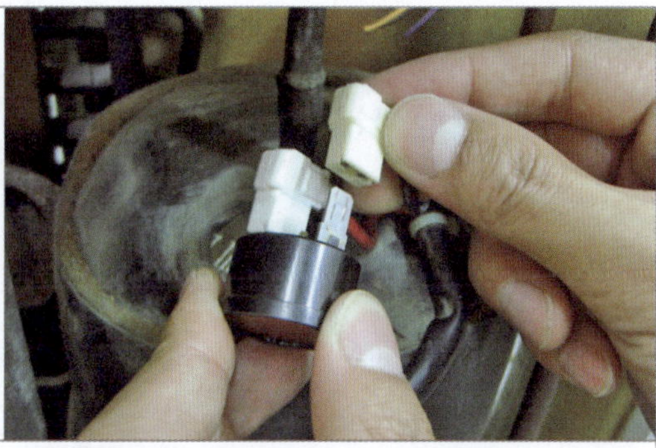

选配保护继电器时，一般外形相近、体积相同的空调器用保护继电器大都可以替换。将插件与过热保护继电器连接好。

将连接好插件的过热保护继电器放置到安装位置上。

将保护盖重新盖在过热保护继电器和接线端子上。

压紧保护盖，并调整好线缆的导出位置。

使用扳手拧紧保护盒上的螺母，通电开机发现压缩机能够正常启动和运行，故障排除。

图13-12 保护继电器的代换方法

第 14 章 压缩机的检测代换

14.1 压缩机的结构和功能特点

为方便读者学习，提高效率，本节提供电子版，读者可扫码阅读以下内容。

14.1.1 压缩机的结构特点

14.1.2 压缩机的功能特点

14.2 压缩机的检测与代换方法

压缩机出现故障后，将会使空调器管路中的制冷剂不能正常循环运行，造成空调器不能制冷或制热、制冷或制热异常、运行时有噪声等。严重时可能还会导致空调器出现无法开机启动的故障。因此当怀疑压缩机损坏时，需逐步对压缩机进行检测，一旦发现故障，就需要寻找可替代的新压缩机进行代换。

14.2.1 压缩机的检测方法

压缩机出现故障可以分为机械故障和电气故障两个方面。其中，机械故障多是由压缩机内的机械部件异常引起的，通常可通过压缩机运行时的声音进行判断；电气故障则是指由压缩机内电动机异常引起的故障，可通过检测压缩机内电动机绕组的阻值来判断。

（1）压缩机中机械部件的检查方法

压缩机中的机械部件都安装在压缩机密封壳内，看不到也摸不着，因此无法直接对其进行检查，大多情况下，可通过倾听压缩机运行时发出的声响进行判断，如图 14-1 所示。

压缩机交错产生的噪声，可以从以下几个方面采取措施进行消除或调整。

① 对运行部件进行动平衡和静平衡测定。

② 选择合理的进、排气管路，尤其是进气管的位置、长度、管径对压缩机的性能和噪声影响很大，气流容易产生共振。

③ 压缩机壳体的结构、形状、壁厚、材料等与消声效果有直接关系，为减少噪声，可

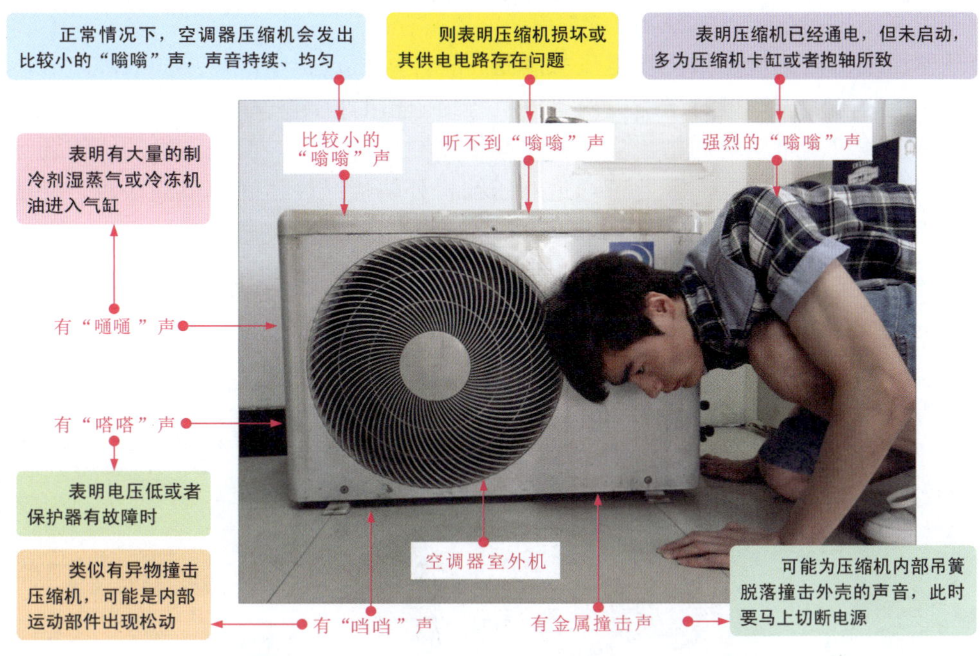

图14-1 通过倾听发检查压缩机内部机械部件的状态

以适当加厚壳壁。

④ 在安装和维修时，连接管的弯曲半径太小，截止阀开启间隙过小，系统发生堵塞，连接管路的使用不符合要求，规格太细且过短，这些因素都将增大运行的噪声。

⑤ 压缩机注入的冷冻油要适量，油量多固然可以增强润滑效果，但增大了机内零件搅动油的声音。因此，制冷系统中的循环油量不得超过 2%。

⑥ 选择合理的轴承间隙，在润滑良好的情况下可采用较小的配合间隙，以减少噪声。

⑦ 压缩机的外壳与管路之间的保温减震垫要符合一定的要求。

若经检查发现压缩机出现卡缸或抱轴情况，严重时导致的堵转，可能会引起电流迅速增大而使电机烧毁。对于抱轴、轻微卡缸现象，可通过以下方法消除。图 14-2 所示为敲打压缩机。

（a）接通电源前进行敲打

（b）接通电源后进行敲打

图14-2 敲打压缩机

（2）检测压缩机内电动机绕组间的阻值

空调器压缩机内的电动机出现电气故障是检修压缩机过程中最常见的故障之一。判断压缩机电动机的好坏，可通过对压缩机内电动机绕组阻值的检测进行判断。

空调器压缩机的电动机通常也安装在压缩机密封壳的内部，但电动机的绕组通过引线连接到压缩机顶部的接线柱上，因此可通过对压缩机外部接线柱之间阻值的检测，完成对电动机绕组间阻值的检测。

在检测前，首先根据标识了解压缩机顶部接线柱与内部电动机绕组的对应关系，如图 14-3 所示。

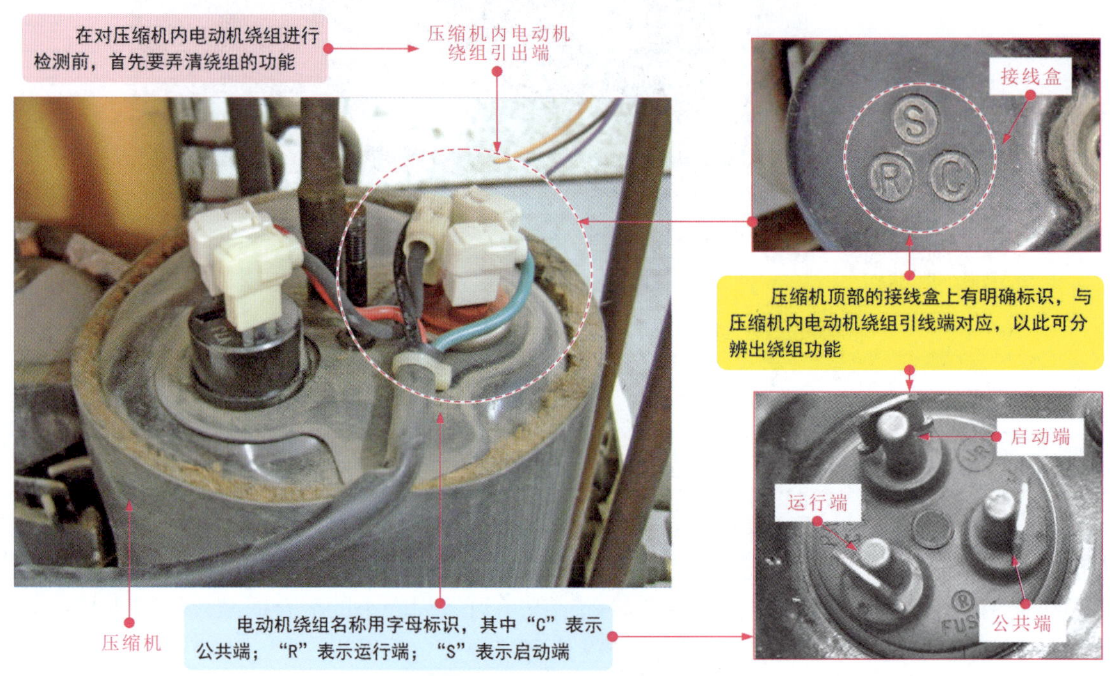

图14-3 压缩机电动机绕组的识别

检测时，将压缩机绕组上的引线拔下，用万用表分别对电动机绕组接线柱间的阻值进行检测即可，如图 14-4 所示。

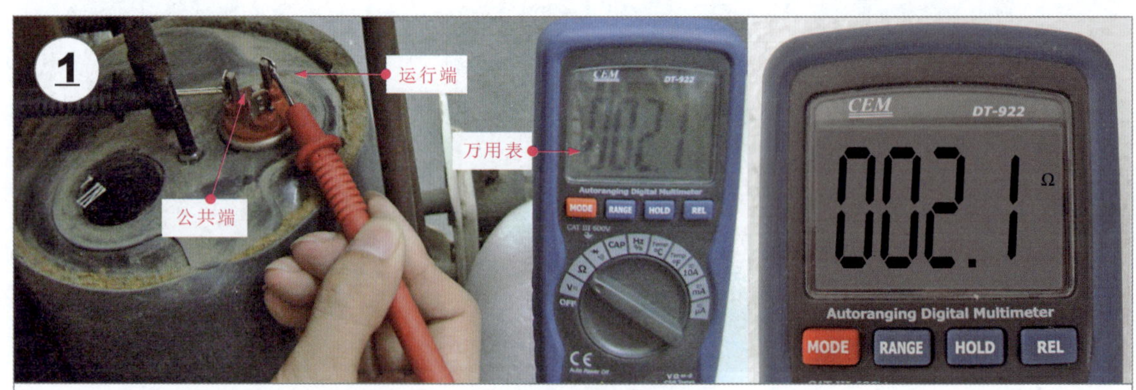

将万用表的量程调至欧姆挡，黑表笔搭在压缩机的公共端，红表笔搭在压缩机的运行端，可测得公共端与运行端之间的阻值为2. 1Ω。

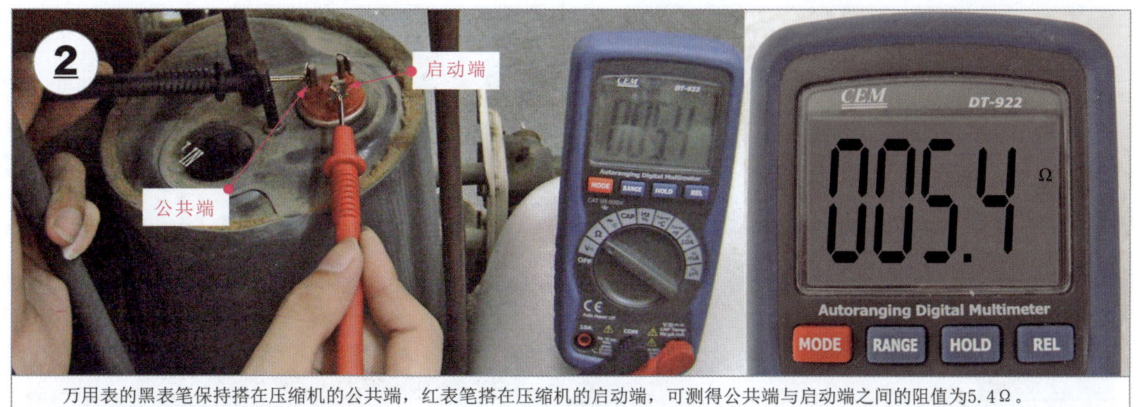

万用表的黑表笔保持搭在压缩机的公共端，红表笔搭在压缩机的启动端，可测得公共端与启动端之间的阻值为5.4Ω。

万用表的黑表笔搭在压缩机的启动端，红表笔搭在压缩机的运行端，可测得启动端与运行端之间的阻值为7.5Ω。

图14-4　空调器压缩机内电动机绕组阻值的检测方法

将万用表的红黑表笔任意搭接在压缩机绕阻端，分别检测公共端与启动端、公共端与运行端、启动端与运行端之间的阻值。

观测万用表显示的数值，正常情况下，启动端与运行端之间的阻值等于公共端与启动端之间的阻值加上公共端与运行端之间的阻值。

若检测时压缩机内电动机绕组阻值不符合上述规律，可能绕组间存在短路情况，应更换压缩机；若检测时发现有电阻值趋于无穷大的情况，可能绕组有断路故障，需要更换压缩机。

【提示说明】

除了通过检测绕组阻值来判断压缩机好坏外，还可通过检测运行压力和运行电流来检测压缩机的好坏。运行压力是通过三通检修表阀检测管路压力得到的；而运行电流可通过钳形表进行检测，如图 14-5 所示。

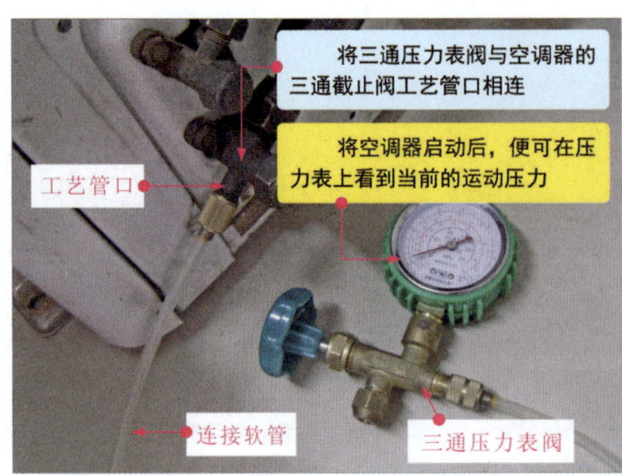

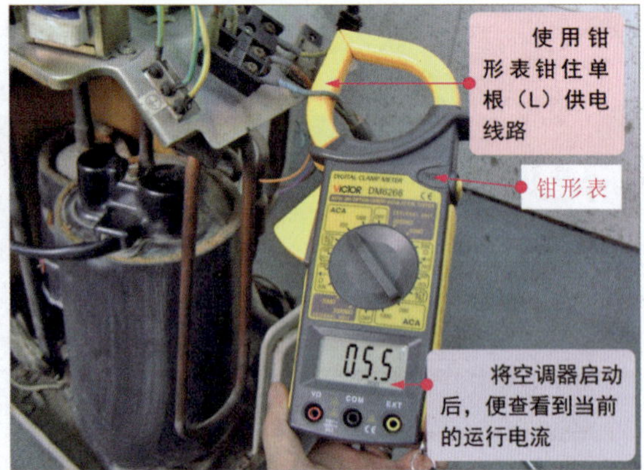

图14-5 运行压力和运行电流的检测方法

若测得空调器运行压力为0.8MPa左右，运行电流仅为额定电流的一半，并且压缩机排气口与吸气口均无明显温度变化，仔细倾听，能够听到很小的气流声，多为压缩机存在窜气的故障。

若压缩机供电电压正常，而运行电流为零，说明压缩机的电机可能存在开路故障；若压缩机供电电压正常，运行电流也正常，但压缩机不能启动运转，多为压缩机的启动电容损坏或压缩机出现卡缸的故障。

（3）检测压缩机内电动机绕组的绝缘性

正常情况下，压缩机中电动机的绕组与外壳间应为绝缘状态。若出现电动机绕组与外壳间搭接短路，不仅可能造成压缩机故障，还可能会出现空调器室外机漏电情况。

一般可借助兆欧表检测电动机绕组与压缩机外壳之间的绝缘性，检测方法如图14-6所示。

正常情况下，压缩机内电动机绕组与压缩机外壳之间的阻值应为无穷大（兆欧表指示500MΩ）。若测得阻值较小，则说明压缩机内电动机绕组与外壳之间短路，应恢复绝缘性或直接更换压缩机。

将兆欧表两根测试线上的鳄鱼夹分别夹在压缩机绕组的接线柱和外壳上。

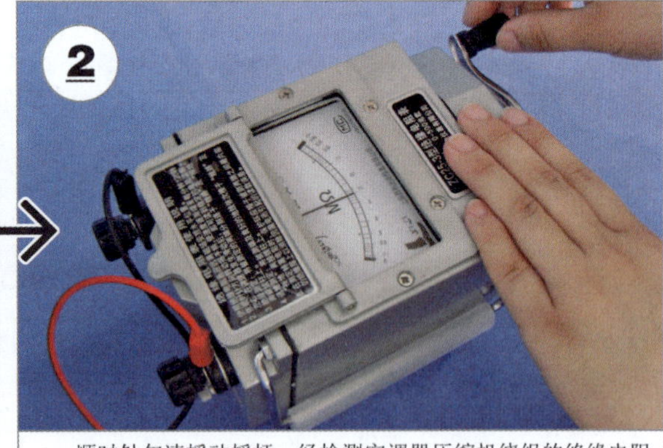

顺时针匀速摇动摇杆。经检测空调器压缩机绕组的绝缘电阻阻值为500MΩ。

图14-6 压缩机内电动机绕组绝缘性的检测方法

14.2.2 压缩机的代换方法

当空调器压缩机老化或出现无法修复的故障时，就需要使用同型号或参数相同的压缩机进行代换。

空调器中的压缩机位于室外机一侧，压缩机顶部的接线柱与保护继电器、启动电容连接；压缩机吸气口、排气口与空调器的管路部件焊接在一起，并通过固定螺栓固定在室外机底座上。因此，拆卸压缩机首先要将电气线缆拔下，接着将相连的管路焊开，然后再设法将压缩机取出，接着根据损坏压缩机型号寻找可替换的压缩机，最后代换压缩机并通电试机。

图 14-7 为压缩机代换的基本流程。

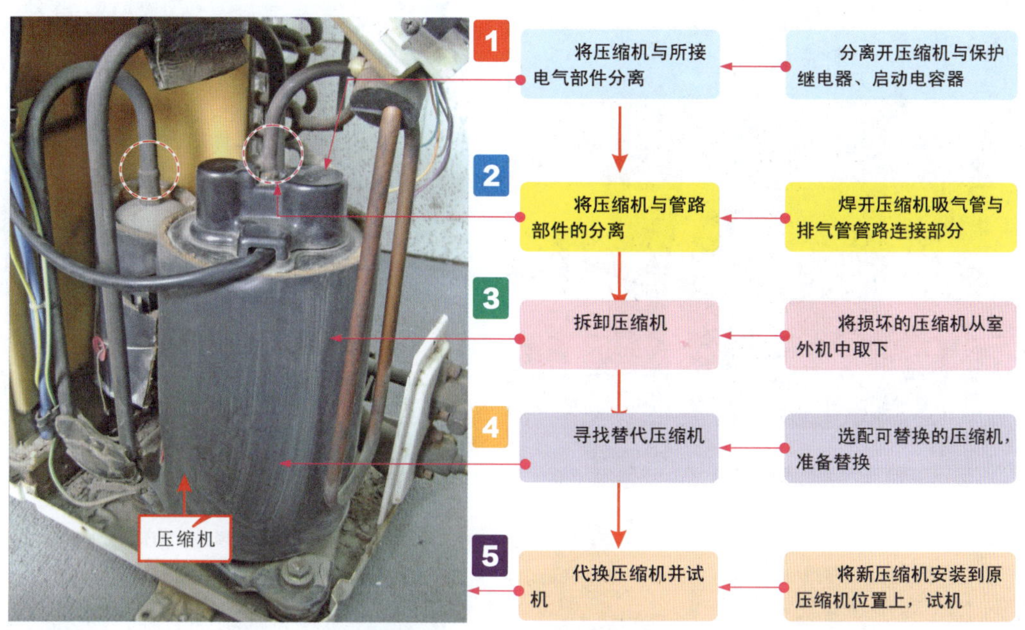

图14-7　压缩机代换的基本流程

（1）压缩机与电气部件的分离

在拆卸压缩机时，首先需要将压缩机顶部的接线盒打开，将压缩机与保护继电器、压缩机与启动电容器之间的线缆拔下，实现压缩机与电气部件的分离，如图 14-8 所示。

图14-8　压缩机与连接电气部件的分离方法

（2）压缩机与管路部件的分离

对压缩机进行开焊操作就是使用气焊设备将压缩机吸气管口与排气管口焊开，使其与制冷管路分离（断开）。分离时，确认空调器中的制冷剂回收完毕后，即可使用气焊设备对压缩机管路部分进行拆焊操作，使其与空调器管路部件分离，如图 14-9 所示。

图14-9 压缩机的拆焊操作

（3）拆卸压缩机

压缩机与制冷管路焊开后，使用扳手将位于压缩机底部的固定螺栓拧下，就可以取出压缩机了，如图 14-10 所示。

使用扳手将压缩机底座上的固定螺栓拧下。

将压缩机从空调器室外机中取出。

使用螺钉旋具将压缩机底脚外壳连接接地线的固定螺钉拧下。

图14-10　压缩机的拆卸方法

(4)寻找可替代的压缩机

压缩机损坏就需要根据损坏压缩机的型号、体积大小等规格参数选择适合的器件进行代换。压缩机的选配方法如图 14-11 所示。

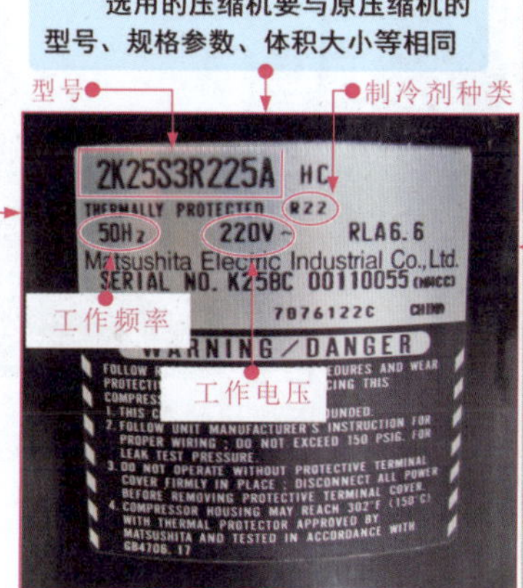

图14-11　压缩机的选配

(5)代换压缩机并通电试机

将新压缩机安装到室外机中，对齐管路位置后，逐一进行焊接，然后再将压缩机与室外机外壳进行固定。

压缩机的代换方法如图 14-12 所示。

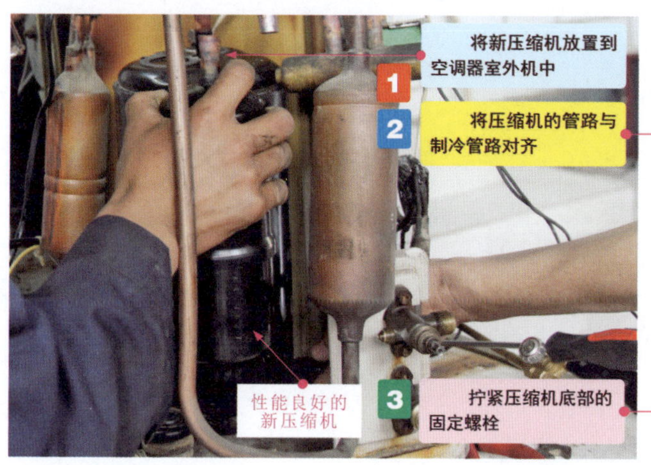

图14-12

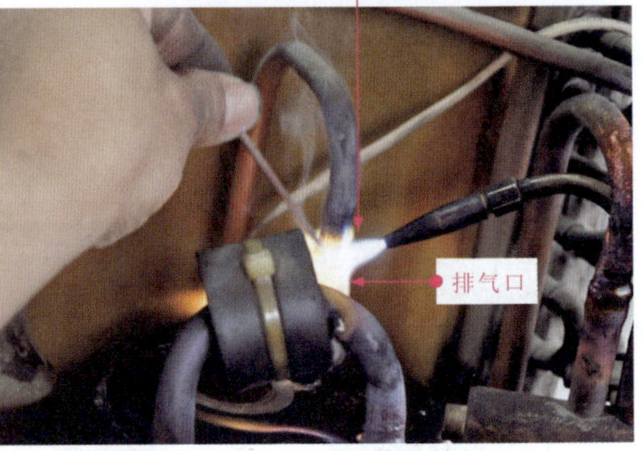

图14-12 压缩机的代换方法

第 15 章 定频空调器电源电路的故障检修

15.1 电源电路的结构原理

为方便读者学习，提高效率，本节提供电子版，读者可扫码阅读以下内容。

15.1.1 电源电路的结构组成

15.1.2 电源电路的工作原理

15.2 电源电路的电路分析

下面我们以春兰 KFR-33GW/T 型分体式空调器的电源电路为例，来具体了解一下该电路的基本工作过程和信号流程。

图 15-1 所示为春兰 KFR-33GW/T 型分体式空调器的电源电路原理图，可以看到，该电路主要是由熔断器（FUSE1）、过压保护器（VAR）、降压变压器（T1）、桥式整流电路（D1 ～ D4）、滤波电容器（C2）、三端稳压器（IC4）等元器件构成的。

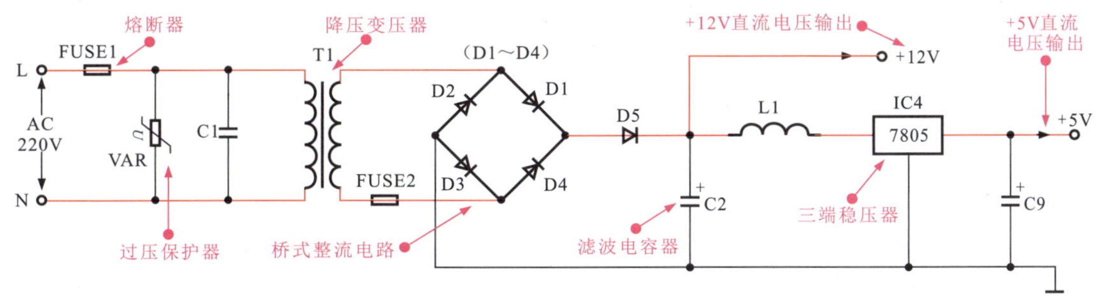

图15-1 春兰KFR-33GW/T型分体式空调器的电源电路原理图

交流 220V 电源经熔断器 FUSE1、过压保护器 VAR 后，为降压变压器初级绕组供电，变压器降压后，由其次级绕组输出约 11V 的交流低压，该电压经桥式整流电路 D1 ～ D4、整流二极管 D5 和滤波电容 C2 变成约 12V 的直流电压。

12V的直流电压分为两路，一路直接送往后级电路为需要12V电压的器件供电，如继电器线圈、步进电动机等；另一路送入三端稳压器IC4（7805）的输入端，将稳压后输出+5V直流电压，为需要5V的器件供电，如微处理器、遥控接收头、温度传感器、发光二极管等。

【提示说明】

在空调器的电气系统中，除了电路板上的一些电子元器件需要直流电压供电外，空调器的压缩机、室内外风扇电动机等需要220V电压直接供电，该电压一般由市电220V经室内外机之间的插件后直接送入室外机中，图15-2所示为典型空调器中的交直流电源电路。

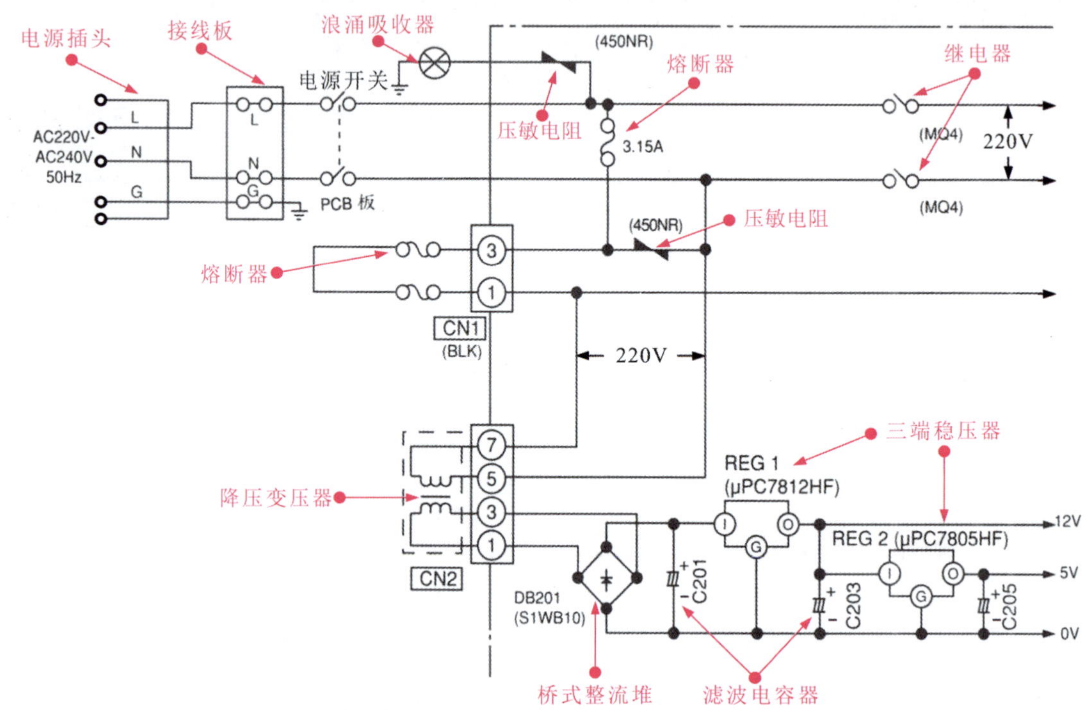

图15-2 典型空调器中的交直流电源电路

15.3 电源电路的故障检修

15.3.1 电源电路的检修分析

电源电路是空调器中所有电气部件和电子元器件工作的能量来源，若该电路出现故障通常会引起空调器不开机、整机不工作或部分功能失效等故障。

对电源电路进行检修时，可首先观察电路板上的各主要元器件有无明显损坏或脱焊、接口插件松脱等现象，如出现上述情况则应立即更换或检修损坏的元器件，若从表面无法观测到故障点，则需根据电源电路的信号流程以及故障特点对可能引起故障的工作条件或主要部件逐一进行排查。

图15-3所示为典型空调器电源电路的检修分析。

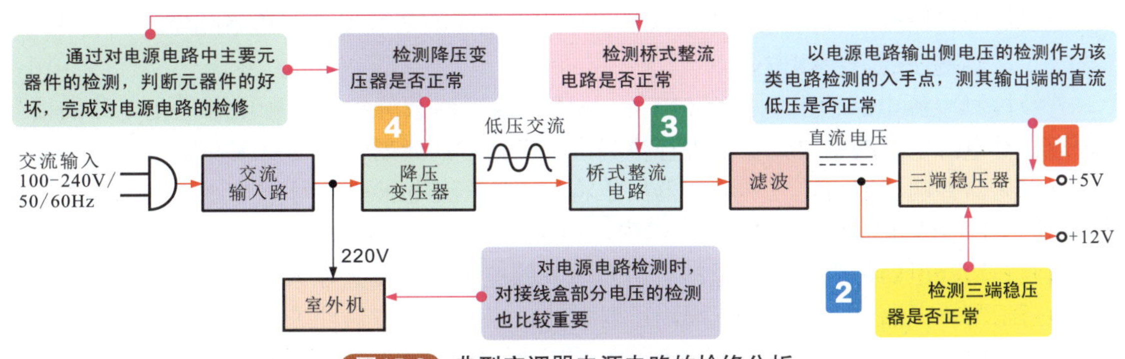

图15-3　典型空调器电源电路的检修分析

15.3.2　电源电路的检修方法

对空调器电源电路的检修，可按照前面的检修分析进行逐步检测，对损坏的元器件或部件进行更换，即可完成对电源电路的检修。

（1）电源电路输出电压的检测方法

对电源电路进行检修时，通常将电路最终输出端电压的检测作为检测的入手点，并通过对输出端电压的检测结果，划定故障电路的大致范围。例如，若检测电源电路输出端电压正常，则说明电源电路工作正常，可将故障划定在电源电路以外的范围内；若无电压输出，则多为电源电路或电源电路的负载部分异常。

空调器电源电路输出端电压的检测方法如图15-4所示。

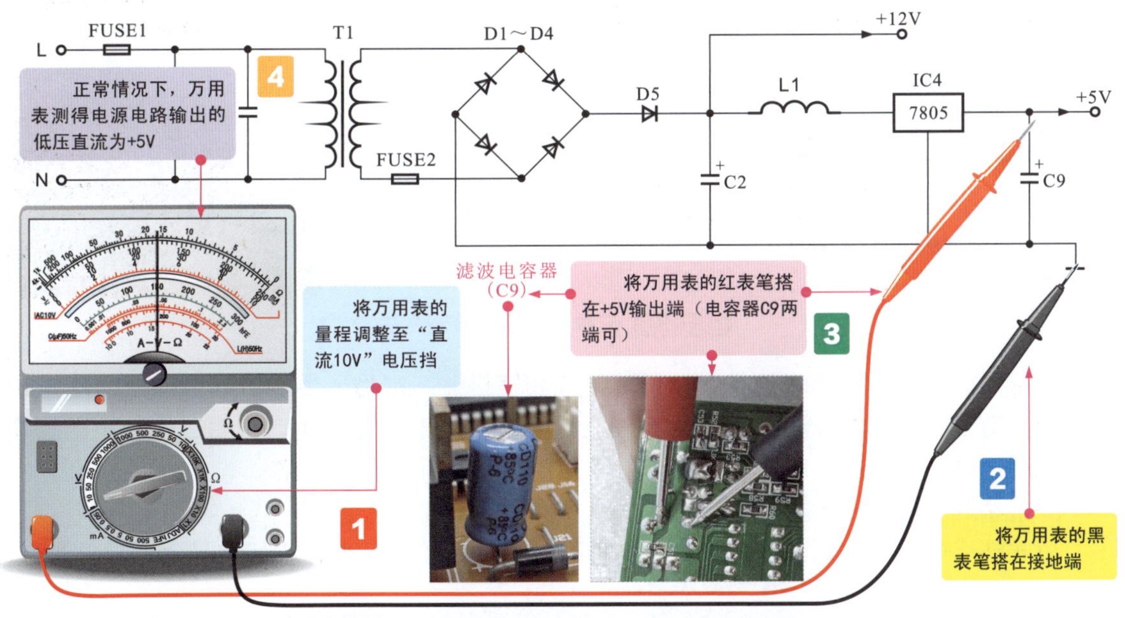

图15-4　空调器电源电路输出端电压的检测方法

如果检测电源电路输出电路为0V，可能有两种情况：一是电源电路损坏导致无供电输出；二是直流供电线路的负载有短路故障，导致电源输出直流电压对地短路，此时测量数值也为0V。这时，可通过检测电源电路直流电压输出端元器件的对地阻值进行判断。

若检测结果有一定阻值，说明5V电压负载基本正常，应对电源电路中的7805及前级相关元器件进行检测；若检测阻值为 0Ω，说明 5V 电压的负载器件有短路故障。

（2）三端稳压器的检测方法

若经检测电源电路输出电压为 0V，且排除负载短路故障后，应顺电源供电电路的信号流程逐一对电源电路的主要元器件进行检测，首当其冲的元器件即为三端稳压器。

根据元器件功能特点，三端稳压器用于将 +12V 直流电压稳压为 +5V 直流电压，若该元器件损坏，将导致电源电路无 5V 电压输出，相应需要 5V 供电的所有元器件将不能正常工作。

检测三端稳压器是否正常，通常可用万用表的电压挡检测其输入和输出端的电压值，若输入电压正常，无输出，则说明三端稳压器损坏，应用同型号器件进行更换。

三端稳压器的检测方法如图 15-5 所示。首先检测三端稳压器输入端的直流电压。正常时应有 12V 直流电压输入。

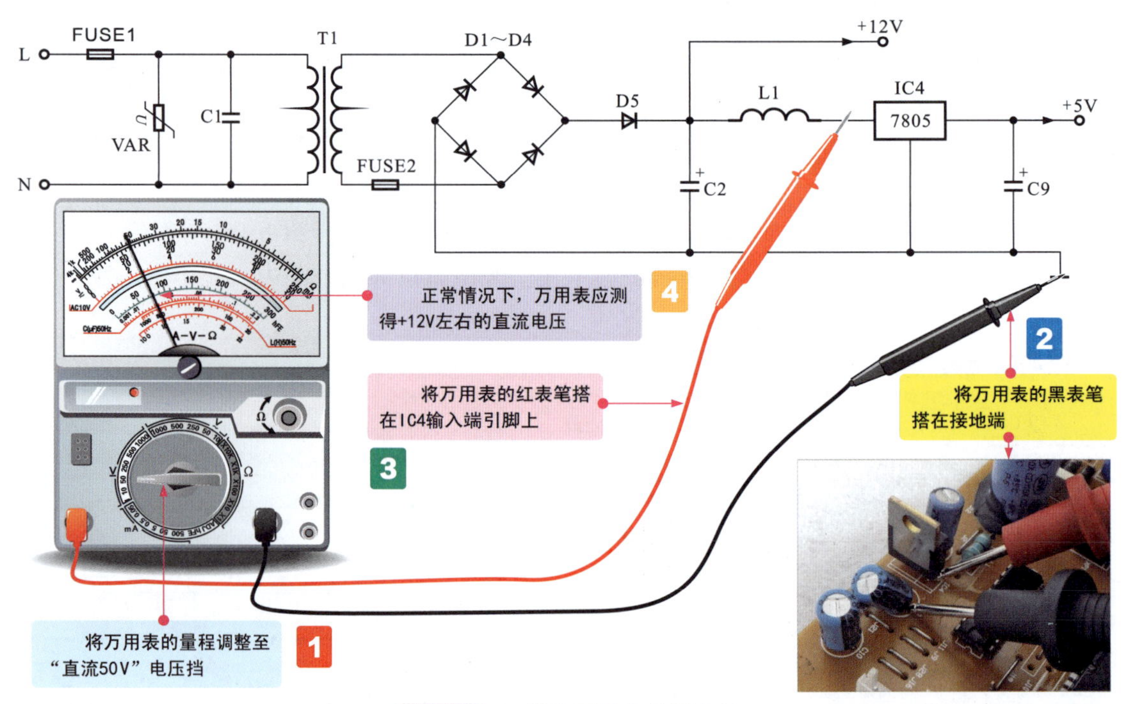

图15-5 三端稳压器的检测方法

采用同样方法，将黑表笔搭在接地端，红表笔搭在三端稳压器输出端引脚上，检测 IC4 输出端应有 5V 直流电压输出。如果输入电压正常，输出端无电压，说明三端稳压器损坏。若输入端无电压，则应顺信号流程检测前级元器件（如桥式整流电路）。

（3）桥式整流电路的检测方法

桥式整流电路是空调器电源电路中的重要元器件，若该元器件损坏将导致电源电路无任何输出。

桥式整流电路的检测方法如图 15-6 所示。判断桥式整流电路是否正常，也可用万用表分别检测其交流输入端电压和直流输出端的电压，若输入正常，无输出或输出电压异常，则说明桥式整流电路损坏。

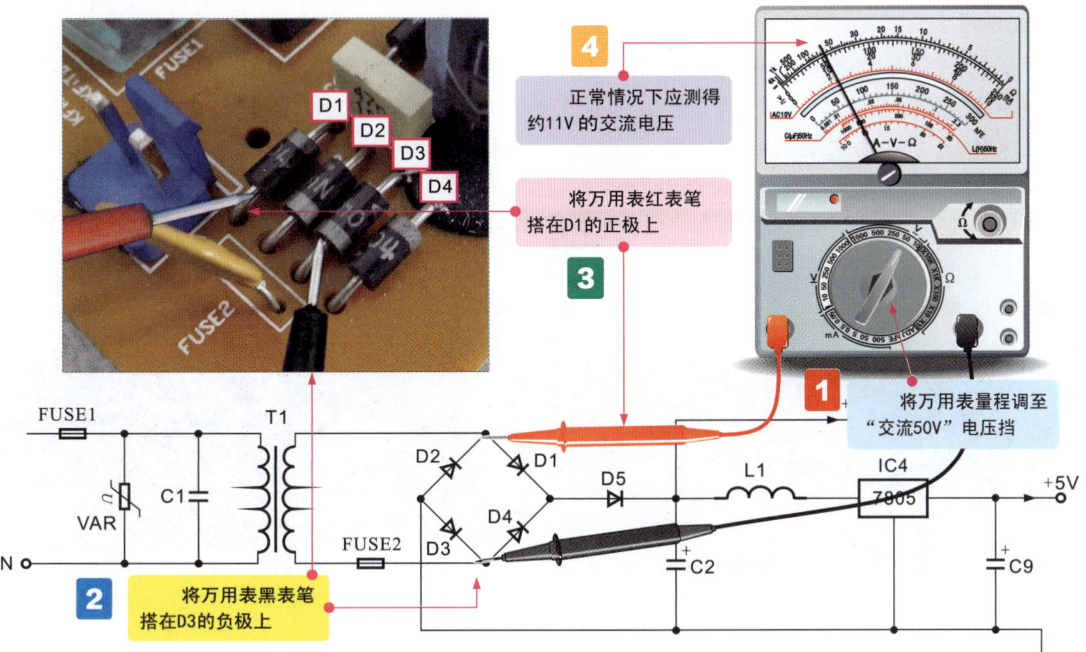

（a）检测桥式整流电路交流输入侧电压值

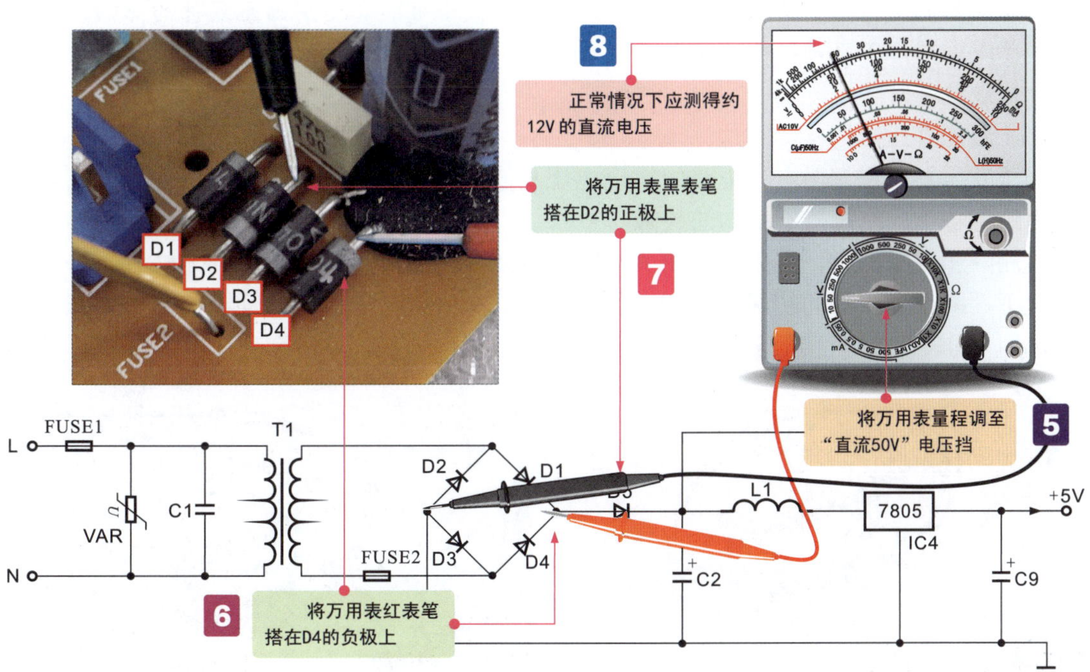

（b）检测桥式整流电路直流输出侧电压值

图15-6　桥式整流电路的检测方法

【提示说明】

除了使用电压检测法对桥式整流电路进行检测外，还可使用电阻检测法判断桥式整流电路的好坏。电阻检测法是指分别对桥式整流电路中的 4 只整流二极管的正反向阻值进行检测，正常情况下应满足正向导通、反向截止的特性，如图 15-7 所示。

将万用表量程调至“×100”欧姆挡，黑表笔搭在整流二极管D4的正极，红表笔搭在整流二极管D4负极。正常情况下，万用表测得整流二极管D4的正向阻值为850Ω。

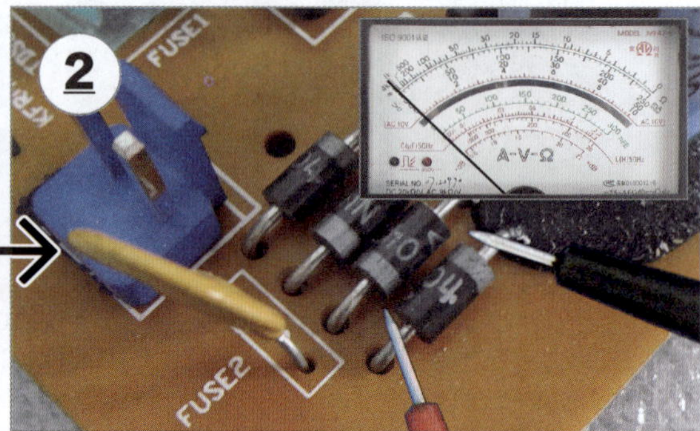

将万用表量程调至“×100”欧姆挡。红表笔搭在整流二极管D4的正极，黑表笔搭在整流二极管D4负极。以同样的方法分别对其他三个整流二极管进行检测。正常情况下，万用表测得整流二极管D4的反向阻值为无穷大。

图15-7 电阻法检测桥式整流电路的好坏（以整流二极管D4为例）

需要注意的是，由于是在路检测，因此阻值的大小可能会受周围元器件的影响，一般可将桥式整流电路焊下再进行检测，或使用数字万用表的二极管挡检测整流二极管正向导通电压的方法进行判断。

（4）降压变压器的检测方法

降压变压器是空调器电源电路中实现电压高低变换的元器件，若该元器件异常，将导致电源电路无输出，空调器不工作的故障。

检测降压变压器时，多采用万用表电阻挡测初级、次级绕组端阻值的方法判断好坏。正常情况下，降压变压器的初级绕组和次级绕组应均有一定阻值，若出现阻值无穷大或阻值为 0 的情况，均表明降压变压器损坏。降压变压器的检测方法如图 15-8 所示。

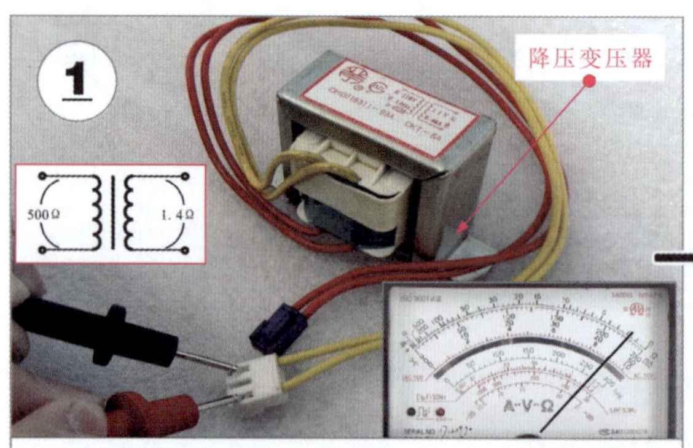

将万用表量程调至“×1”欧姆挡，将万用表的红黑表笔分别搭在初级绕组引出线的两个触点上。正常情况下，测得阻值为1.4Ω。

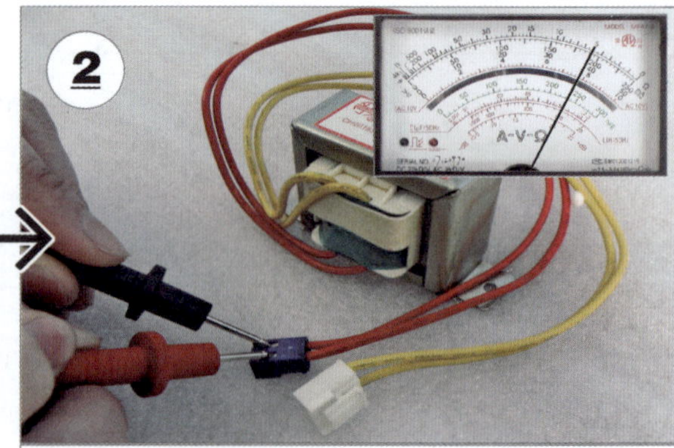

将万用表量程调至“×100”欧姆挡。红黑表笔分别搭在次级绕组引出线的两个触点上。正常情况下，测得阻值为500Ω。

图15-8 降压变压器的检测方法

第 16 章 定频空调器控制电路的故障检修

16.1 控制电路的结构原理

为方便读者学习，提高效率，本节提供电子版，读者可扫码阅读以下内容。

16.1.1 控制电路的结构组成

16.1.2 控制电路的工作原理

16.2 控制电路的电路分析

空调器控制电路主要用于接收遥控指令和传感器的检测信息，并根据程序对输入信息进行识别，输出各种控制指令，通过反相器、继电器等对压缩机、风扇电动机等进行控制，实现整机协调工作。

下面我们以海尔 KFR-25GW 型分体式空调器的控制电路为例，来具体了解一下该电路的基本工作过程和信号流程。

图 16-1 为海尔 KFR-25GW 型分体式空调器的控制电路原理图，该电路是以微处理器 IC1（CM93C-0057）为核心的控制电路。

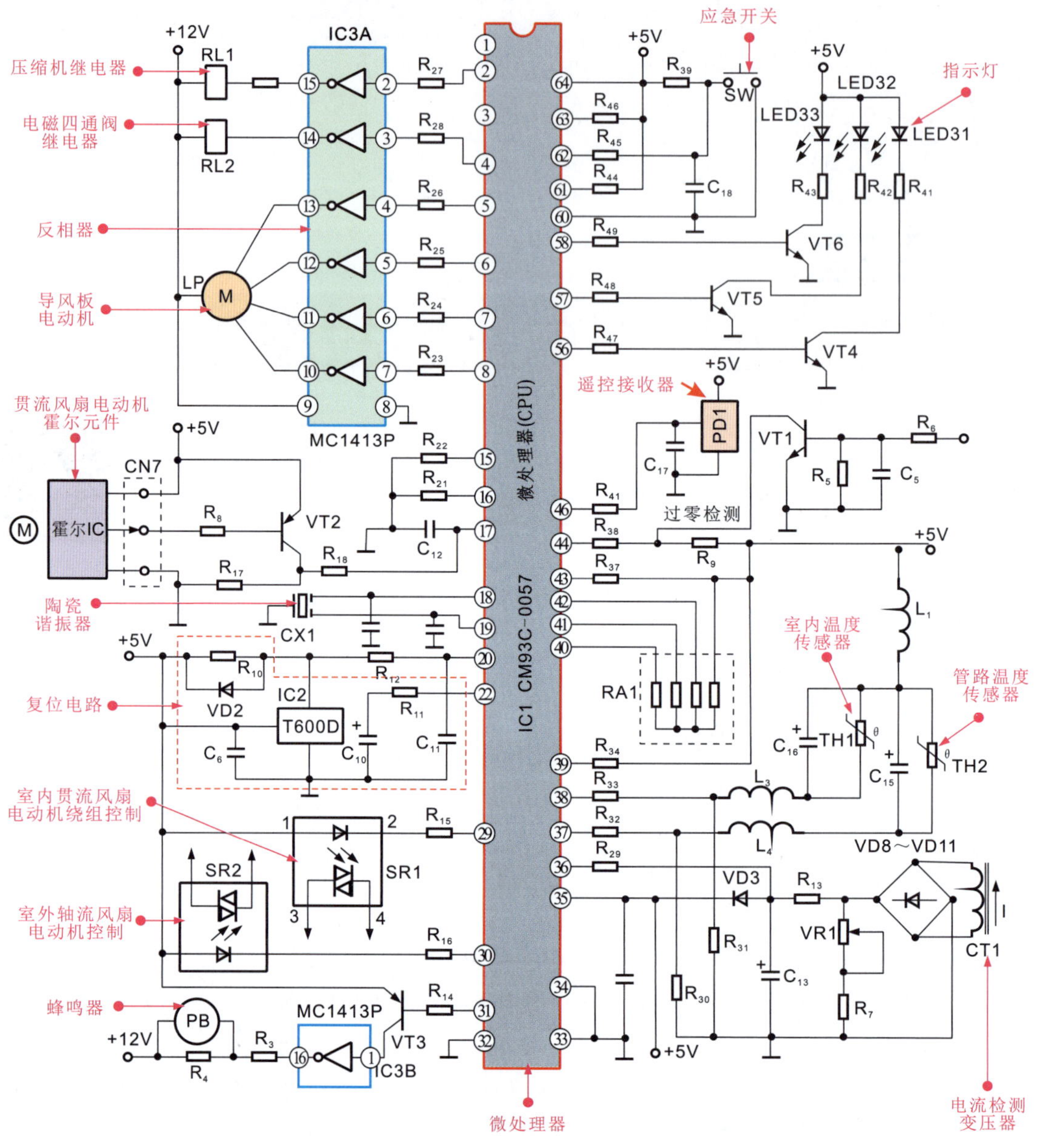

图16-1 海尔KFR-25GW型分体式空调器的控制电路原理图

（1）供电电路

空调器开机后，由电源电路送来的 +5V 和 +12V 直流电压为空调器控制电路中的各个元器件供电。

其中，微处理器 IC1（CM93C-0057）的 ㊸ 脚和 ㉟ 脚为 5 V 供电端，反相器 IC3（MC1413P）的⑨脚为 +12V 供电端。

（2）复位电路

微处理器 IC1（CM93C-0057）⑳ 脚外接的 IC2（T600D）、VD2、R10、C10 构成该微处理器的复位电路，如图 16-2 所示。

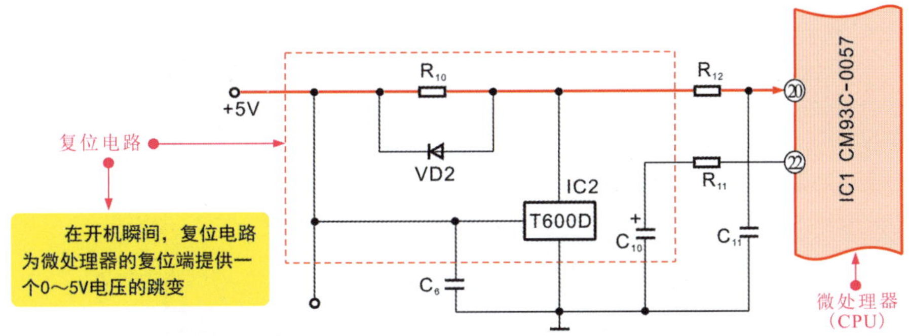

图16-2 微处理器IC1（CM93C-0057）的复位电路简图

当 +5V 电压低于 4.5V 时，T600D 输出低电平；当 +5V 电压高于 4.5V 时，T600D 输出高电平。由于 +5V 电压的建立有个过程，因此，+5V 供电稳定后复位电路才输出复位信号，从而使微处理器完成了复位动作。

（3）时钟振荡电路

微处理器 IC1（CM93C-0057）的 ⑱ 脚和 ⑲ 脚与陶瓷谐振器 CX1 相连，该陶瓷谐振器是用来产生 6.0MHz 的时钟晶振信号，为微处理器提供准确的时钟信号，作为微处理器 IC1 的工作条件之一。

图 16-3 为该空调器微处理器时钟电路的简图。在微处理器内部设有时钟振荡电路，与引脚外部的陶瓷谐振器构成时钟电路，为整个电路提供同步时钟信号。

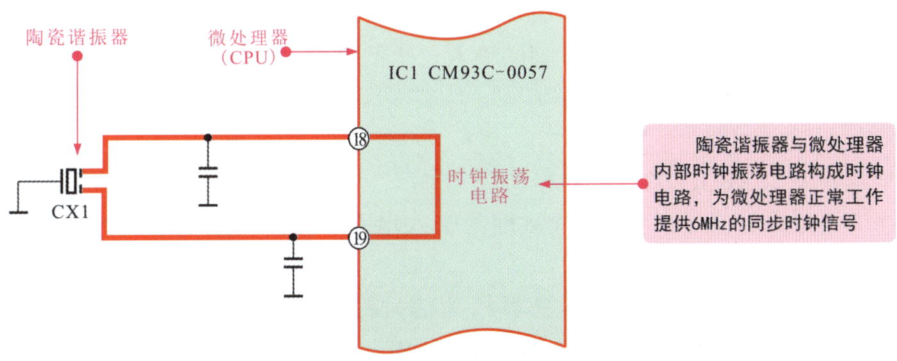

图16-3 空调器微处理器时钟电路的简图

【提示说明】

上述供电、复位和时钟三个电路部分是空调器微处理器工作的三个基本条件（三要素），任何一个电路部分异常都将导致微处理器无法进入工作状态的故障。

（4）信号输入电路

微处理器 IC1（CM93C-0057）的信号输入电路主要包括指令输入和检测信号输入两部分。

① 指令输入电路

微处理器的指令输入电路是指遥控指令输入和应急运行控制指令输入部分，图 16-4 为其电路简图。

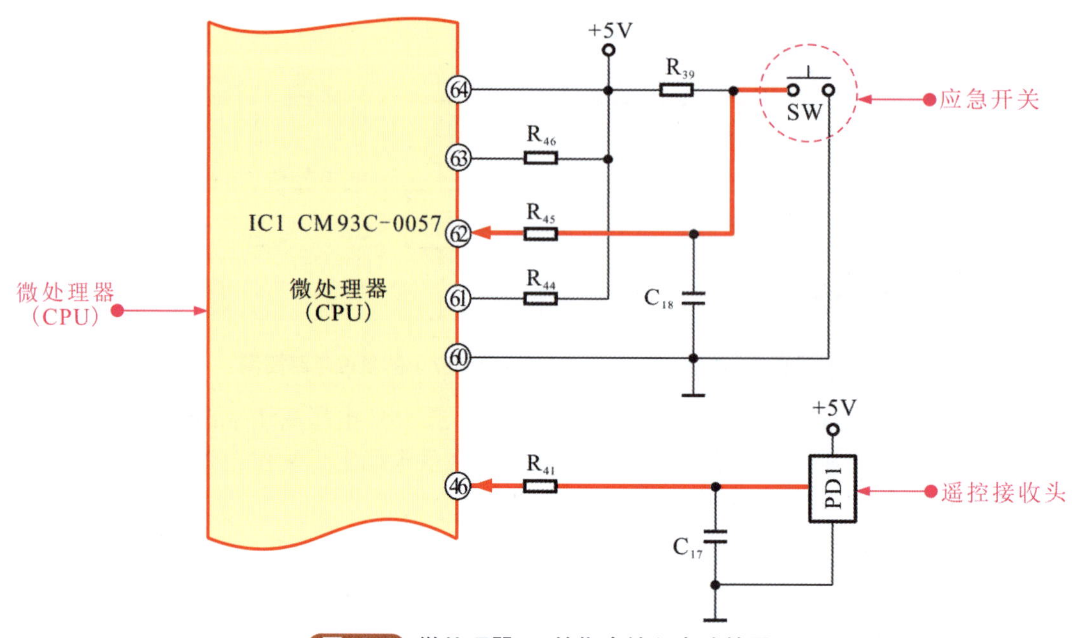

图16-4 微处理器IC1的指令输入电路简图

可以看到，微处理器 IC1 的 ㊻ 脚外接遥控接收电路，接收用户通过遥控器发射器发来的控制信号，该信号作为微处理器控制整机工作的依据。

微处理器 IC1 的 ㊷ 脚外接应急开关 SW。应急按键 SW 的一端接地，另一端通过 R_{45} 接微处理器的 ㊷ 脚。当按动按键时，㊷ 脚便输入一个低电平，空调器执行应急运转功能（通常是在检测空调管时进行）。

② 检测信号输入电路

微处理器 IC1（CM93C-0057）的检测信号输入包括温度传感器检测信号输入电路、过零检测信号（电源同步信号）、过流检测信号输入电路和室内风扇电动机的速度检测信号等部分。

图 16-5 为微处理器 IC1 的温度传感器检测信号输入电路部分，可以看到，该电路包括室内温度传感器 TH1、管路温度传感器 TH2 和 R_{31}、R_{33}、R_{30}、R_{32}、C_{16}、C_{15}、L_3、L_4 等元器件。

对该部分电路的分析如下。

• 室内温度传感器输入信号。室内温度传感器 TH1 一端接 +5V 电压，另一端接 R_{31} 和 R_{33} 构成的分压电路。当 TH1 检测到温度发生变化时，其阻值变化引起分压电路电压变化，从而将室温信号送入微处理器的 ㊳ 脚。室内温度传感器 TH1 的两端并联一个电容 C_{16}，在正常温度下该温度传感器输入端的电压约为 2V。

• 管路温度传感器输入信号。管路温度传感器 TH2 的输出信号经电阻 R_{30} 和 R_{32} 分压后，由微处理器的 ㊲ 脚输入，该电压信号反映了室内机盘管的温度。在正常情况下，室内温度传感器输入的电压约为 3V。

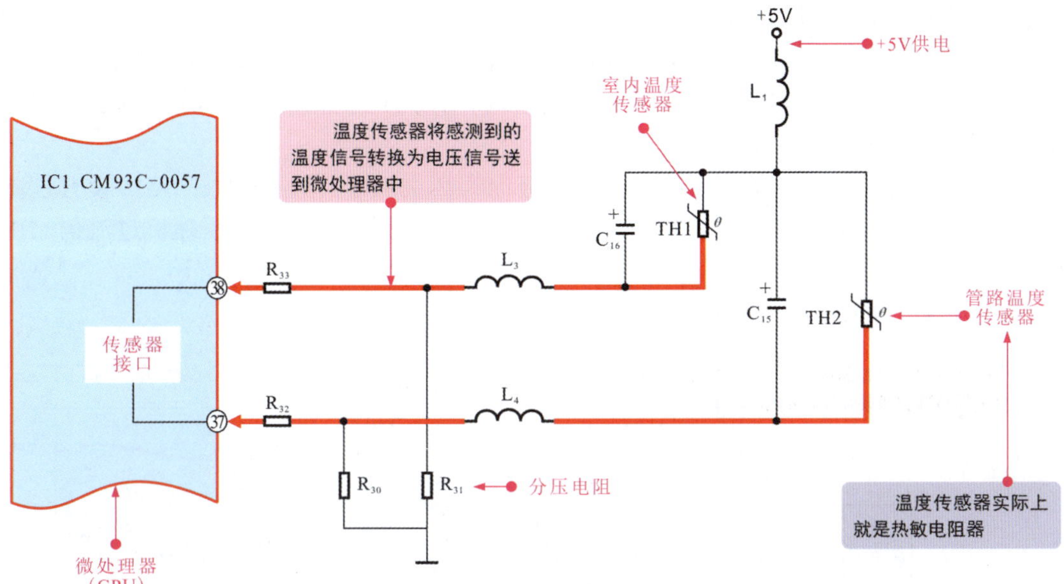

图16-5 微处理器IC1的温度传感器检测信号输入电路简图

图16-6为微处理器IC1的过零检测信号和过流检测信号输入电路简图。

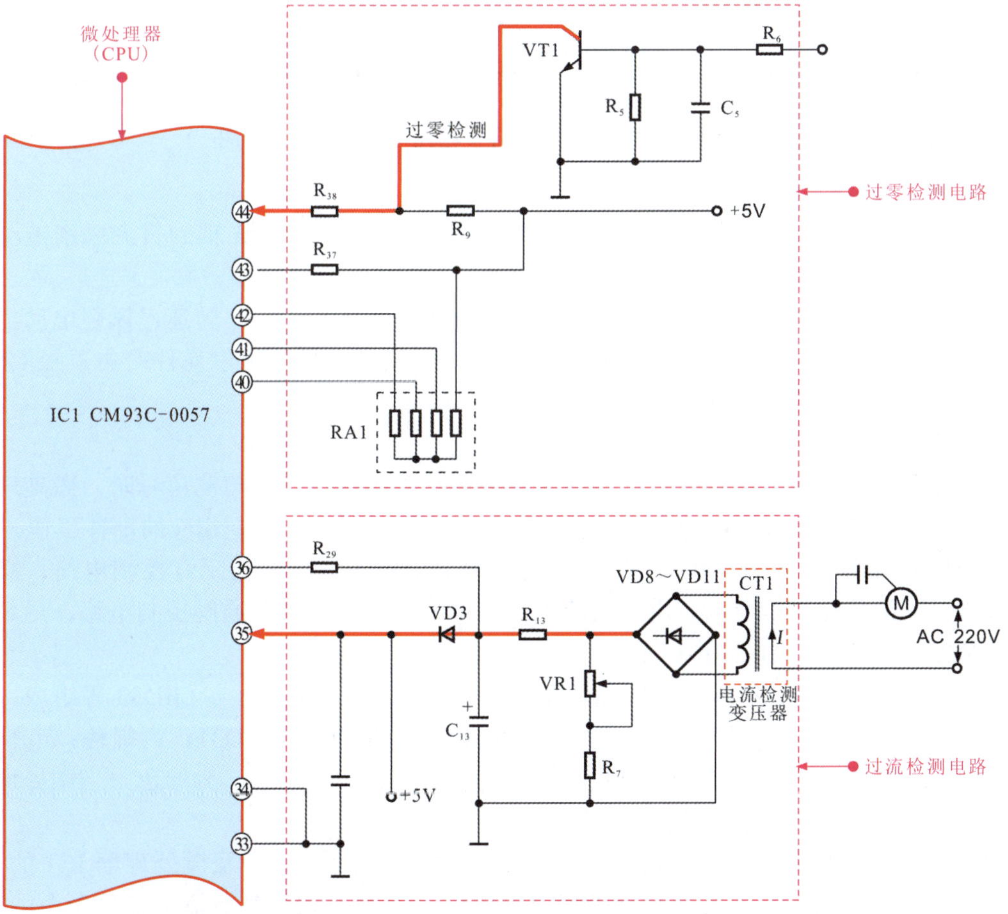

图16-6 微处理器IC1的过零检测信号和过流检测信号输入电路简图

对该部分电路的分析如下。

• 交流过零检测信号。过零检测电路是提取与交流 50Hz 电源同步的脉冲信号，即 100Hz 脉冲，以便微处理器输出晶闸管触发信号时，作为相位参照，该信号由 VT1 等产生，从微处理器的 ㊹ 脚输入。

• 压缩机过流信号。为了防止因交流电过流而损坏空调器，信号输入回路中设有过流保护电路，由互感器 CT1、桥式整流电路和 RC 滤波电路等组成，检测的压缩机过流信号由微处理器的 ㉟ 脚输入。

图 16-7 为室内风扇电动机速度检测信号输入电路简图。

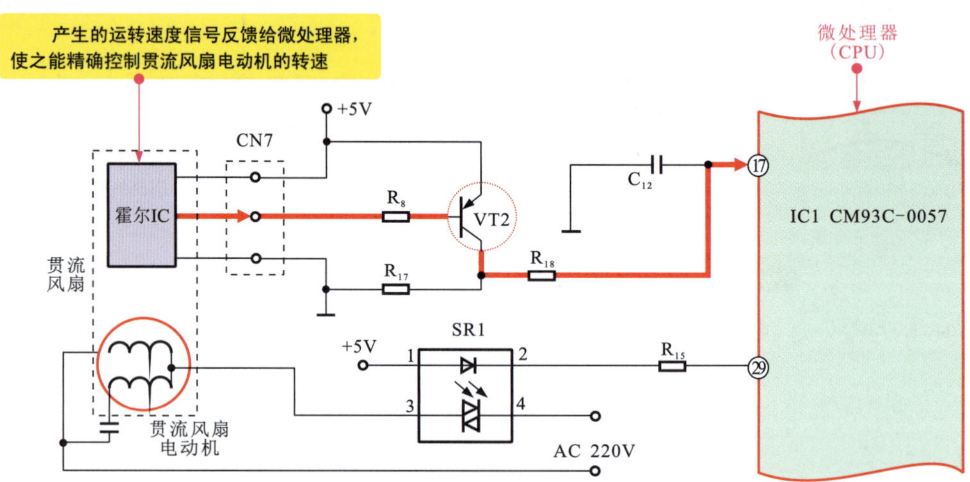

图16-7 室内风扇电动机速度检测信号输入电路简图

对该部分电路的分析如下。

微处理器的 ㉙ 脚输出贯流风扇电动机控制信号，通过可控硅光耦为贯流风扇电动机供电，使之旋转。

为了实现微处理器精确控制室内风扇电动机（贯流风扇电动机）转速，风扇电动机必须给微处理器反馈一个运转速度信号。该信号由室内风扇电动机的霍尔元件产生，经 CNT 由晶体管 DQ2 放大后从微处理器的 ⑰ 脚输入。

（5）控制信号输出电路

微处理器满足基本工作条件后，当向微处理器输入指令信号或检测信号时，微处理器对这些信号进行识别后，根据内部程序设定输出相应的控制信号，控制相应的部件工作。

微处理器 IC1（CM93C-0057）的控制信号输出电路主要包括指示灯控制电路、蜂鸣器控制电路、压缩机控制电路和室内外风扇电动机控制电路、电磁四通阀控制电路、导风板电动机控制电路几部分，如图 16-8 所示。

• 指示灯控制电路。指示灯控制电路是由 VT4 ～ VT6、LED31 ～ LED33 等组成，分别由微处理器的 ㊻、㊼、㊽ 脚控制。其中，㊻ 脚控制的是电源灯 LD31，为绿色；㊼ 脚控制的是定时灯 LD32，为黄色；㊽ 脚控制的是压缩机运行指示灯 LD33，为绿色。当微处理器相应的引脚输出高电平时，对应的指示灯发光。

• 蜂鸣器控制电路。蜂鸣器 PB 与 R_3、R_4、IC3（部分）、VT3 及微处理器 IC1 的 ㉛ 脚构成蜂鸣器控制电路。在开机和微处理器 IC1 接收到有效控制信号后输出各种命令的同时，㉛ 脚输出低电平，经 VT3 和 IC3 反相器两次反相后使 PB 发出蜂鸣叫声，提示操作信号已

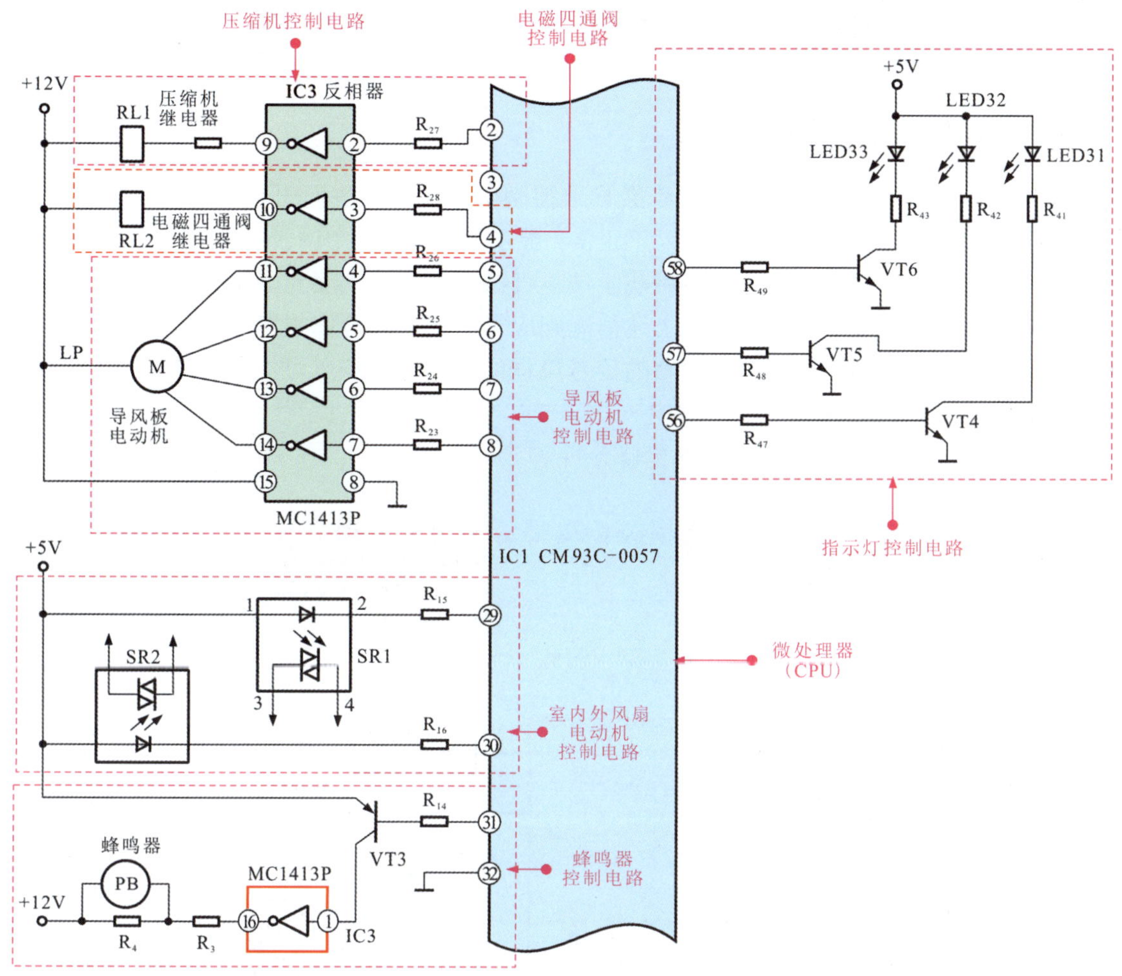

图16-8　微处理器IC1（CM93C-0057）的控制信号输出电路部分

被接收。

• 压缩机控制电路。微处理器的②脚为压缩机工作控制信号输出端，该脚输出的高电平经 R_{27} 输入反相器 IC3，经反相后输出低电平，使继电器 RL1 线圈通电，其触点吸合，为压缩机供电；反之，压缩机不工作。

• 室内外风扇电动机控制电路。微处理器的 ㉙、㉚ 脚分别为室内贯流风扇电动机和室外轴流风扇电动机控制端。⑰ 脚为室内贯流风扇电动机转速检测端。

当 ㉙、㉚ 脚按设定值输出控制信号时，光耦可控硅的发光管发出脉冲信号，可控硅光耦即按微处理器的指令控制室内、外风扇电动机的运转。

• 电磁四通阀控制电路。微处理器的④脚为电磁四通阀控制端。在制冷模式下，该脚输出低电平，经反相器 IC3 反相后输出高电平，继电器 RL2 中线圈无电流，电磁四通阀不动作；在制热模式下，与上述控制过程相反，④脚输出高电平，继电器 RL2 吸合，电磁四通阀因得电而换向。

• 导风板电动机控制电路。微处理器的⑤、⑥、⑦、⑧脚控制导风板的摇摆。当用遥控器设定导风板处于摇摆状态时，⑤、⑥、⑦、⑧脚依次输出高电平，经 IC3 反相后依次输出低电平，从而使导风板电动机 LP 的 4 个线圈依次得电工作，反之则不工作。

16.3 控制电路的故障检修

16.3.1 控制电路的检修分析

控制电路中任何一个部件不正常都会导致控制电路故障，进而引起空调器出现不启动、制冷 / 制热异常、控制失灵、操作或显示不正常、显示故障代码、空调器某项功能失常等现象。

对该电路进行检修时，应首先采用观察法检查控制电路的主要元器件有无明显损坏或元器件脱焊、插口不良等现象，如出现上述情况则应立即更换或检修损坏的元器件，若从表面无法观测到故障点，则需根据控制电路的信号流程以及故障特点对可能引起故障的工作条件或主要部件逐一进行排查。

图 16-9 为典型空调器控制电路的检修分析。

温度传感器用于检测室内环境、管路的温度变化，若温度传感器损坏或异常，通常会引起空调器不工作、空调器室外机不运行等故障

可通过检测温度传感器在路状态下输入的电压值或开路状态下的阻值变化判断温度传感器是否损坏

检测温度传感器

3

1 检测微处理器

可通过检测微处理器的三大基本工作条件、输入和输出信号判断微处理器本身是否正常

微处理器是控制电路的控制核心，当其出现故障时，将无法输出各控制信号，从而引起控制电路的相关控制功能失常

微处理器

遥控接收电路

室内温度传感器

管路温度传感器

复位电路

陶瓷谐振器

直流供电

微处理器正常工作的三大基本条件，缺一不可

微处理器 CPU

状态显示

测速

控制

M 室内贯流风扇电动机

M 导风板电动机

反相器

继电器

M 室外轴流风扇电动机

继电器

M 压缩机

继电器

电磁四通阀

PB 蜂鸣器

反相器是控制电路中被控制部件（室内/室外风扇电动机、电磁四通阀等）的驱动部件，若该元器件不良，将直接导致室内外风扇电动机不运转、空调器不制热等故障

可通过检测反相器的输入、输出端的电压值来判断反相器是否正常

2 检测反相器

4 检测继电器

可通过通电状态下检测继电器的线圈侧和触点侧的电压值判断继电器是否损坏

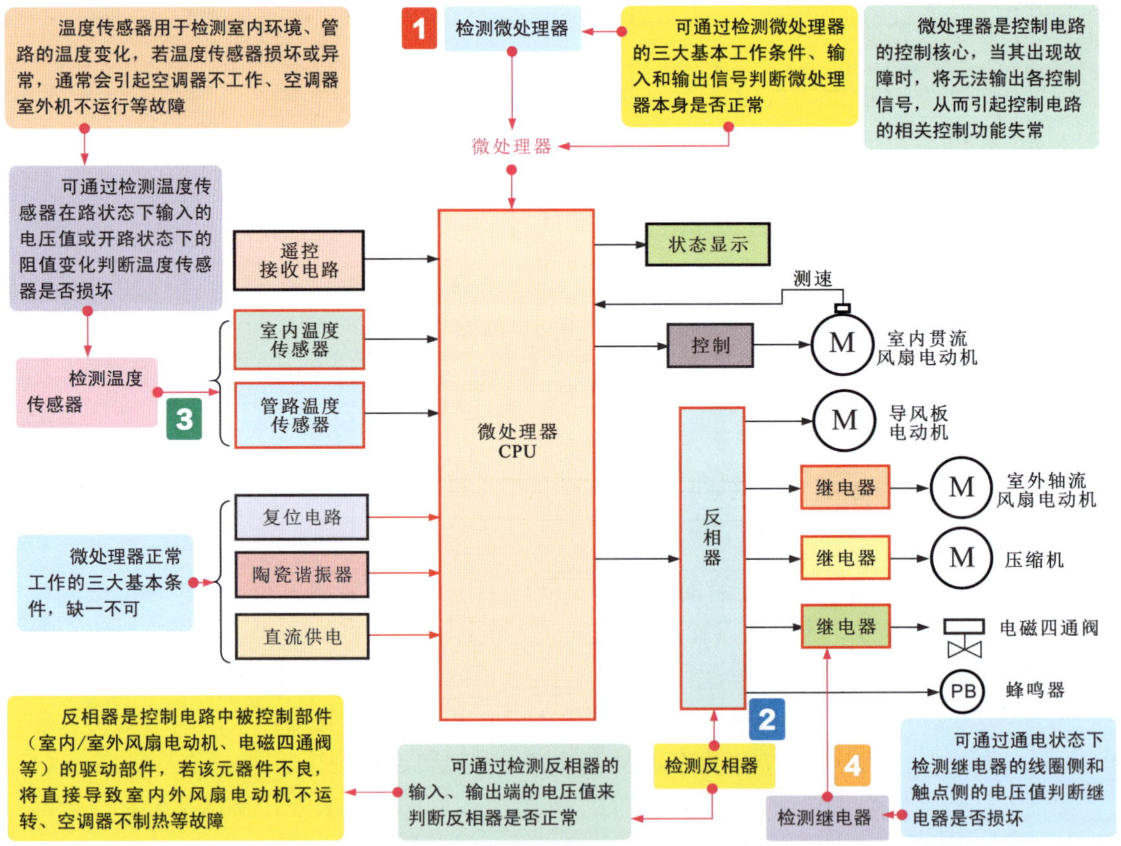

图16-9 典型空调器控制电路的检修分析

16.3.2 控制电路的检修方法

(1) 微处理器的检测方法

微处理器是空调器中的核心部件，若该部件损坏将直接导致空调器不工作、控制功能失常等故障。

一般对微处理器的检测包括三个方面，即检测工作条件、检测输入和输出信号。检测结

果的判断依据为：在工作条件均正常的前提下，输入信号正常，而无输出或输出信号异常，则说明微处理器本身损坏。

对微处理器进行检测时，首先要弄清楚待测微处理器各引脚的功能，找到相关参数值对应的引脚号进行检测，这里我们以春兰 KFR-33GW/T 型空调器控制电路中的微处理器 IC1（M38503M4H-608SP）为例，介绍其基本的检测方法。

① 微处理器工作条件的检测方法

微处理器正常工作需要满足一定的工作条件，其中包括直流供电电压、复位信号和时钟信号等，图 16-10 为微处理器 IC1（M38503M4H-608SP）工作条件相关引脚检测点。当怀疑空调器控制功能异常时，可首先对微处理器这些引脚的参数进行检测，判断微处理器的工作条件是否满足需求。

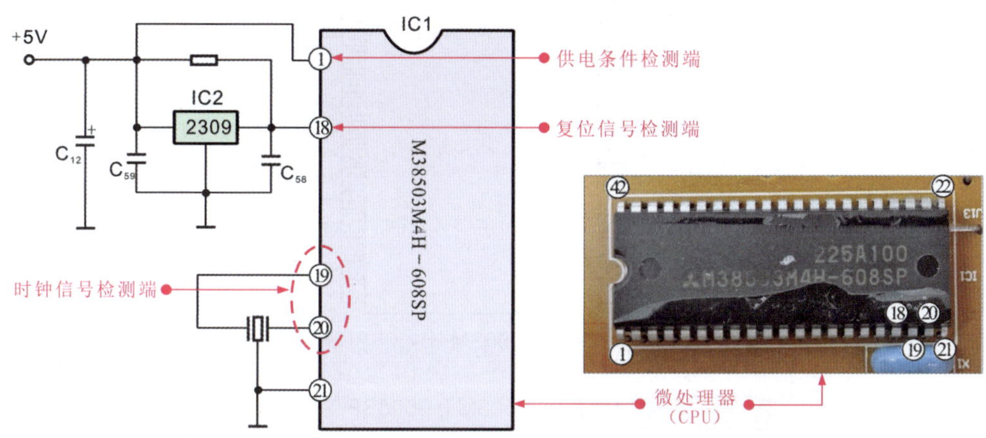

图16-10 微处理器IC1（M38503M4H-608SP）工作条件相关引脚检测点

a. 微处理器供电电压的检测方法

直流供电电压是微处理器正常工作最基本的条件。若经检测微处理器的直流供电电压正常，则表明前级供电电路部分正常，应进一步检测微处理器的其他工作条件；若经检测无直流供电或直流供电异常，则应对前级供电电路中的相关部件进行检查，排除故障。

微处理器 IC1（M38503M4H-608SP）供电电压的检测方法见图 16-11 所示。

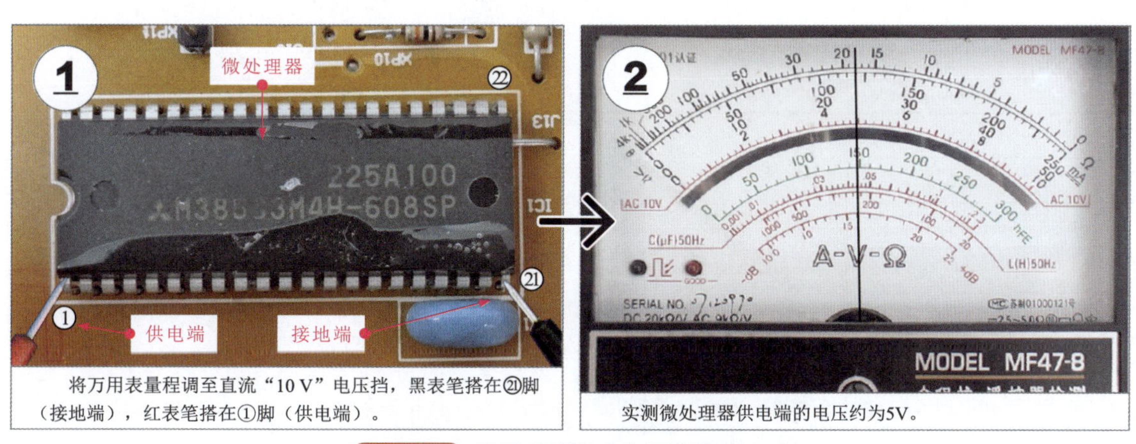

图16-11 微处理器供电电压的检测方法

【提示说明】

对微处理器进行检测时，不同型号微处理器内部的具体结构有所区别，可根据微处理器表面的型号标识，对应查找集成电路手册来了解其具体的内部结构。

型号为 M38503M4H-608SP 的微处理器其引脚排列如图 16-12 所示，表 16-1 列出了其主要引脚功能。

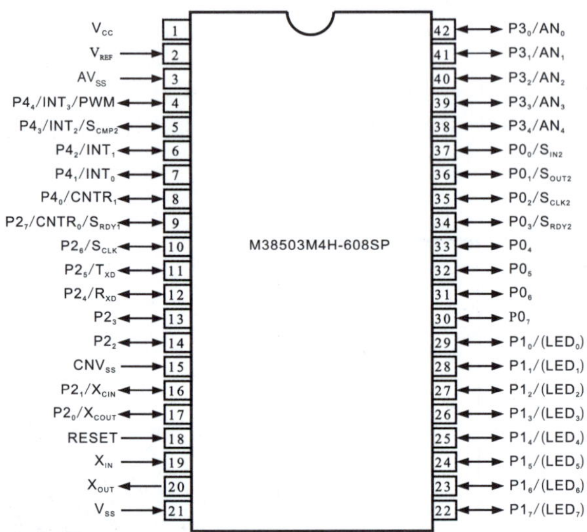

图16-12 微处理器M38503M4H-608SP的引脚排列

表16-1 微处理器M38503M4H-608SP各引脚功能

引脚号	名称	引脚功能	引脚号	名称	引脚功能
①	V_{CC}	电源	⑱	RESET	复位
②	V_{REF}	基准	⑲	X_{IN}	时钟输入
③	AV_{SS}	A/D 的 AV_{SS} 端	⑳	X_{OUT}	时钟输出
④	$P4_4/INT_3/PWM$	I/O 通道 4	㉑	V_{SS}	地
⑤	$P4_3/INT_2/S_{CMP2}$		㉒	$P1_7/(LED_7)$	I/O 通道 1
⑥	$P4_2/INT_1$		㉓	$P1_6/(LED_6)$	
⑦	$P4_1/INT_0$		㉔	$P1_5/(LED_5)$	
⑧	$P4_0/CNTR_1$		㉕	$P1_4/(LED_4)$	
⑨	$P2_7/CNTR_0/S_{RDY1}$	I/O 通道 2	㉖	$P1_3/(LED_3)$	
⑩	$P2_6/S_{CLK}$		㉗	$P1_2/(LED_2)$	
⑪	$P2_5/T_{XD}$		㉘	$P1_1/(LED_1)$	
⑫	$P2_4/R_{XD}$		㉙	$P1_0/(LED_0)$	
⑬	$P2_3$		㉚	$P0_7$	I/O 通道 0
⑭	$P2_2$		㉛	$P0_6$	
⑮	CNV_{SS}	芯片模式控制端正常情况接 V_{SS}	㉜	$P0_5$	
⑯	$P2_1/X_{CIN}$	I/O 通道 2	㉝	$P0_4$	
⑰	$P2_0/X_{COUT}$		㉞	$P0_3/S_{RDY2}$	

续表

引脚号	名称	引脚功能	引脚号	名称	引脚功能
㉟	$P0_2/S_{CLK2}$		㊴	$P3_3/AN_3$	
㊱	$P0_1/S_{OUT2}$	I/O 通道 0	㊵	$P3_2/AN_2$	I/O 通道 3
㊲	$P0_0/S_{IN2}$		㊶	$P3_1/AN_1$	
㊳	$P3_4/AN_4$	I/O 通道 3	㊷	$P3_0/AN_0$	

【提示说明】

若实测微处理器的供电引脚的电压值为 0V（正常应为 5V）时，可能存在两种情况，一种是电源电路异常，一种是 5V 供电线路的负载部分存在短路故障。

电源电路异常应对电源部分进行检测，如检测三端稳压器等；若电源部分正常，可检测电源电路中三端稳压器 5V 输出端引脚的对地阻值。

若三端稳压器 5V 输出端引脚对地阻值为 0Ω，说明 5V 供电线路的负载部分存在短路故障，可逐一对 5V 供电线路上的负载进行检查，如微处理器、贯流风扇电动机霍尔元件接口、遥控接收头、传感器、发光二极管等，其中以微处理器、贯流风扇电动机霍尔元件接口、遥控接收头损坏较为常见。

b. 微处理器复位信号的检测方法

复位信号是微处理器正常工作的必备条件之一，在开机瞬间，微处理器复位信号端得到复位信号，内部复位，为进入工作状态做好准备。若经检测，开机瞬间微处理器复位端复位信号正常，应进一步检测微处理器的其他工作条件；若经检测无复位信号，则多为复位电路部分存在异常，应对复位电路中的各元器件进行检测，排除故障。

微处理器 IC1（M38503M4H-608SP）复位信号的检测方法见图 16-13 所示。

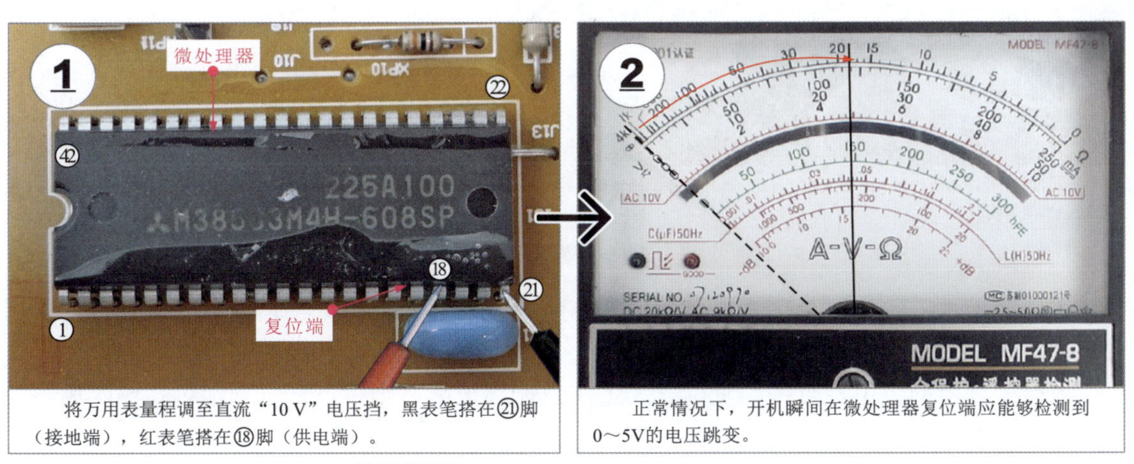

将万用表量程调至直流“10 V”电压挡，黑表笔搭在㉑脚（接地端），红表笔搭在⑱脚（供电端）。

正常情况下，开机瞬间在微处理器复位端应能够检测到0～5V的电压跳变。

图16-13　微处理器复位信号的检测方法

c. 微处理器时钟信号的检测

时钟信号是控制电路中微处理器工作的另一个基本条件，若该信号异常，将引起微处理器出现不工作或控制功能错乱等现象。一般可用示波器检测微处理器时钟信号端信号波形或陶瓷谐振器引脚的信号波形进行判断。

图 16-14 为微处理器 IC1（M38503M4H-608SP）时钟信号的检测方法。

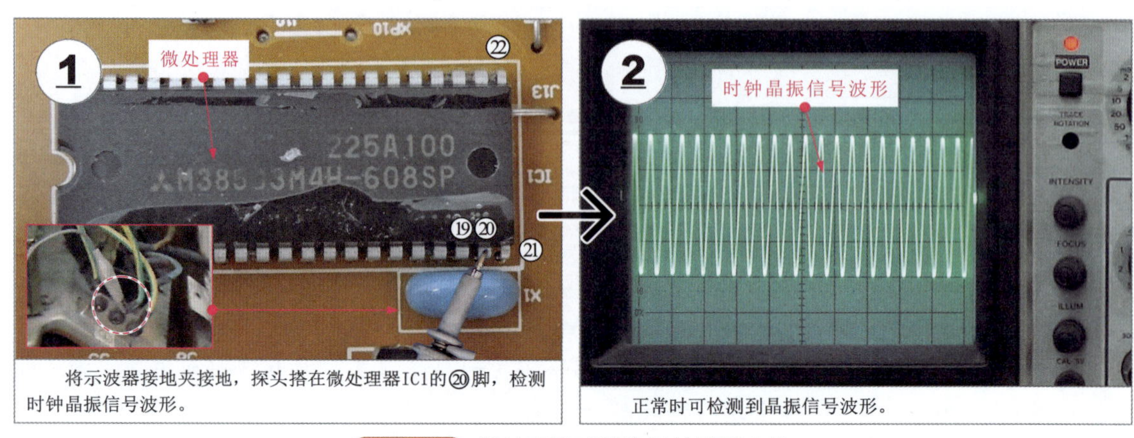

图16-14 微处理器时钟信号的检测方法

【提示说明】

若时钟信号异常，可能为陶瓷谐振器损坏，也可能为微处理器内部振荡电路部分损坏，可进一步用万用表检测陶瓷谐振器引脚阻值的方法判断其好坏，如图 16-15 所示。正常情况陶瓷谐振器两端之间的电阻应为无穷大。

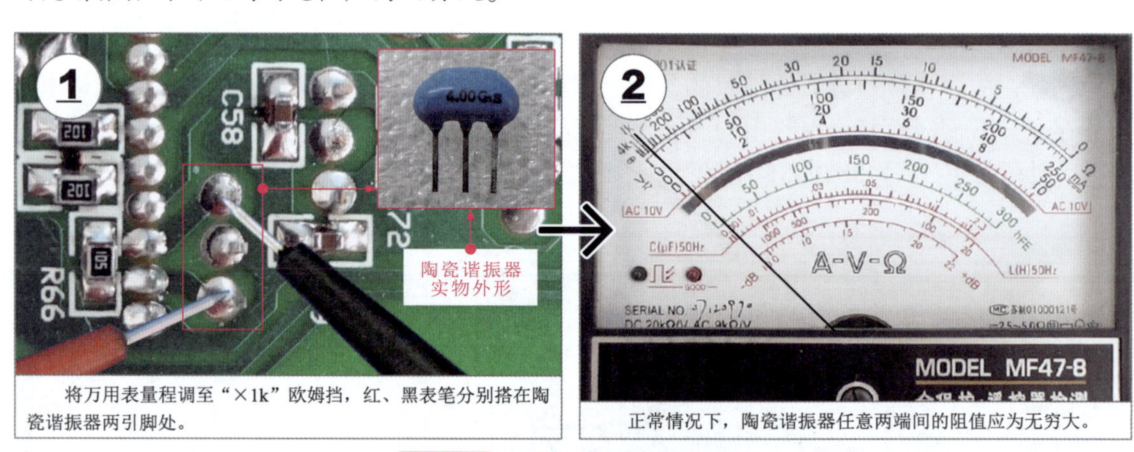

图16-15 陶瓷谐振器的检测方法

若陶瓷谐振器损坏，应注意选用相同频率的陶瓷谐振器进行更换，否则可能会造成空调器无法接收遥控信号的故障。

若微处理器的供电、时钟、复位三大工作条件均正常，则接下来可分别对其输入端信号和输出端信号进行检测。

② 微处理器输入端信号的检测方法

空调器控制电路正常工作需要向控制电路输入相应的控制信号，其中包括遥控指令信号和温度检测信号。

若控制电路输入信号正常，且工作条件也正常，而无任何输出，则说明微处理器本身损坏，需要进行更换；若输入控制信号正常，而某一项控制功能失常，即某一路控制信号输出异常，则多为微处理器相关引脚外围元器件（如继电器、反相器等）失常，找到并更换损坏元器件即可排除故障。

a. 微处理器输入端遥控信号的检测

当用户操作遥控器上的操作按键时，人工指令信号送至室内机控制电路的微处理器中。当输入人工指令无效时，可检测微处理器遥控信号输入端信号是否正常。若无遥控信号输入，则说明前级遥控接收电路出现故障，应对遥控接收电路进行检查。

图 16-16 为微处理器 IC1（M38503M4H-608SP）⑦脚遥控信号的检测方法。

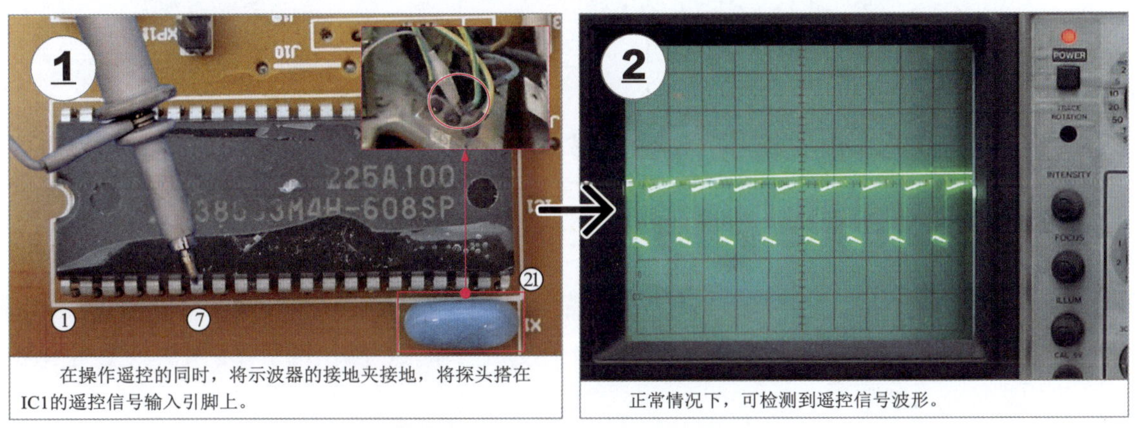

在操作遥控的同时，将示波器的接地夹接地，将探头搭在IC1的遥控信号输入引脚上。

正常情况下，可检测到遥控信号波形。

图16-16　微处理器遥控信号的检测方法

b. 微处理器输入端温度传感器信号的检测

温度传感器也是空调器控制电路中的重要元器件，用于为其提供正常的室内环境温度和管路温度信号，若该传感器失常，则可能导致空调器自动控温功能失常、显示故障代码等情况。

③ 微处理器输出端信号的检测方法

当怀疑空调器控制电路出现故障时，也可先对控制电路输出的控制信号进行检测，若输出的控制信号正常，表明控制电路可以正常工作；若无控制信号输出或输出的控制信号不正常，则表明控制电路损坏或没有进入工作状态，在输入信号和工作条件均正常的前提下，多为微处理器本身损坏，应用同型号芯片进行更换。

图 16-17 为空调器控制电路输出控制信号的检测（以贯流风扇电动机驱动信号为例）。

（2）反相器的检测方法

反相器是空调器中各种功能部件继电器的驱动电路部分，若该元器件损坏将直接导致空调器相关的功能部件失常，如常见的室外风机不运行、压缩机不运行等。

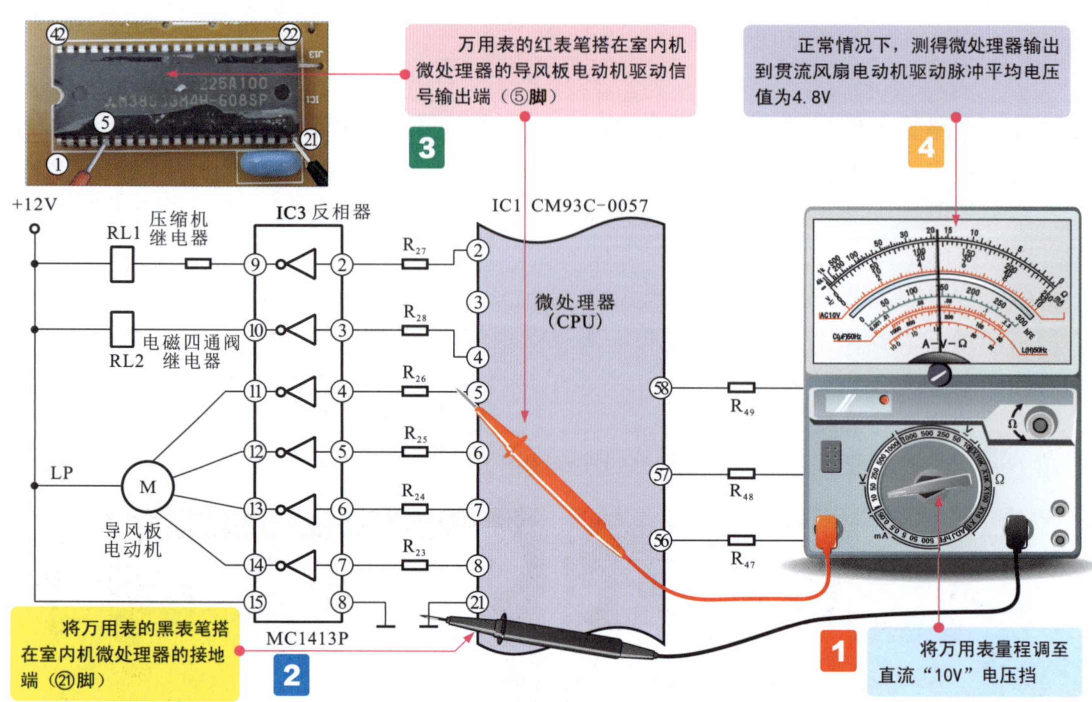

图16-17 空调器控制电路输出控制信号的检测方法

如图 16-18 所示，对反相器进行检测之前，首先要弄清楚反相器各引脚的功能，即找准输入和输出端引脚，然后用万用表的电压挡检测反相器输入、输出端引脚的电压值，根据检测结果判断反相器的好坏。

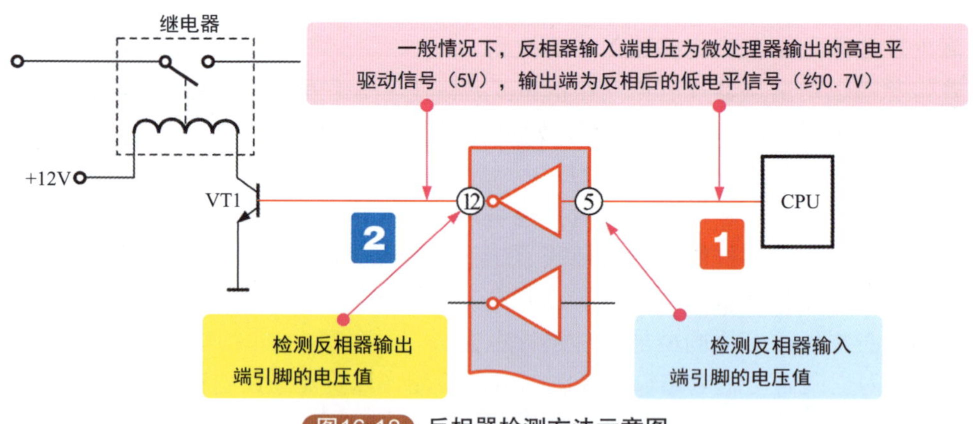

图16-18 反相器检测方法示意图

① 反相器输出端电压的检测方法

空调器工作时，反相器用于将微处理器输出的高电平信号进行反相后输出低电平（一般约为 0.7V），用于驱动继电器工作。因此，可先用万用表的直流电压挡对反相器输出端的电压进行检测，若输出端电压为低电平（约为 0.7V）说明反相器工作正常；若反相器无输出或输出异常，则可继续对其输入端电压进行检测。

反相器输出端电压的检测方法如图 16-19 所示。

正常情况下，在反相器输出端引脚上应测得约 0.7V 的直流电压，若输出电压为高电平（12V）则说明反相器未实现反相驱动作用，可继续对其输入端电压进行检测。

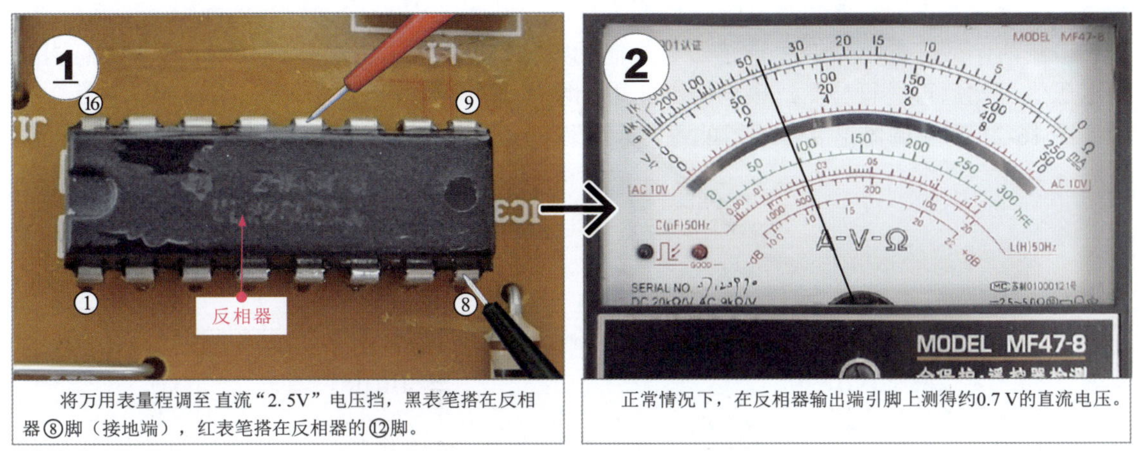

图16-19 反相器输出端电压的检测方法

② 反相器输入端电压的检测方法

反相器输入端与微处理器连接，由微处理器输出驱动信号到反相器上，可用万用表检测反相器相应输入端引脚上的电压值。若输入端电压正常（一般为 5V）则说明 CPU 输出驱动信号正常，此状态下反相器无输出，则多为反相器损坏，应用同型号反相器芯片进行更换。

反相器输入端电压的检测方法如图 16-20 所示。

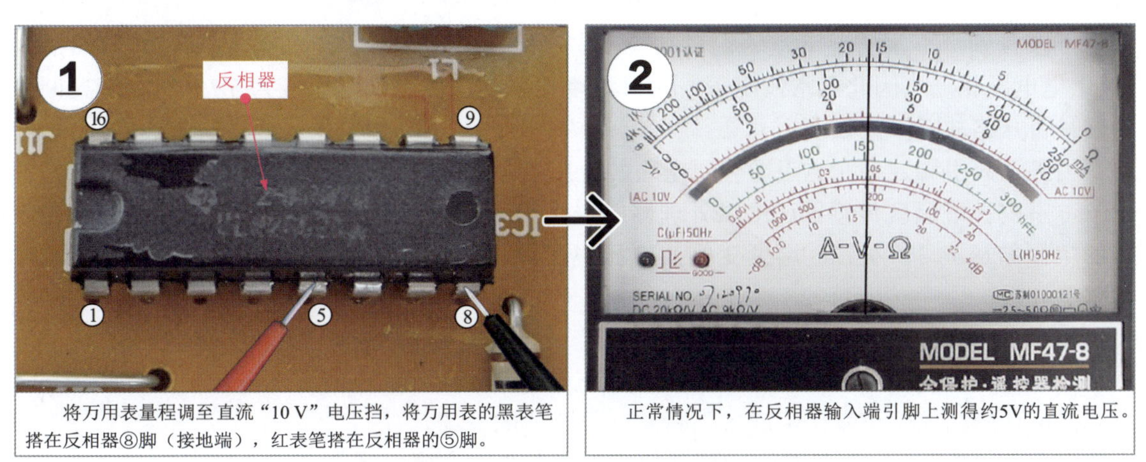

图16-20 反相器输入端电压的检测方法

正常情况下，在反相器输入端引脚上应测得约 5V 的直流电压，若输入端无电压，则多为微处理器无驱动信号输出，应对微处理器部分进行检测。

(3) 温度传感器的检测方法

在空调器中，温度传感器是不可缺少的控制元器件，如果温度传感器损坏或异常，通常会引起空调器不工作、空调器室外机不运行等故障。

检测温度传感器通常有两种方法，一种是在路检测温度传感器供电端信号和输出电压（送入微处理器的电压）；一种是开路状态下，检测不同温度环境下的电阻值。

① 在路检测温度传感器相关电压值

将室内机中的电路板从其电路板支架中取出，然后连接好各种组件，接通电源，在路状态下，对空调器中的温度传感器进行检测。

检测前，应先弄清楚温度传感器与其他元器件之间的关系，分析或找准正常情况下相关的电压值，然后再进行检测，根据检测结果判断好坏。

图 16-21 为空调器温度传感器的检测示意图。

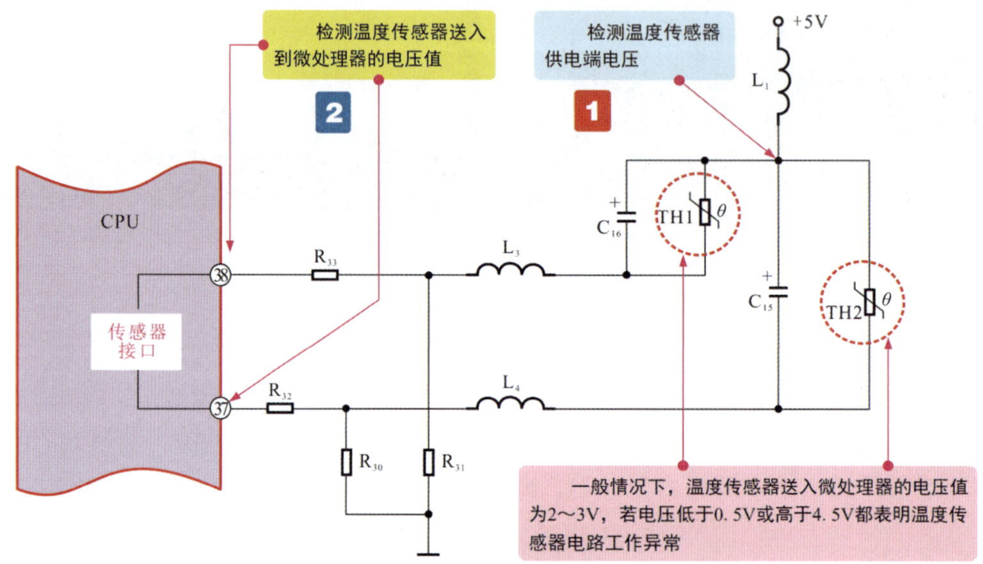

图16-21 空调器温度传感器的检测示意图

可以看到，正常情况下室内温度传感器与管路温度传感器均有一只引脚经电感器后与5V供电电压相连，因此正常情况下，两只温度传感器的供电端电压应为5V，否则应判断电感器是否开路故障；

另外一只引脚连接在电阻器分压电路的分压点上，并将该电压送入微处理器中，正常情况下，室内环境温度传感器送给微处理器的电压应为2V左右，管路温度传感器送给微处理器的电压值应为3V左右，温度变化其电压也变化，其范围为0.55～4.5V，否则说明温度传感器异常。

② 开路检测温度传感器的电阻值

开路检测温度传感器是指将温度传感器与电路分离，不加电情况下，在不同温度状态时检测温度传感器的阻值变化情况来判断温度传感器的好坏。

如图 16-22 所示，以管路温度传感器为例，首先，在常温状态下用万用表检测温度传感器的阻值，正常情况下实测阻值为7kΩ。然后，再将温度传感器感温头放入热水中，检测高温下温度传感器阻值的变化。正常情况下阻值会发生明显变化（当前实测值为1.5kΩ），说明温度传感器性能良好。若阻值无变化或无穷大都说明温度传感器存在故障。

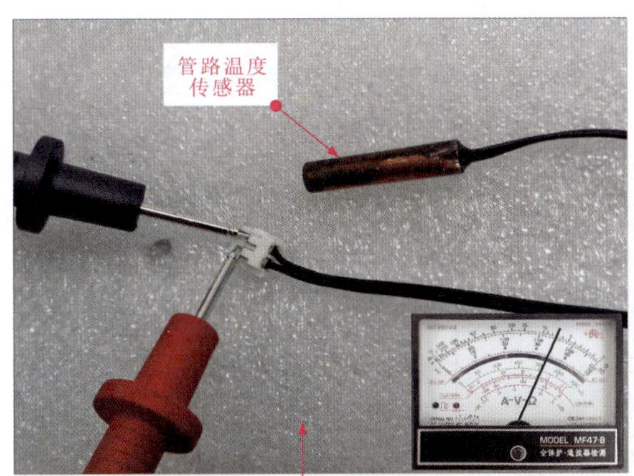

将万用表量程调至“×1k”欧姆挡，红黑表笔分别搭在传感器引线插件的两个触点上，室温环境下管路温度传感器的阻值为7kΩ

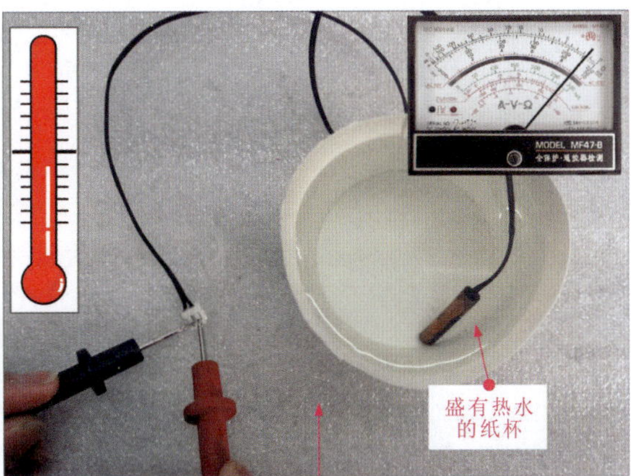

将万用表量程调至“×1k”欧姆挡，红黑表笔分别搭在传感器引线插件的两个触点上，高温环境下管路温度传感器的阻值为1.5kΩ

图16-22　温度传感器的检测

(4)继电器的检测方法

在空调器中，继电器中触点的通断状态决定着被控部件与电源的通断状态，若继电器功能失常或损坏，将直接导致空调器某些功能部件不工作或某些功能失常的情况，因此，空调器检测中，继电器的检测也是十分关键的环节。

检测继电器通常也有两种方法：一种是在路检测继电器线圈侧和触点侧的电压值来判断好坏；一种是开路状态下检测继电器线圈侧和触点侧的阻值，判断继电器的好坏。

① 在路检测继电器线圈侧和触点侧的电压值

将室内机中的电路板从其电路板支架中取出，然后连接好各种组件，接通电源，在路状态下，对空调器中的继电器进行检测。

检测前，应先弄清楚继电器与其他元器件之间的关系，分析或找准正常情况下相关的电压值，然后再进行检测，根据检测结果判断好坏。

图 16-23 为空调器控制电路中继电器的检测示意图。

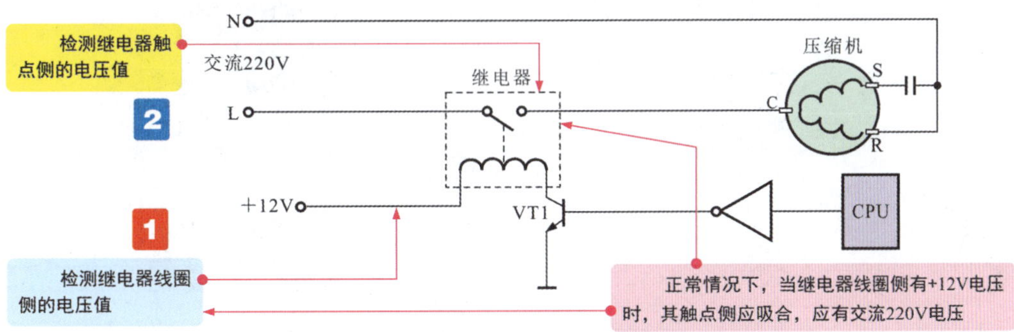

图16-23　空调器控制电路中继电器的检测示意图

可以看到，正常情况下，继电器线圈得电后，控制触点闭合，因此在线圈侧应有直流 12V 电压；触点侧接通交流供电，应测得 220V 电压值。

图 16-24 为继电器线圈侧直流电压的检测方法。正常情况下在反相器驱动电路作用下，线圈得电，可用万用表的直流电压挡进行检测。实测值为 12V。

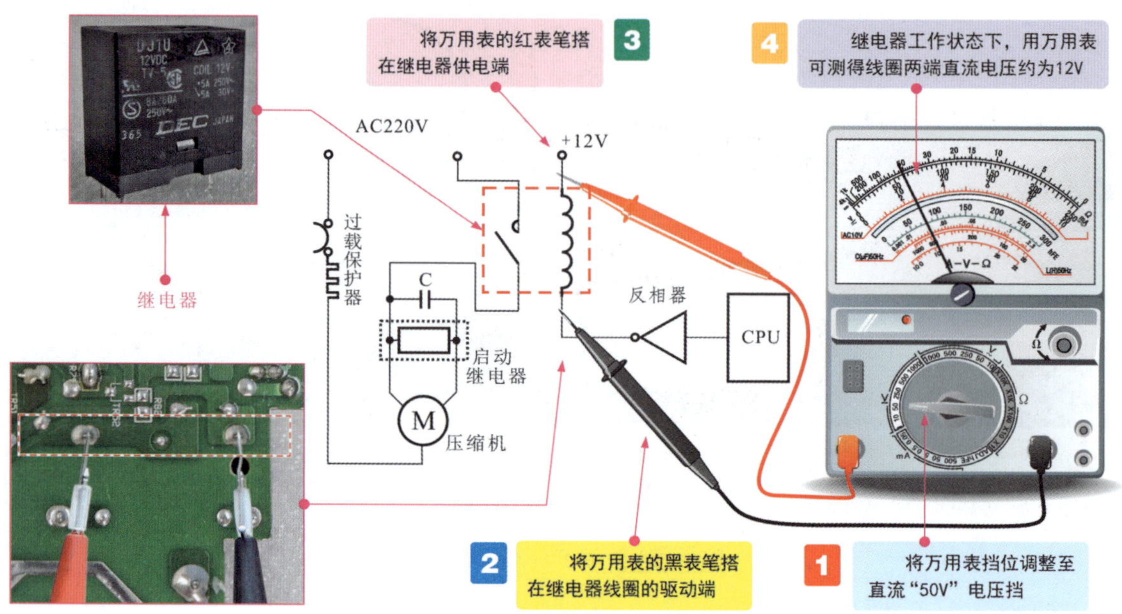

图16-24 继电器线圈侧直流电压的检测方法

继电器线圈得电后，触点闭合，接通交流供电，正常情况下可用万用表的交流电压挡进行检测。继电器触点侧交流电压应为220V。

【提示说明】

通电状态下对继电器进行检测时需要特别注意人身安全，维修人员应避免身体任何部位与带有220V电压的器件或触点碰触，否则可能会引起触电危险。

② 开路检测继电器线圈侧及触点侧的阻值

正常情况，继电器的线圈相当于一个阻值较小的导线，触点侧处于断开状态，因此可用万用表检测线圈是否存在开路故障、触点是否存在短路故障。

用万用表检测继电器线圈侧及触点侧的阻值的方法如图16-25所示。

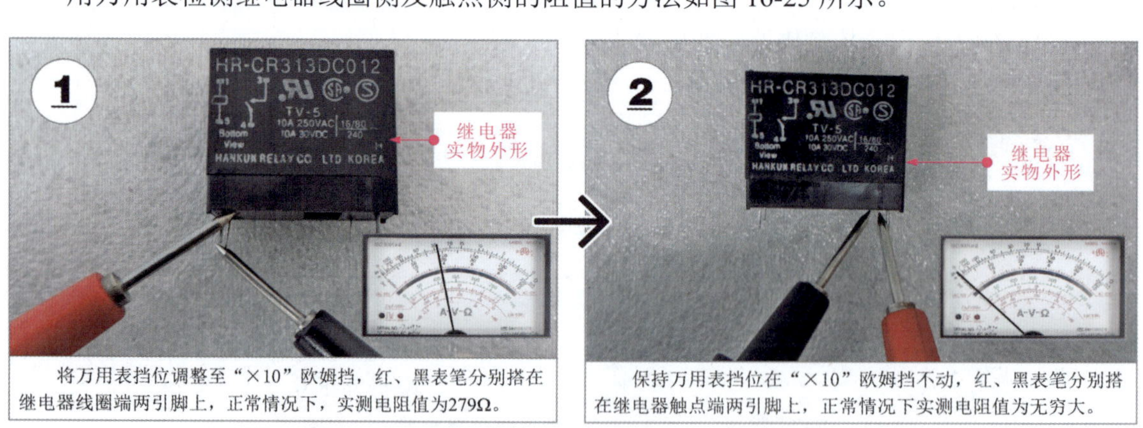

图16-25 用万用表检测继电器线圈侧及触点侧的阻值的方法

第 17 章 定频空调器遥控电路的故障检修

17.1 遥控电路的结构原理

为方便读者学习，提高效率，本节提供电子版，读者可扫码阅读以下内容。

17.1.1 遥控电路的结构组成

17.1.2 遥控电路的工作原理

17.2 遥控电路的电路分析

（1）遥控接收电路的分析方法

下面我们以春兰 KFR-33GW/T 型分体式空调器的遥控接收电路为例，来具体了解一下该电路的基本工作过程和信号流程。

图 17-1 为春兰 KFR-33GW/T 型分体式空调器的遥控接收电路原理图，该电路是以遥控接收头 IC（TH2）为核心的遥控接收电路。

可以看到，空调器正常工作时，通过插件 XP13 及电容 C_1、电阻 R_1 后为遥控接收头提供 +5V 的电压，满足其工作条件。

当遥控接收头接收到遥控器发送来的红外光控制信号后，将红外光信号转换成电压信号并从其 OUT 端输出，经插件 XP13 后送给微处理器。

（2）遥控发射电路的分析方法

遥控信号接收和处理的过程比较简单，为了更加清晰地了解遥控信号的整个信号流程，这里我们也具体看一下遥控信号的发射过程，即遥控发射电路的基本工作过程和原理。

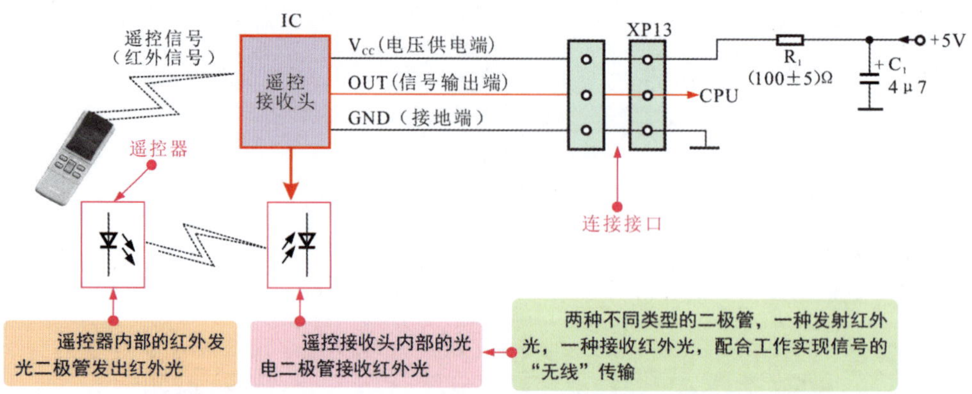

图17-1 春兰KFR-33GW/T型分体式空调器的遥控接收电路原理图

图 17-2 为典型空调器的遥控发射电路原理图，可以看到，该电路主要由微处理器 IC1（TMP47C422F）、4MHz 晶体振荡器 I2、32KHz 晶体振荡器 Z1、LED 液晶显示屏、室温传感热敏电阻 TH、红外线发射管 LED1 及 LED2、晶体三极管 VT1 和 VT2、操作矩阵电路等组成。该遥控发射电路由两节 7 号电池供电，电压为 3V。

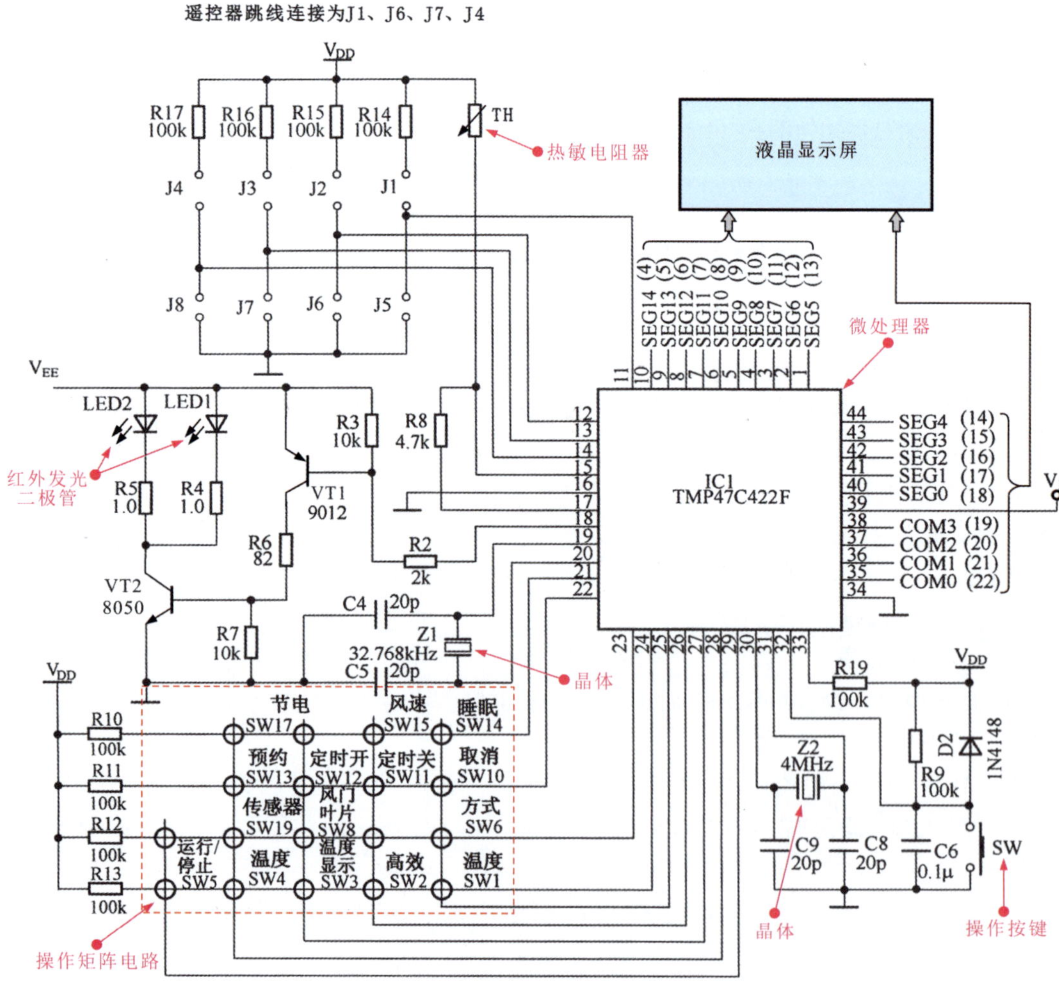

图17-2 典型空调器遥控发射电路原理图

该电路的基本工作过程如下。

• 该遥控发射电路采用双时钟脉冲振荡电路，其中由晶体 Z2，电容 C8、C9（容量为 20pF）和微处理器的 ㉚、㉛ 脚组成 4 MHz 的高频主振荡器，振荡器产生的 4 MHz 脉冲信号经分频后产生 38 kHz 的载频脉冲。由晶体 Z1，电容 C4、C5（容量为 20pF）和微处理器的 ⑲、⑳ 脚组成 32 kHz（准确值为 32.768kHz）的低频辅助振荡器，其输出信号主要供时钟电路和液晶显示电路使用。

• 在键矩阵扫描电路中，微处理器的 9 个引脚组成矩阵，满足系统的控制要求。微处理器的 ㉑ ～ ㉔ 脚是扫描脉冲发生器的 4 个输出端，高电平有效；㉕ ～ ㉙ 脚是键控信号编码器的 5 个输入端，低电平有效。4 个输出端和 5 个输入端构成 4×5 键矩阵，可以有 20 个功能键位，实际上只使用了 17 个功能键位。微处理器的 ⑪、⑫、⑬、⑭ 脚控制的是短接插子，以适用此系列的不同机型。在遥控器工作时，微处理器的 ㉑ ～ ㉔ 脚输出时序扫描脉冲，3V 电压经限流电阻为微处理器供电，微处理器的 ㉞ 脚接电源负极。

• 在微处理器 IC1 内部有分频器、数据寄存器、定时门、控制器（编码调制器）、键控输入 / 输出电路等。定时门能向键控输出电路输出定时扫描脉冲，在定时脉冲的作用下，键控输出电路能产生数种相位不同的扫描信号。发射器的键矩阵电路与微处理器的内部扫描电路和键控信号编码器构成了键控输入电路。键控输入电路根据按键矩阵不同键位输入的脉冲电平信号，向数据寄存器输出相应码值的地址码。数据寄存器是一个只读存储器（ROM），预先存储了各种规定的操作指令码。

当闭合某个功能键时，相应的两条交叉线被短接，相应的扫描脉冲通过按键开关输入到微处理器的 ㉕ ～ ㉙ 脚中的一个对应引脚。这样微处理器中只读存储器的相应地址被读出，然后送到内部指令编码器，将其转换成相应的二进制数字编码指令（以便遥控器中的微处理器识别），再送往编码调制器。在编码调制器中，38kHz 载频信号被编码指令调制，形成调制信号，再经缓冲器后从微处理器的 ⑱ 脚输出至激励管 V1 的基极，经放大后推动红外线发光管 LED1、LED2 发出被 38kHz 调制信号调制的红外线，并通过发射器前端的辐射窗口发射出去。

• 液晶显示器由微处理器的多个输出信号推动，分为地址位（COM1 ～ COM4）和数据位（SEG0 ～ SEG17），其中地址位与液晶显示器的 4 个公共电极相连。如图 17-3 所示，数据位与液晶显示器相应的数字段电极相连。通过对数据位及地址位的控制，显示不同信息，比如要显示“设定温度”4 个字，就可以选择地址位 COM1 和数据位 SEG5。在正常情况下，各段位电压在 1.32 ～ 1.44V 之间（视机型而定）。

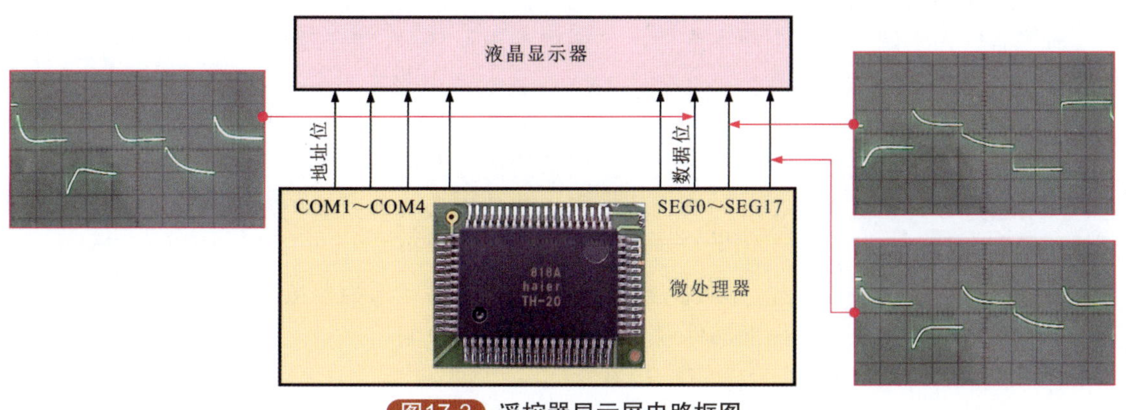

图17-3 遥控器显示屏电路框图

17.3 遥控电路的故障检修

17.3.1 遥控电路的检修分析

遥控接收电路是空调器人工指令的输入电路部分，若该电路出现异常通常会引起典型的空调器遥控功能控制失灵的故障。

对遥控接收电路进行检修时，应首先排除与其配合工作的遥控器的故障，确认遥控器正常后，再对遥控接收电路进行检查，可重点检查电路板上的遥控接收头有无明显损坏或脱焊情况、接口插件有无松脱等现象，如出现上述情况则应立即更换或检修损坏的元器件，若从表面无法观测到故障点，则需根据遥控接收电路的信号流程以及故障特点对可能引起故障的工作条件或主要部件逐一进行排查。

图 17-4 为典型空调器遥控接收电路的检修分析。

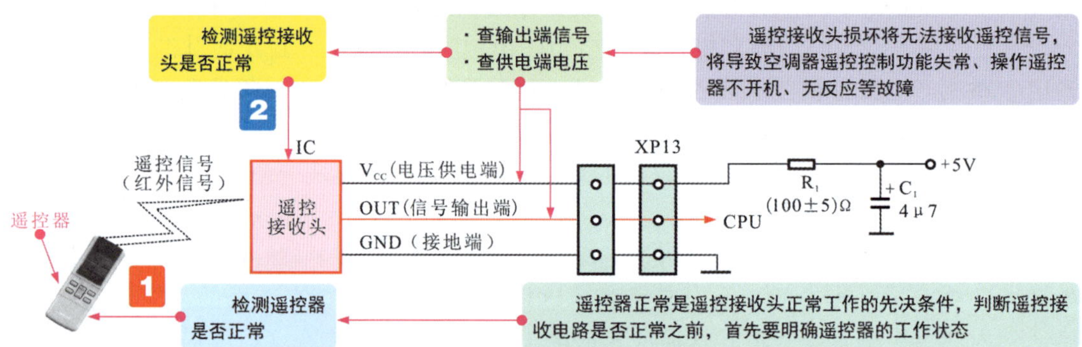

图17-4 典型空调器遥控接收电路的检修分析

【提示说明】

遥控接收电路工作时，由于需要遥控器与之配合才能够工作，且由于遥控器本身的独立性，检修和更换都比较方便，而对遥控接收电路进行检修需要将室内机进行拆卸，操作比较繁杂，因此在未明确判断出遥控器好坏前，切勿盲目拆卸空调器室内机，必须先排除外部因素，然后在开机检修。

17.3.2 遥控电路的检修方法

(1) 遥控器的检测方法

遥控器作为空调器的一个基本配件，如果电池电量耗尽、内部器件损坏都会导致遥控功能失常的故障。

① 遥控器性能的检查

检查遥控器是否正常，主要是检查遥控器最终能否发射出红外光，而红外光是人眼不可见的，可通过数码相机（或带有摄像功能的手机）的摄像头观察遥控发射器是否能够发出红外光。

若遥控器能够发射红外光，则说明遥控器正常；若按动遥控器按键无红外光发出，则说明遥控器异常，可对遥控器内部部件或元件进行进一步检测。

将遥控发射器的红外发光二极管对准相机的摄像头，操作遥控器上的按键，正常情况下，应可以看到明显的红外光，如图 17-5 所示。

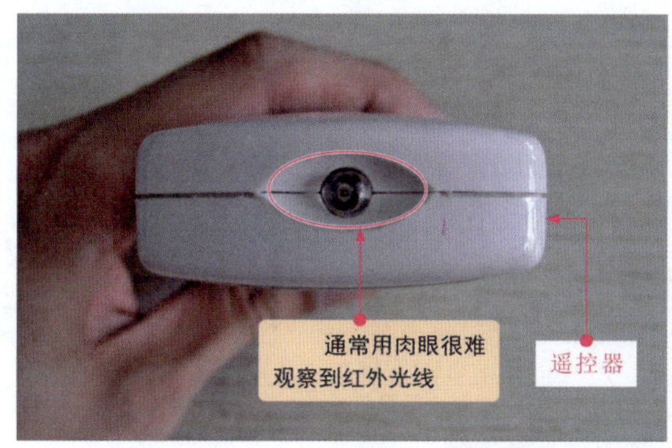

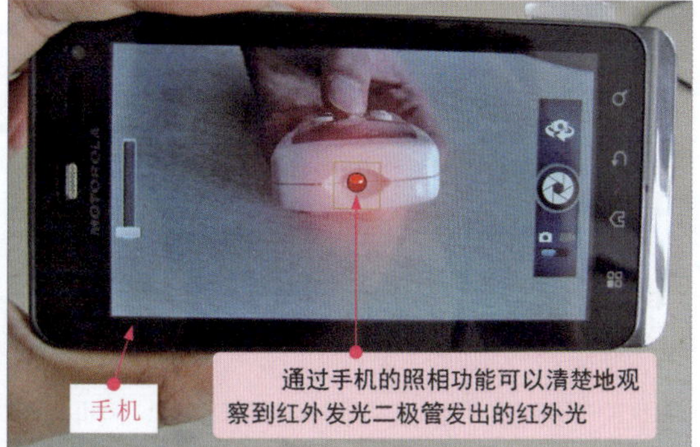

图17-5　遥控器红外光的检查方法

② 遥控器主要元器件的检测方法

在遥控器异常的情况中，电池电量用尽、操作按键触点氧化失灵、电路元器件变质等情况较为常见，可将遥控器外壳拆开后，借助万用表或示波器逐一对怀疑元器件进行检测，直到找到故障元器件，排除故障。

a. 操作按键的检查方法

如果空调器出现操作某个按键时不正常时，多为该按键下面的导电橡胶和印刷电路板异常，检查是否出现因触点氧化锈蚀、污物过多而造成控制失常，通常用蘸有酒精的棉签擦拭清洁后即可消除这类故障。遥控器操作按键及触点的清洁操作如图 17-6 所示。

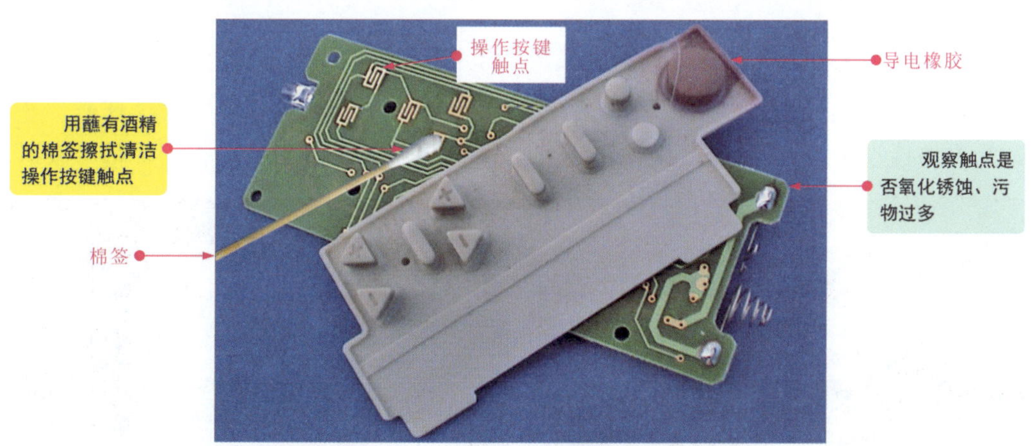

图17-6　遥控器操作按键及触点的清洁操作

b. 红外发光二极管的检测方法

红外发光二极管的好坏直接影响遥控器信号是否能发送成功，因此要保持红外发光二极管能正常工作。

判断红外发光二极管是否正常，一般用万用表检测其正反向阻值的方法进行判断，如图 17-7 所示。正常情况下，红外发光二极管应满足正向有一定阻值，反向阻值无穷大，即正向导通、反向截止的特性。

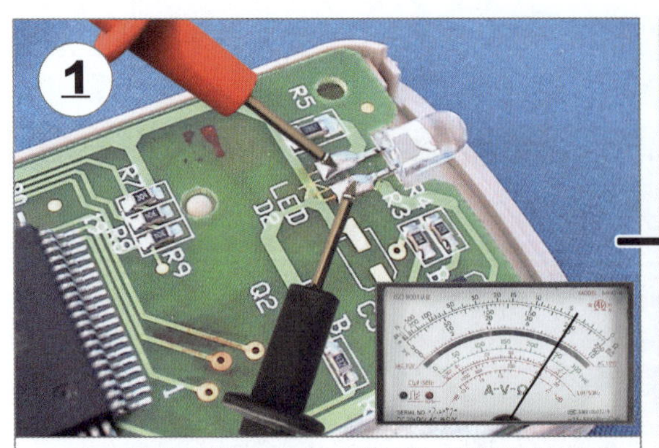

将万用表挡位调整至“×10k”欧姆挡。黑表笔接在红外发光二极管的正极，红表笔接在红外发光二极管的负极，万用表指针摆动到40kΩ左右的位置。

将万用表挡位调整至“×10k”欧姆挡。黑表笔接在红外发光二极管的负极，红表笔接在红外发光二极管的正极。实测二极管反向电阻值为无穷大，说明该二极管满足反向截止特性。

图17-7 红外发光二极管的检测方法

如果没有检测出红外发光二极管正向导通、反向截止的特性，则说明红外发光二极管已损坏，应将其更换。

（2）遥控接收头的检测方法

遥控接收头是遥控接收电路中的主要元器件，该元器件损坏引起遥控功能失灵的情况也比较常见，如遥控接收头的供电电源失落、引脚受潮出现短路或断路情况、内部损坏等。

判断遥控接收头是否正常，可首先观察遥控接收头引脚有无轻微短路或断路情况，若外观正常，可用示波器检测其信号输出端有无信号输出，若输出正常，说明遥控接收头正常；若无信号输出，可进一步检查其供电条件是否满足。若供电正常，无输出，则说明遥控接收头损坏，应更换。

① 遥控接收头输出信号的检测方法

检查遥控接收头输出端信号时，一般可借助示波器进行检测，如图17-8所示。正常情况下，为遥控接收电路供电时，对准遥控接收头操作遥控器，应能够测得遥控信号波形。

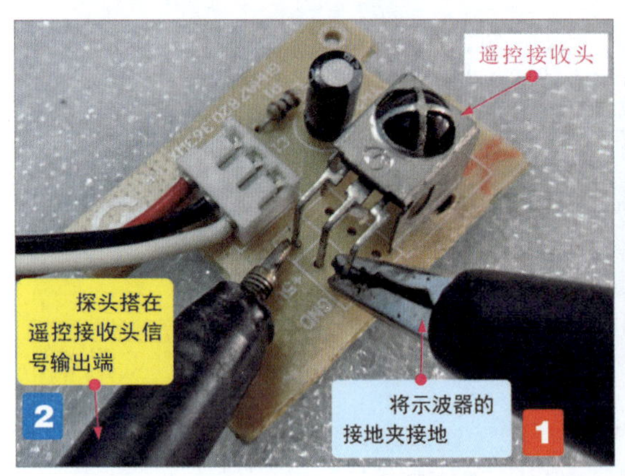

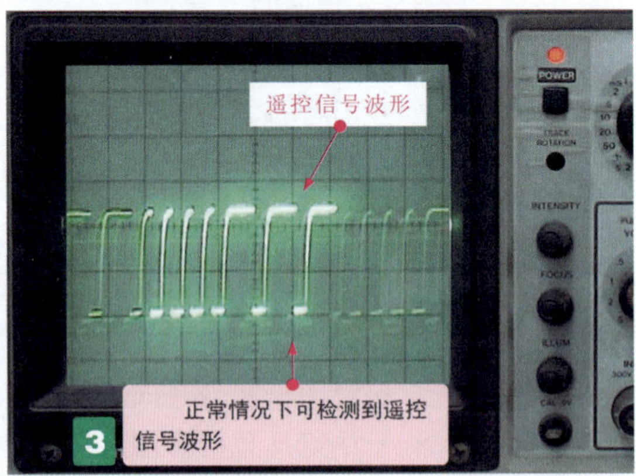

图17-8 遥控接收头输出信号的检测方法

② 遥控接收头供电电压的检测方法

遥控接收头正常工作需要基本的供电条件，可用万用表检测器供电引脚上的电压值，如图17-9所示。若检测供电正常，而遥控接收头无输出，则说明遥控接收头损坏；若无供电电压，则应检查电源电路部分。

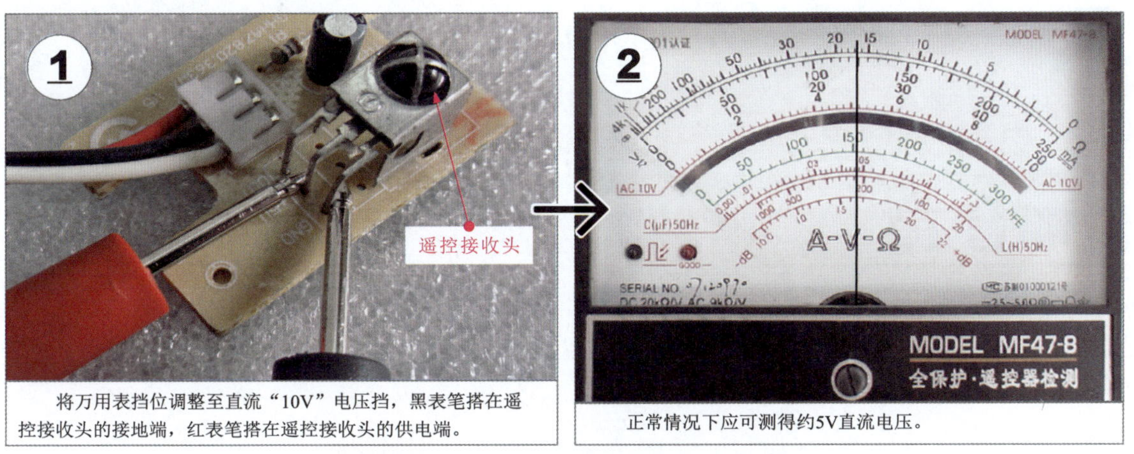

将万用表挡位调整至直流“10V”电压挡，黑表笔搭在遥控接收头的接地端，红表笔搭在遥控接收头的供电端。

正常情况下应可测得约5V直流电压。

图17-9 遥控接收头供电电压的检测方法

第 18 章 变频空调器的结构原理

18.1 变频空调器的结构组成

18.1.1 变频空调器的整机结构

变频空调器是普通空调器的升级产品。它利用成熟的变频技术，实现对压缩机的变频控制，该类空调器能够在短时间内迅速达到设定的温度，并在低转速、低耗能状态下保证较小的温差，具有节能、环保、高效的特点。

【提示说明】

变频空调器与普通定频空调器的区别：

定频空调器室外机压缩机采用普通（定频）压缩机，压缩机的转速恒定，不可改变，能耗较大；变频空调器室外机采用变频压缩机，设有变频电路，可调节压缩机的转速，节能环保。

（1）室内机的结构组成

变频空调器的室内机主要用来接收人工指令，并对室外机提供电源和控制信号。

将变频空调器室内机进行拆解，即可看到其内部结构组成。图 18-1 所示为典型变频空调器室内机的结构分解图。

可以看到，变频空调器室内机内部设有空气过滤部分、蒸发器、电路部分、贯流风扇组件、导风板组件等，与定频空调器室内机相同。可参考第 10 章。

（2）室外机的结构组成

变频空调器的室外机主要用来控制压缩机为制冷剂提供循环动力，与室内机配合，将室内的能量转移到室外，达到对室内制冷或制热的目的。

将变频空调器室外机进行拆解，即可看到其内部结构组成。图 18-2 所示为典型变频空调器室外机的结构分解图。

可以看到，变频空调器室外机主要由变频压缩机、冷凝器、闸阀和节流组件（电磁四通阀、截止阀、毛细管、干燥过滤器）、电路部分（控制电路板、电源电路板和变频电路板）、轴流风扇组件等。

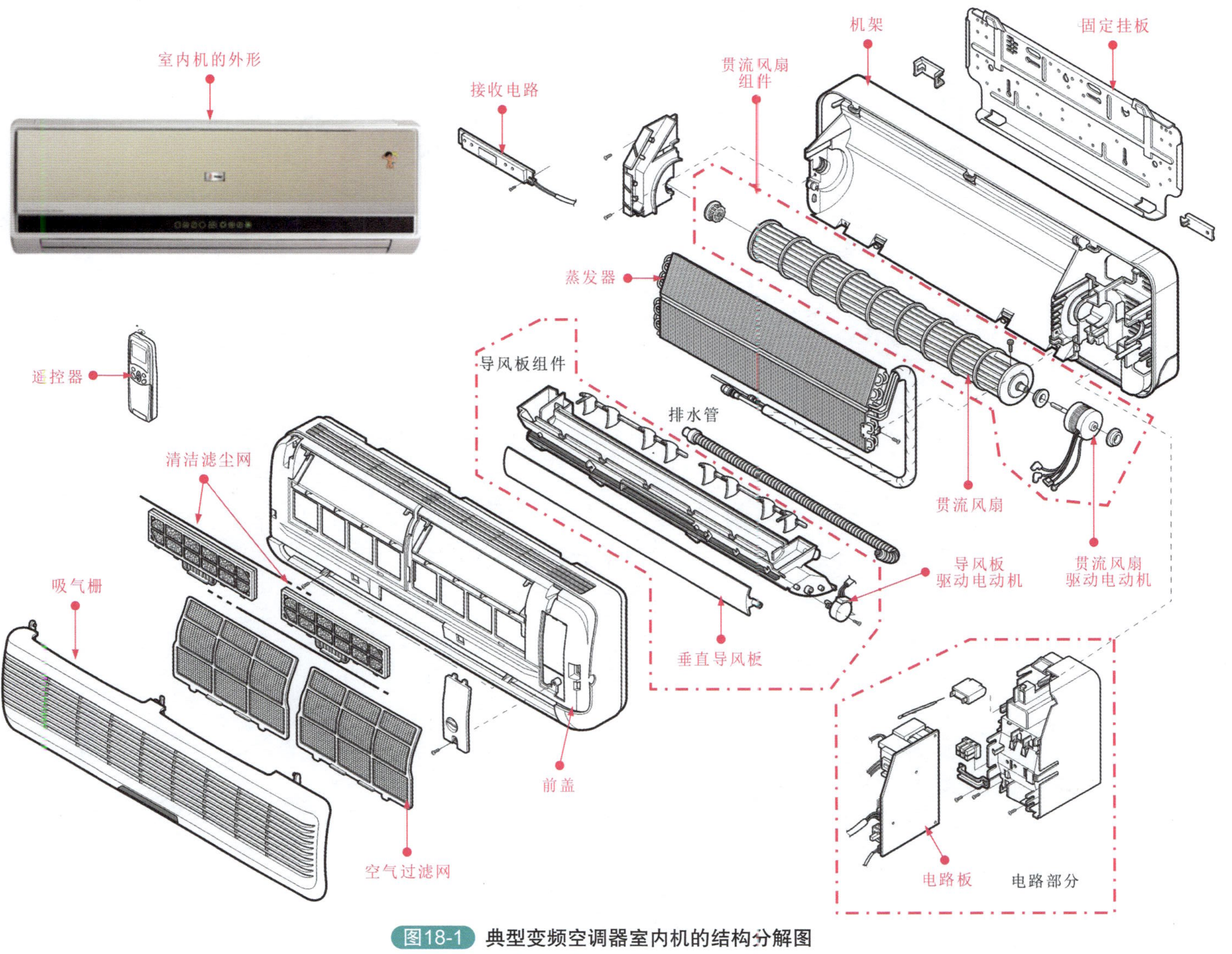

图18-1 典型变频空调器室内机的结构分解图

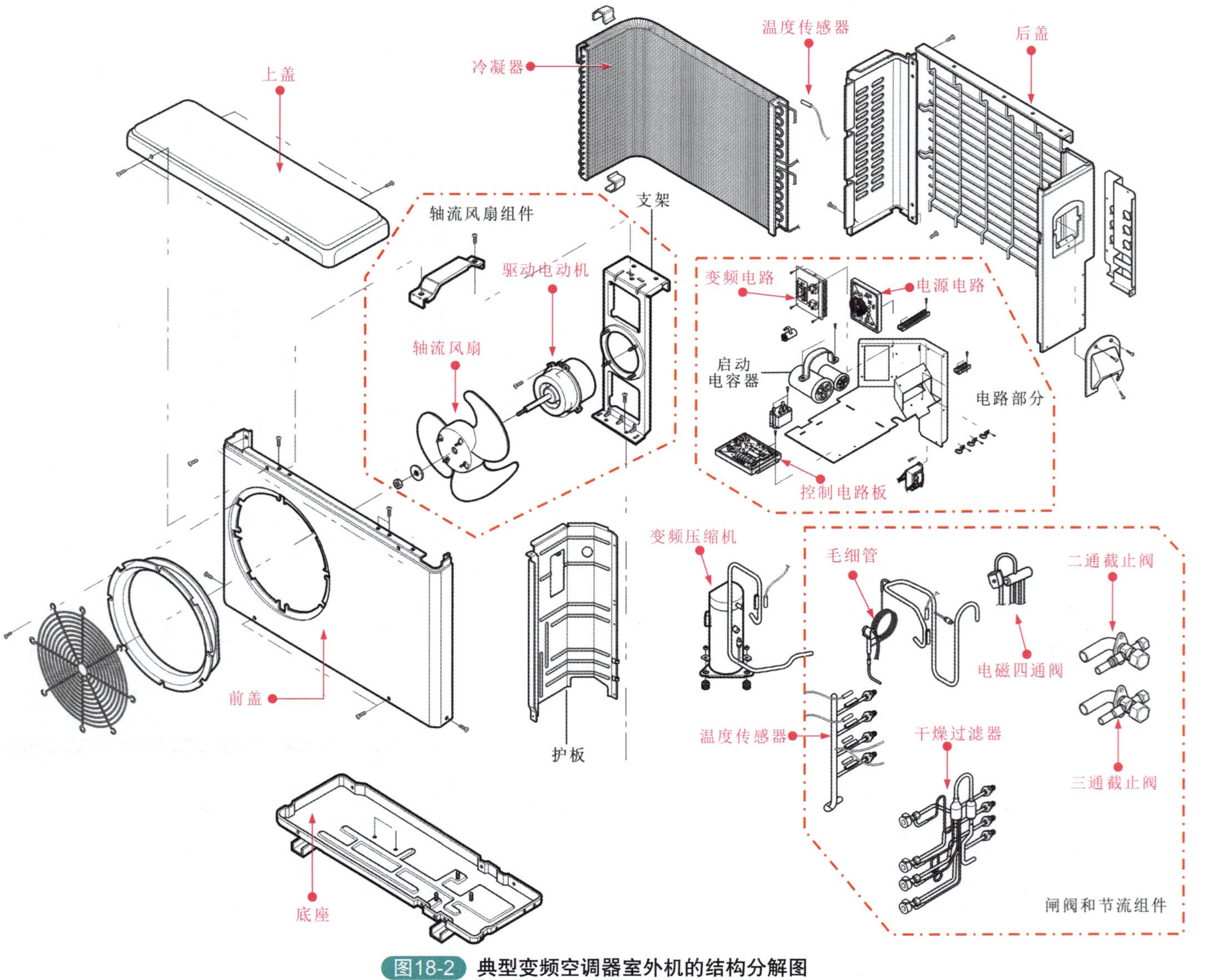

图18-2 典型变频空调器室外机的结构分解图

① 变频压缩机

变频压缩机是变频空调器中最为重要的部件，它是变频空调器制冷剂循环的动力源，使制冷剂在变频空调器的制冷管路中形成循环，图 18-3 所示为典型变频空调器的变频压缩机。

图18-3 典型变频空调器的变频压缩机

② 冷凝器

冷凝器是变频空调器室外机中重要的热交换部件，制冷剂流经冷凝器时，向外界空气散热或从外界空气吸收热量，与室内机蒸发器的热交换形式始终相反，这样便实现了变频空调器的制冷 / 制热功能。

图 18-4 所示为典型变频空调器的冷凝器，它是由一组一组 S 形铜管胀接铝合金散热翅片制成的，其中 S 形铜管用于传输制冷剂，使制冷剂不断地循环流动，翅片用来增大散热面积，提高冷凝器的散热效率。

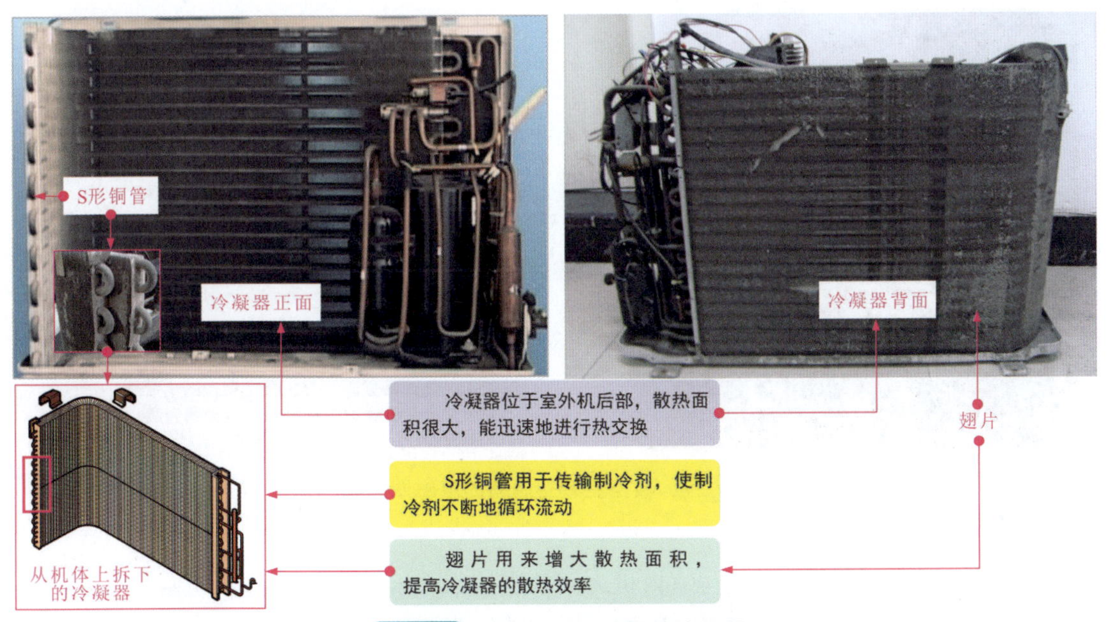

图18-4 典型变频空调器的冷凝器

③ 轴流风扇组件

变频空调器的室外机基本都采用轴流风扇组件加速室外机的空气流通，提高冷凝器的散热或吸热效率。

图 18-5 所示为典型变频空调器的轴流风扇组件。轴流风扇组件通常位于冷凝器的内侧，

轴流风扇组件主要由轴流风扇驱动电动机、轴流风扇扇叶和轴流风扇启动电容器组成，其主要作用是确保室外机内部热交换部件（冷凝器）良好的散热。

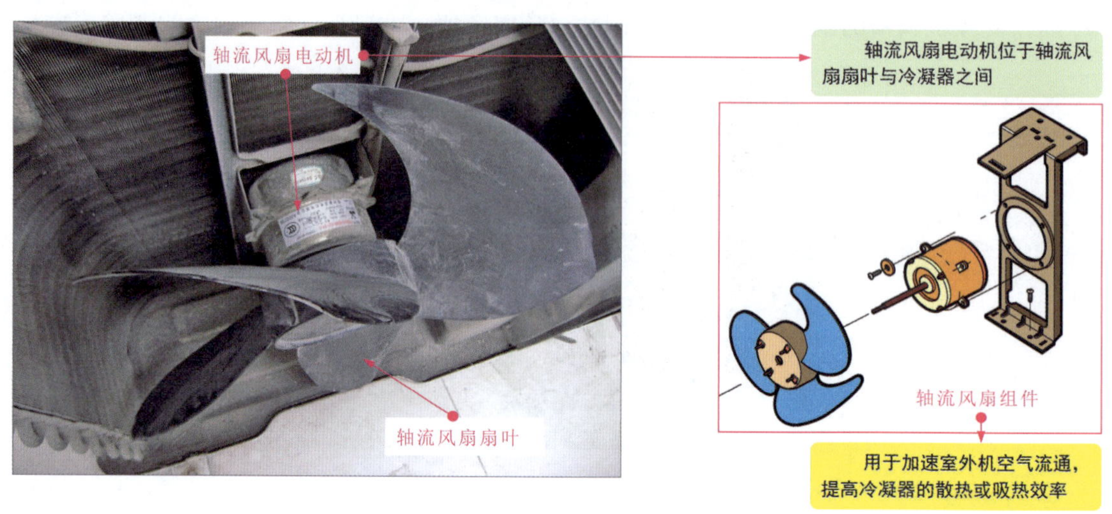

图18-5 典型变频空调器的轴流风扇组件

④ 电磁四通阀

电磁四通阀是一种由电流来进行控制的电磁阀门，该器件主要用来控制制冷剂的流向，从而改变空调器的工作状态，实现制冷或制热，通常安装在变频压缩机附近，且与变频压缩机的进出口连接。

图 18-6 所示为典型变频空调器的电磁四通阀。

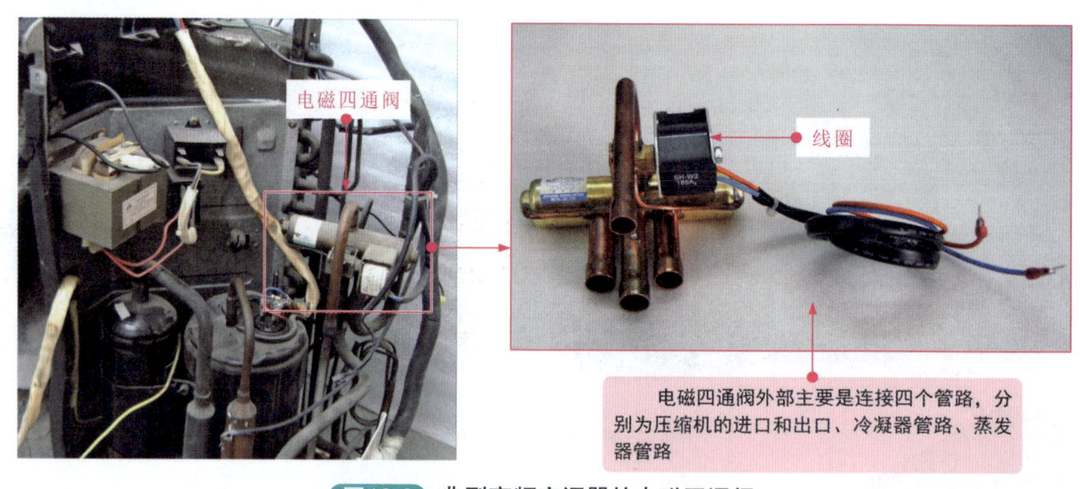

图18-6 典型变频空调器的电磁四通阀

⑤ 截止阀

截止阀是变频空调器室外机与室内机之间的连接部件，室内机的两根连接管路分别与室外机的两个截止阀相连，从而构成制冷剂室内、室外的循环通路。

图 18-7 所示为变频空调器室外机的截止阀，其中，管路较粗的一个是三通截止阀，另一个是二通截止阀。

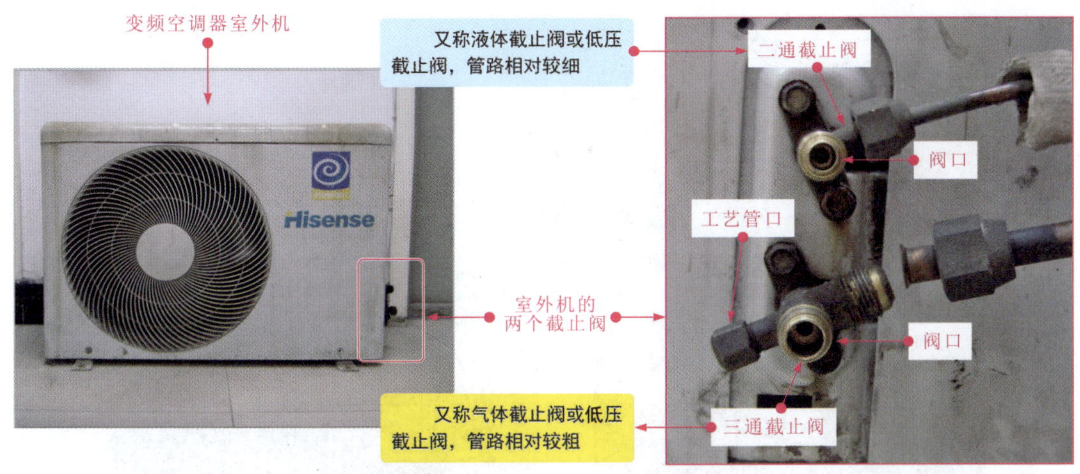

图18-7　典型变频空调器截止阀

⑥ 干燥过滤器、单向阀和毛细管

干燥过滤器、单向阀和毛细管是室外机中的干燥、闸阀、节流组件。其中，干燥过滤器可对制冷剂进行过滤；单向阀可防止制冷剂回流；而毛细管可对制冷剂起到节流降压的作用。图18-8所示为典型变频空调器的干燥过滤器、单向阀和毛细管。

图18-8　典型变频空调器的干燥过滤器、单向阀和毛细管

⑦ 电路部分

变频空调器室外机的电路部分主要包括主电路板、变频电路板和一些电气部件，如图18-9所示。通常主电路板位于压缩机正上方；变频电路板位于压缩机上方侧面的固定支架上；一些电气部件也通常安装在压缩机附近的固定支架上，位置较为分散，通过引线及插件连接到主电路板上。

可以看到，变频空调器室外机的变频电路通常为一块独立的电路板，而主电路板上通常集成有控制电路、电源电路和通信电路。

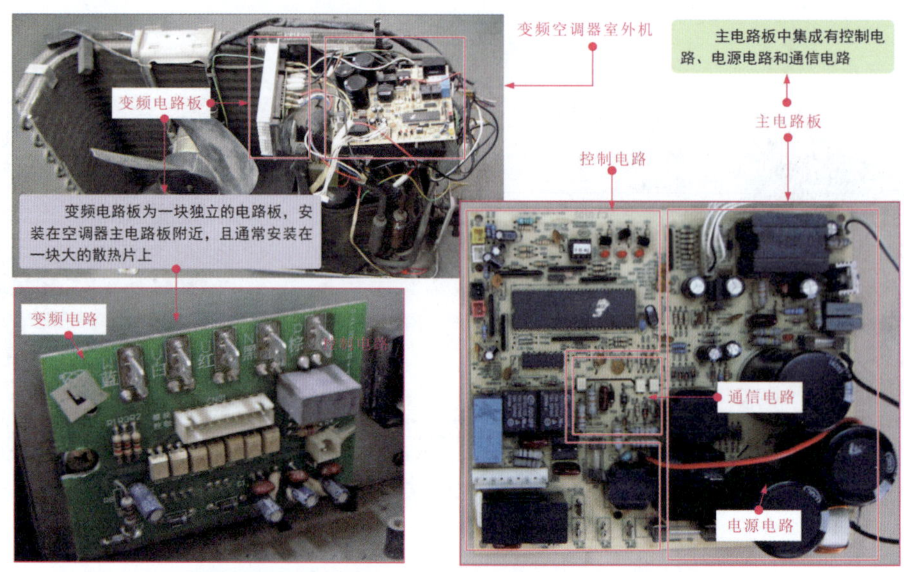

图18-9 典型变频空调器室外机电路部分的结构

18.1.2 变频空调器的电路结构

变频空调器的电路部分包括室内机电路板和室外机电路板两部分，如图 18-10 所示。为了便于理解变频空调器的信号处理过程，我们通常将变频空调器的电路划分成 5 个单元电路模块，即电源电路、遥控电路、控制电路、通信电路、变频电路。

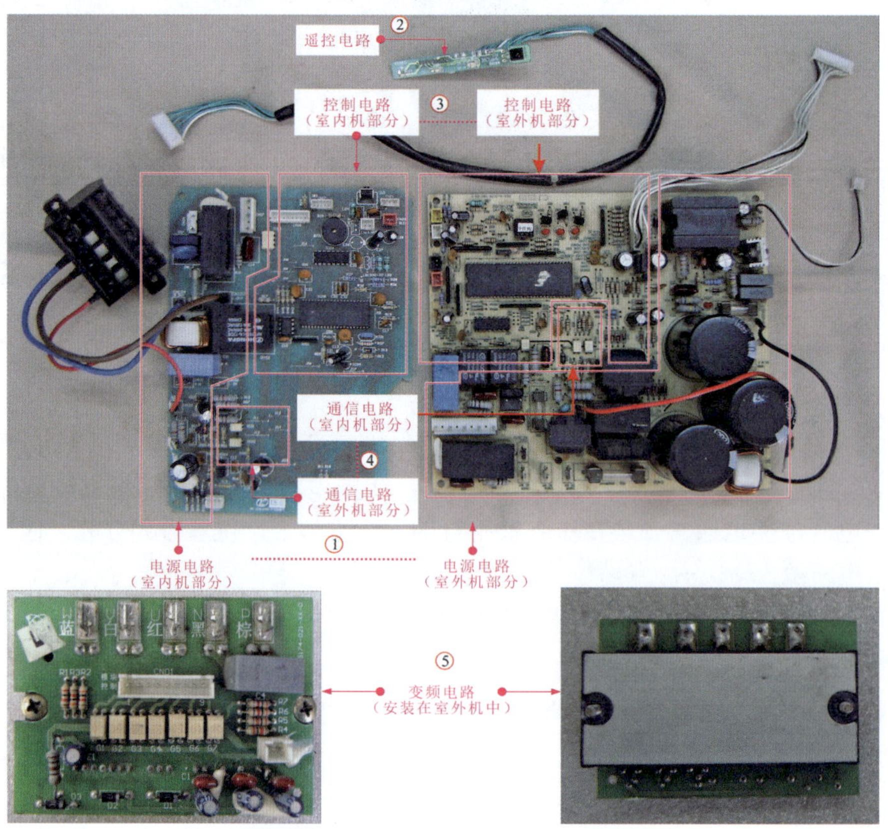

图18-10 典型变频空调器的电路结构

（1）电源电路

电源电路是为变频空调器整机的电气系统提供基本工作条件的单元电路。在变频空调器的室内机和室外机中都设有电源电路部分，如图 18-11 所示。

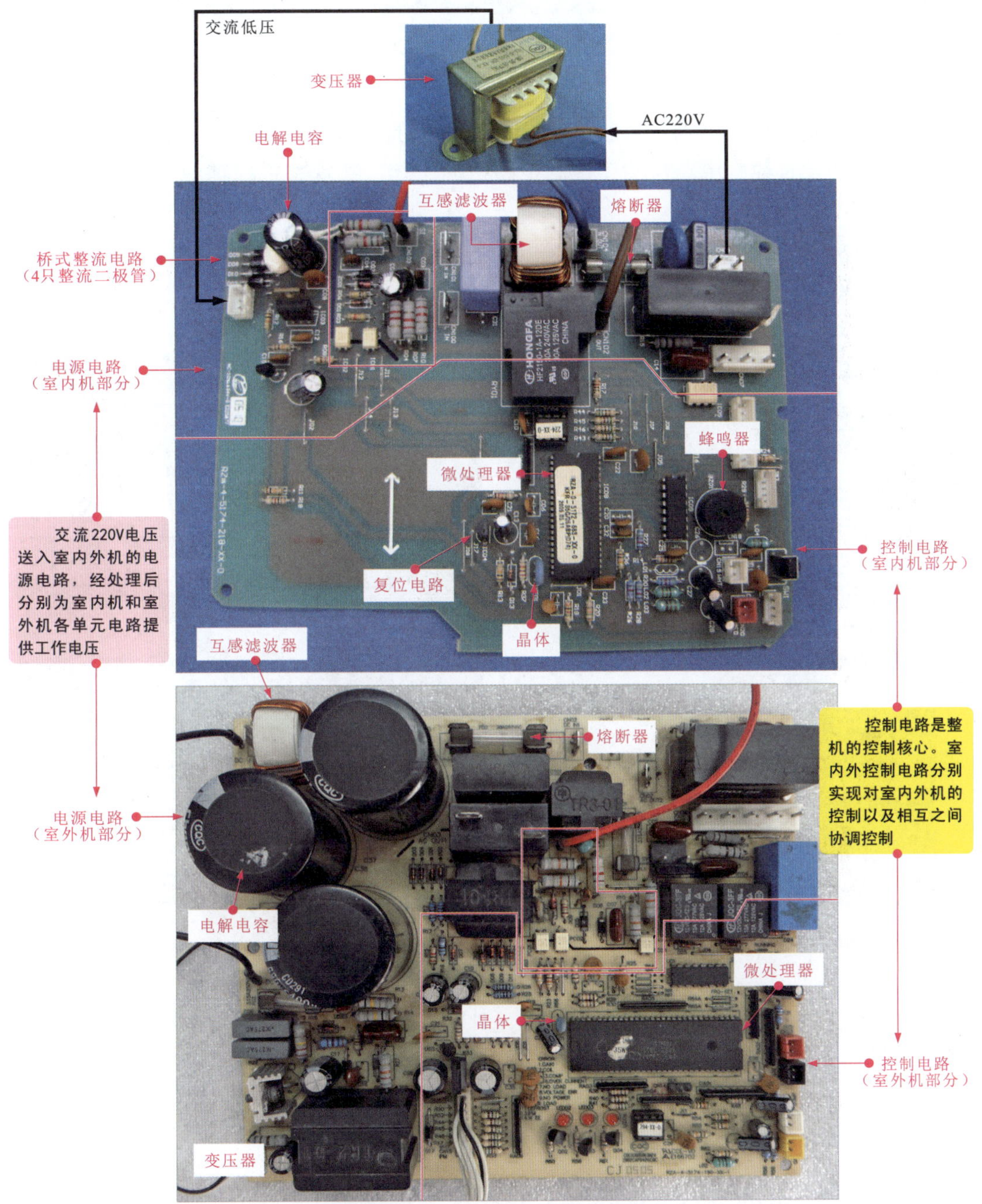

图18-11　变频空调器中的电源电路

（2）遥控电路

遥控电路是变频空调器的指令发射和接受部分，包括遥控发射电路和遥控接收电路两部分，其中遥控发射电路设置在遥控器中，遥控接收电路一般安装在室内机前面板靠右侧边缘部分，如图 18-12 所示。

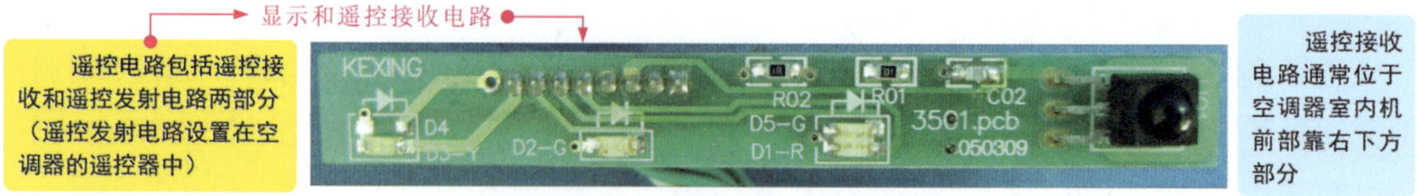

显示和遥控接收电路
遥控电路包括遥控接收和遥控发射电路两部分（遥控发射电路设置在空调器的遥控器中）
遥控接收电路通常位于空调器室内机前部靠右下方部分

图18-12 变频空调器中的遥控电路

(3) 控制电路

控制电路是变频空调器的“大脑”部分，是整机的智能控制核心。在变频空调器的室内机和室外机分别设有控制电路，两个控制电路协同工作，实现整机控制。

(4) 通信电路

通信电路是变频空调器室内机与室外机之间进行数据传递和协同工作的桥梁。因此，在变频空调器室内机和室外机电路中都设有通信电路，如图 18-13 所示。

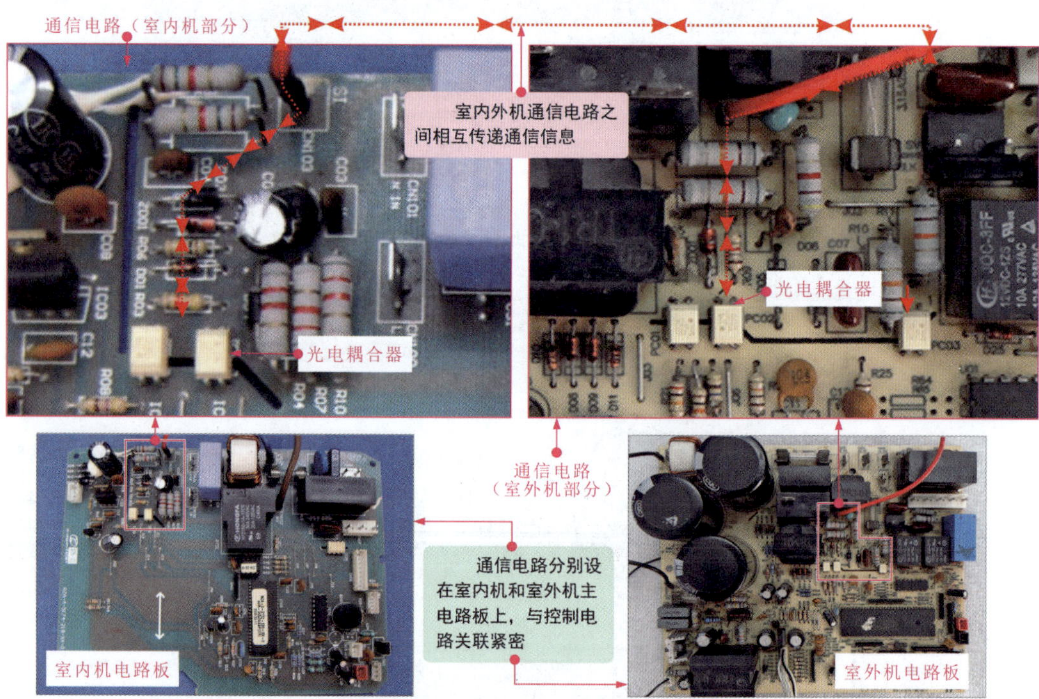

图18-13 变频空调器中的通信电路

通信电路主要由光电耦合器和一些阻容元件构成。其中室内机通信电路用来接收室外机送来的数据信息并发送控制信号；室外机通信电路用来接收室内机送来的控制信号并发送室外机的各种数据信息。

(5) 变频电路

变频电路是变频空调器中特有的单元电路，主要功能是在控制电路作用下，产生变频控制信号，驱动变频压缩机工作，并对变频压缩机的转速进行实时调节，实现恒温制冷、制热和节能环保的作用。

图 18-14 所示为典型变频空调器中的变频电路。

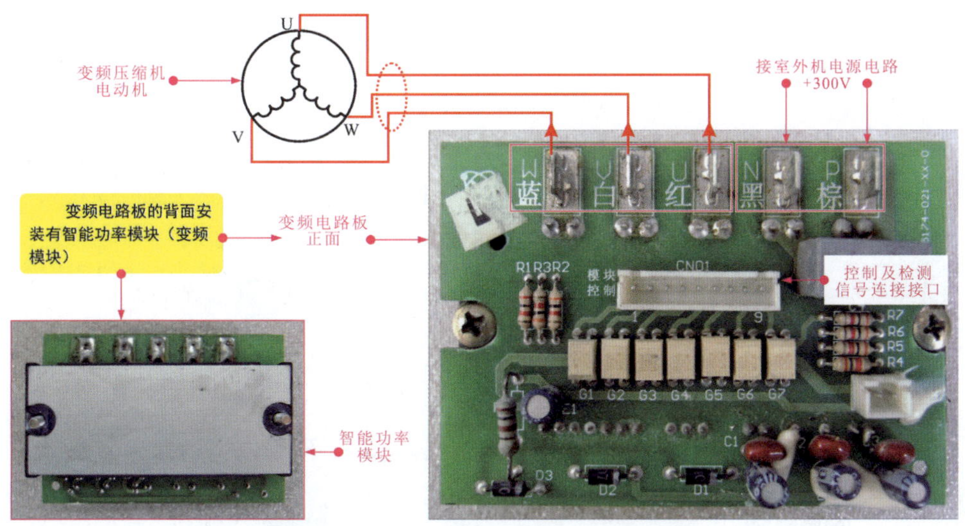

图18-14　典型变频空调器中的变频电路

18.2　变频空调器的工作原理

变频空调器是由系统控制电路与管路系统协同工作实现制冷、制热的目的。变频空调器整机的工作过程就是由电路部分控制变频压缩机工作，再由变频压缩机带动整机管路系统工作，从而进行制冷或制热。

（1）变频空调器的整机控制过程

图 18-15 所示为典型变频空调器的整机控制过程。空调器管路系统中的变频压缩机风扇电机和四通阀都受电路系统的控制，使室内温度保持恒定不变。

（2）变频空调器的电路关系

变频空调器的电路是整个空调器的控制核心，它是由各种功能的单元电路构成的，通过各单元电路的协同工作，完成信号的接收、处理和输出，从而控制相关部件，完成制冷、制热的目的，这是一个非常复杂的过程。

图 18-16 为变频空调器的整机电路控制关系。从图可看出，变频空调器的电路主要是由室内机电路和室外机电路构成的。

变频空调器在工作时，由电源电路将交流 220V 市电处理后，输出各级直流电压为各单元电路及功能部件提供工作所需的各种电压。

用户通过遥控器将变频空调器的启动和功能控制信号发射给室内机的遥控接收电路，由遥控接收电路对信号进行处理后再传送到室内机控制电路的微处理器中，微处理器根据内部程序分别对室内机的各部件进行控制，并通过通信电路与室外机通信电路进行通信，向室外机发出控制指令。同时室内机的微处理器接收室内温度传感器和管路温度传感器送来的温度检测信号，并根据该信号输出相应的控制信号，从而控制制冷或制热的温度。

室外机根据室内机送来的控制指令，对室外机中的变频电路、轴流风扇以及电磁四通阀的工作状态进行调整，并通过温度传感器对室外温度、管路温度、压缩机温度进行检测。图 18-17 所示为典型变频空调器室外机电路的控制关系。

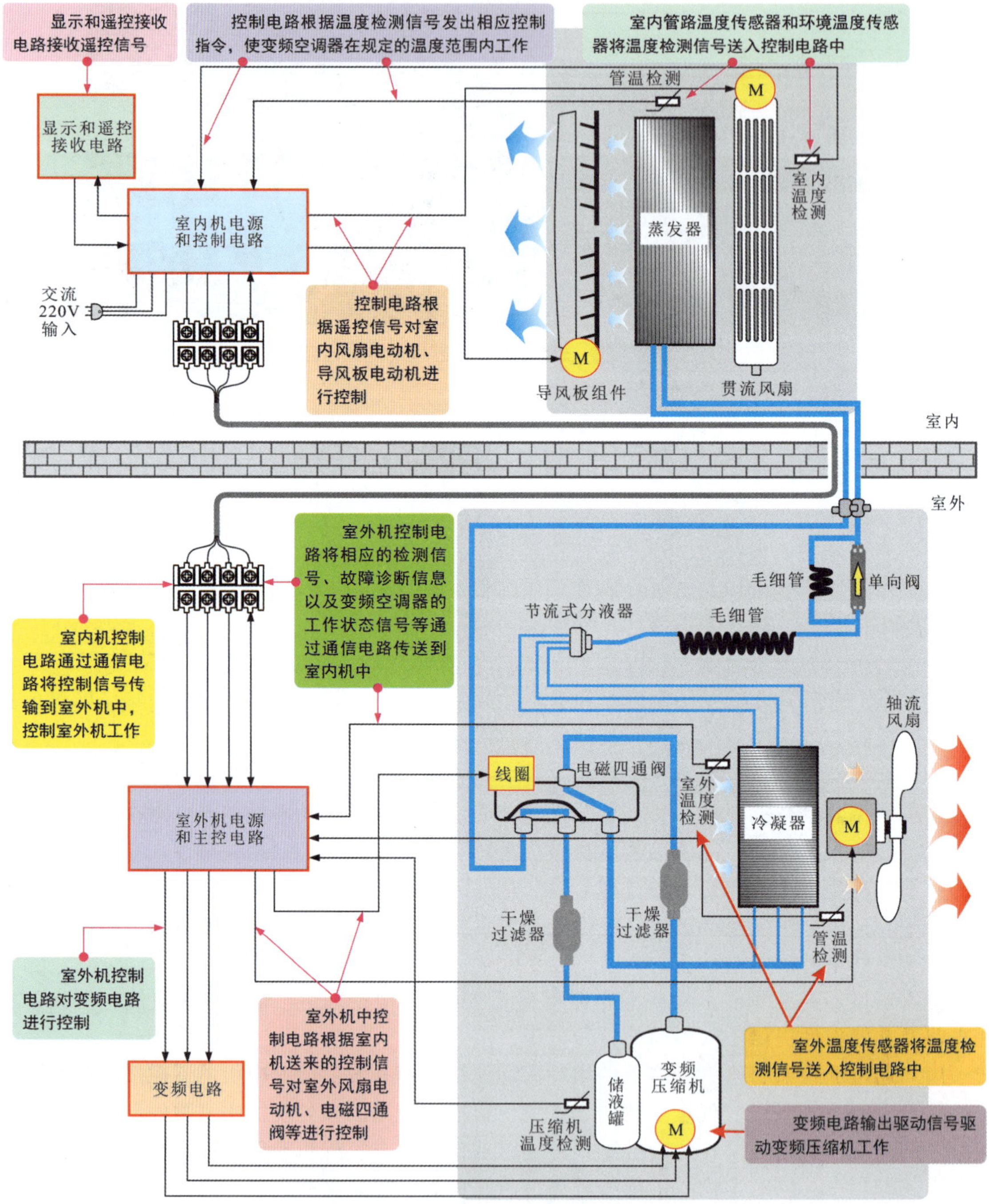

图18-15 典型变频空调器的整机控制过程

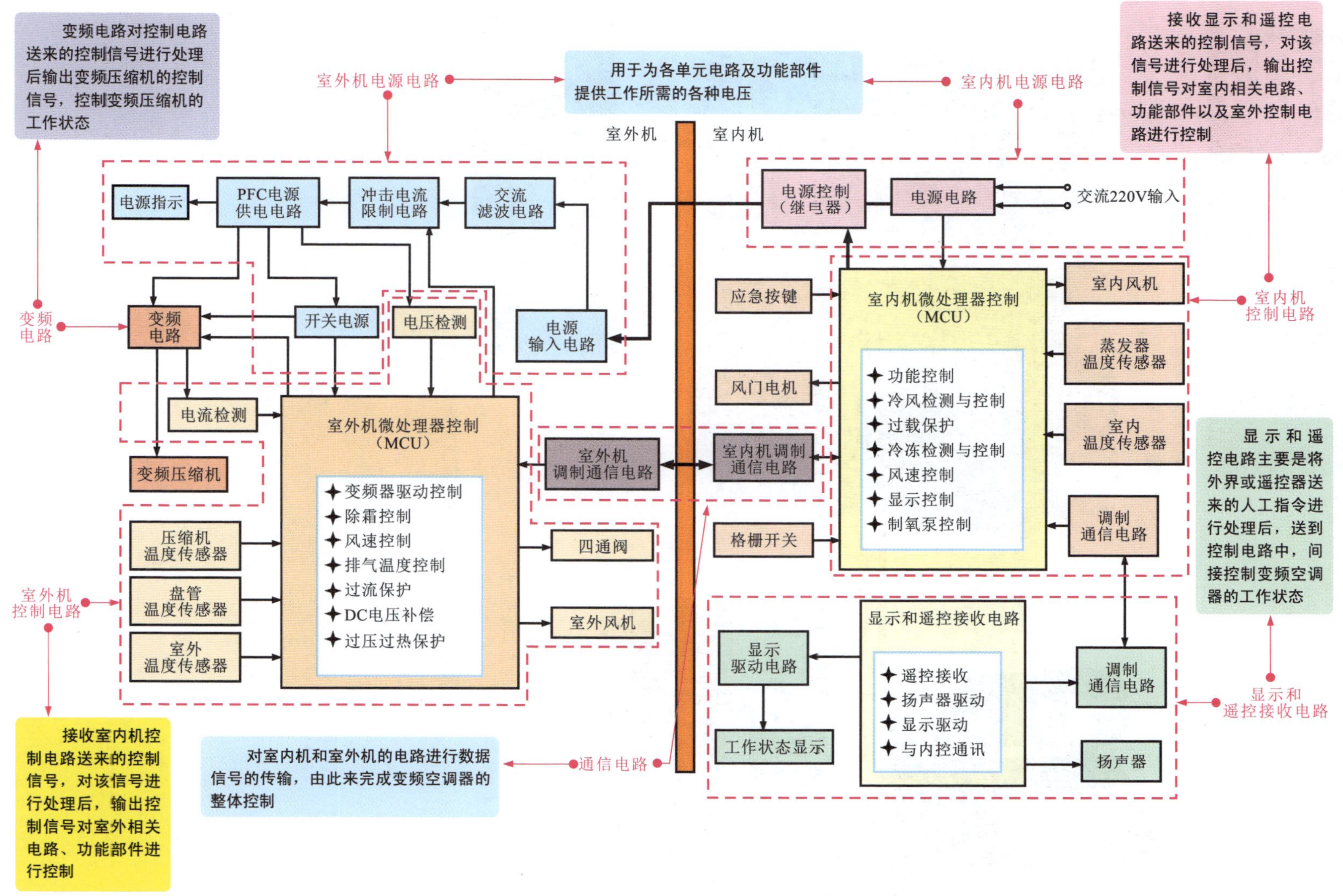

图18-16　变频空调器的整机电路控制关系

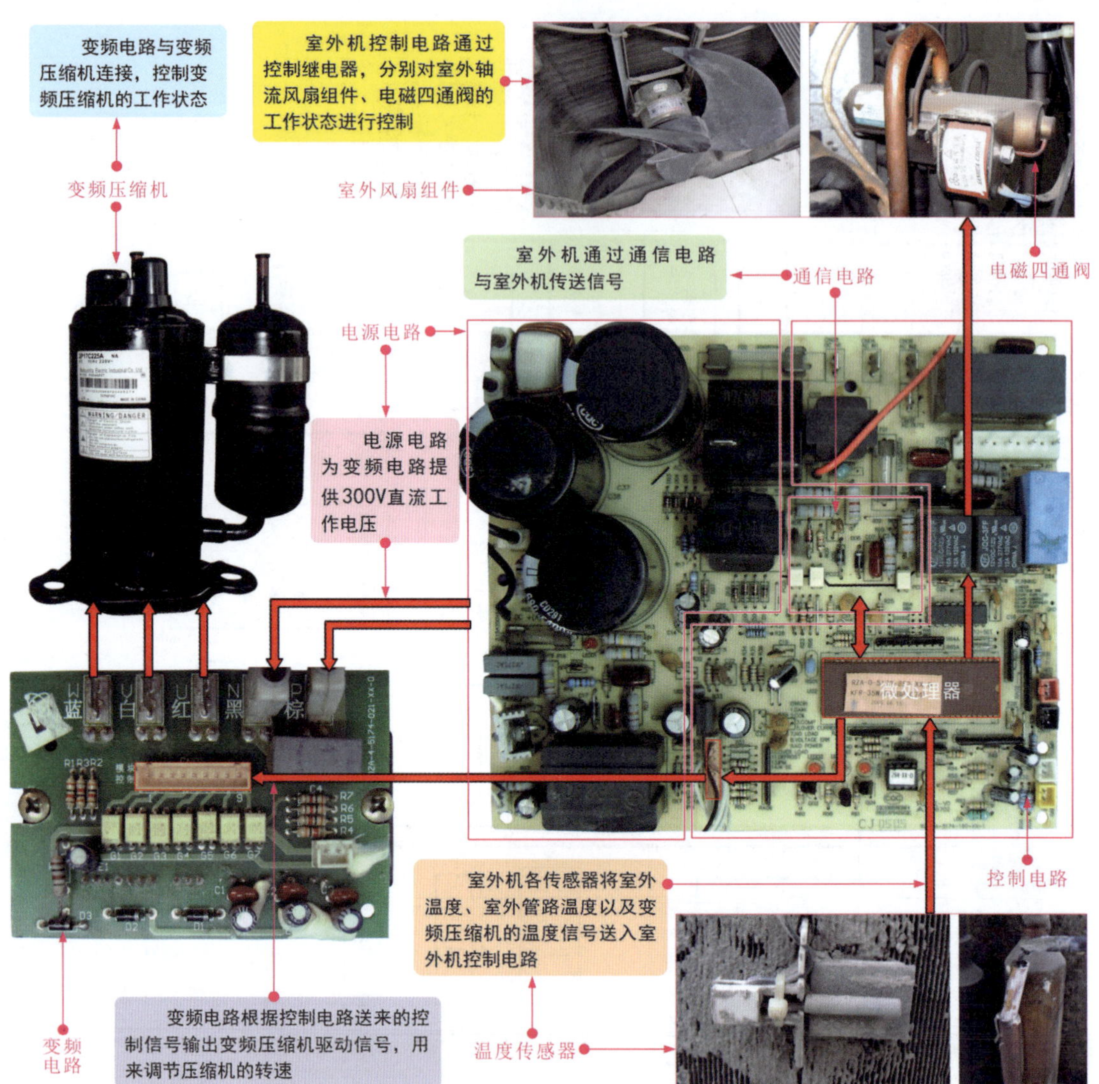

图18-17 典型变频空调器室外机电路的控制关系

第 19 章 变频空调器的拆卸

19.1 变频空调器室内机的拆卸

变频空调器室内机的拆卸方法与定频空调器室内机的拆卸方法大致相同，不同是室内机电路部分稍复杂，拆卸时应注意各线路连接关系。

19.1.1 变频空调器室内机外壳的拆卸

图 19-1 为变频空调器室内机外壳的拆卸方法。

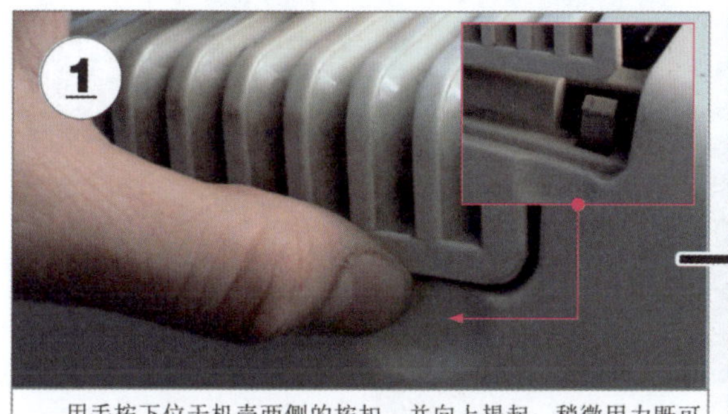

用手按下位于机壳两侧的按扣，并向上提起，稍微用力既可将卡扣打开，使吸气栅脱离

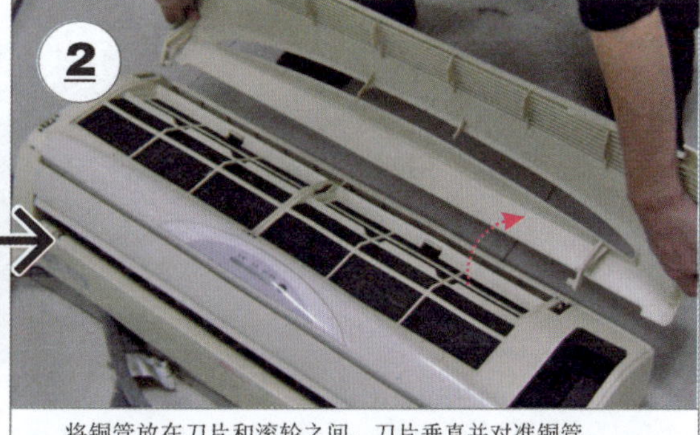

将铜管放在刀片和滚轮之间，刀片垂直并对准铜管。

轻轻向上提空气过滤网卡口即可将其取出。

向上轻提卡扣即可将清洁过滤网抽出。

图19-1

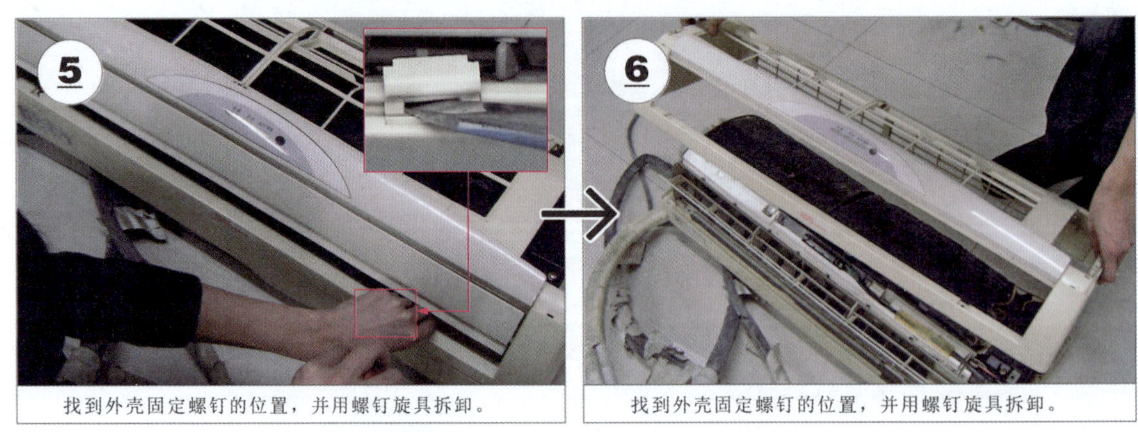

找到外壳固定螺钉的位置，并用螺钉旋具拆卸。

找到外壳固定螺钉的位置，并用螺钉旋具拆卸。

图19-1 变频空调器室内机外壳的拆卸方法

19.1.2 变频空调器室内机电路板的拆卸

图 19-2 为变频空调器室内机电路板的拆卸方法。室内机电路部分的电源电路板、主控电路板等安装在室内机的一端，由电控盒固定。

完成空调器室内机电路部分的拆卸后，可根据维修的需要将室内机中的各传感器拆卸下来。

图 19-3 为空调器室内机传感器的拆卸及室内机拆解完成效果图。

将电控盒的护盖取下。

使用螺钉旋具将接线盒的固定螺钉取下。

将电路板向上提出，使电路板与电控盒分离。

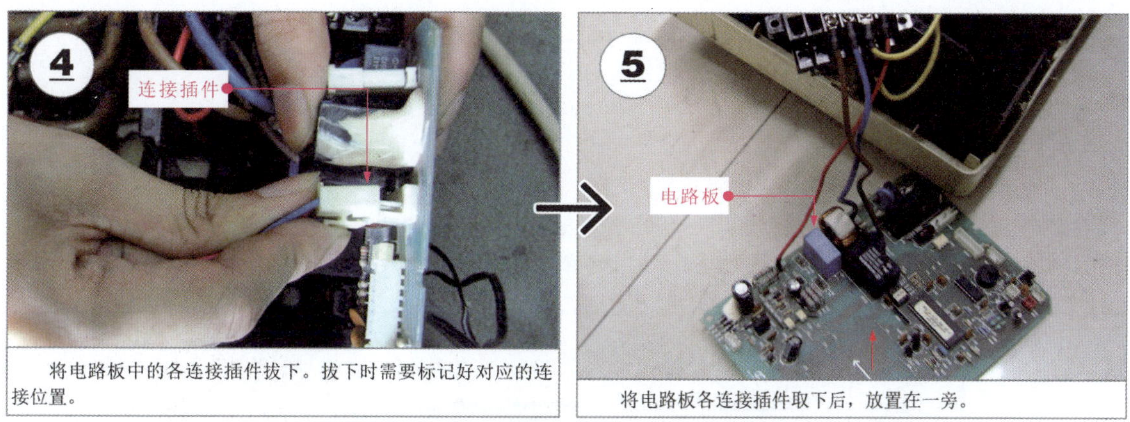

图19-2 变频空调器室内机电路板的拆卸方法

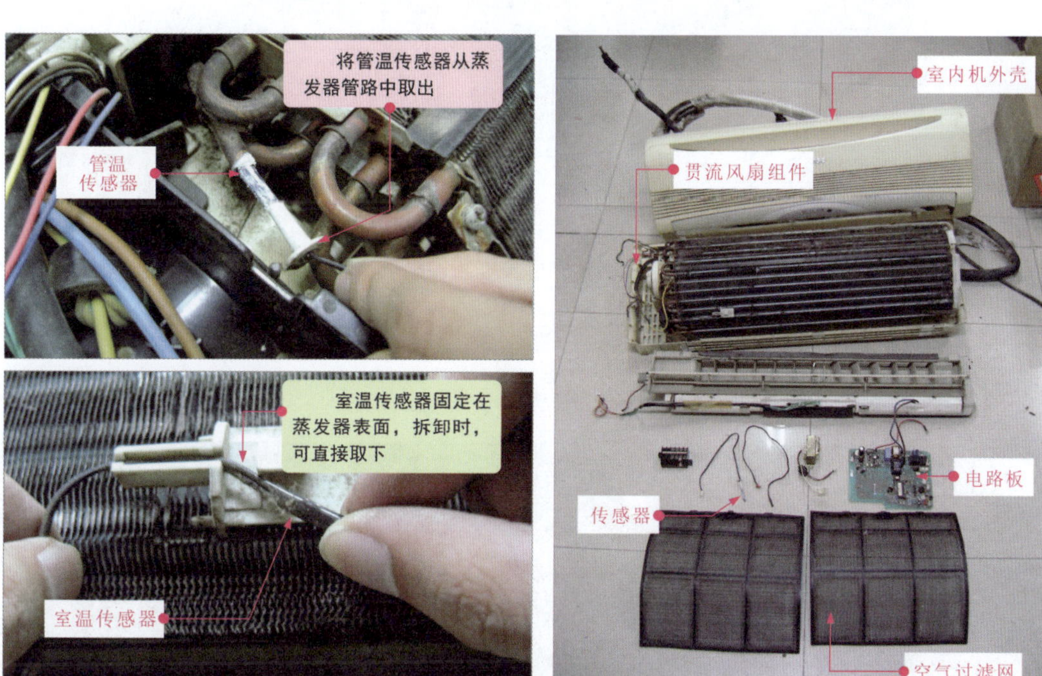

图19-3 变频空调器室内机传感器的拆卸及室内机拆解完成效果图

19.2 变频空调器室外机的拆卸

变频空调器室外机的拆卸方法与定频空调器室外机的拆卸基本相同。不同的是，变频空调器室外机中多一块变频电路板，因此拆卸变频空调器，除拆卸外壳等部分外，还需要针对变频电路部分进行拆卸。

19.2.1 变频空调器室外机组件的拆卸

图 19-4 为空调器室外机的组件的拆卸示意图。

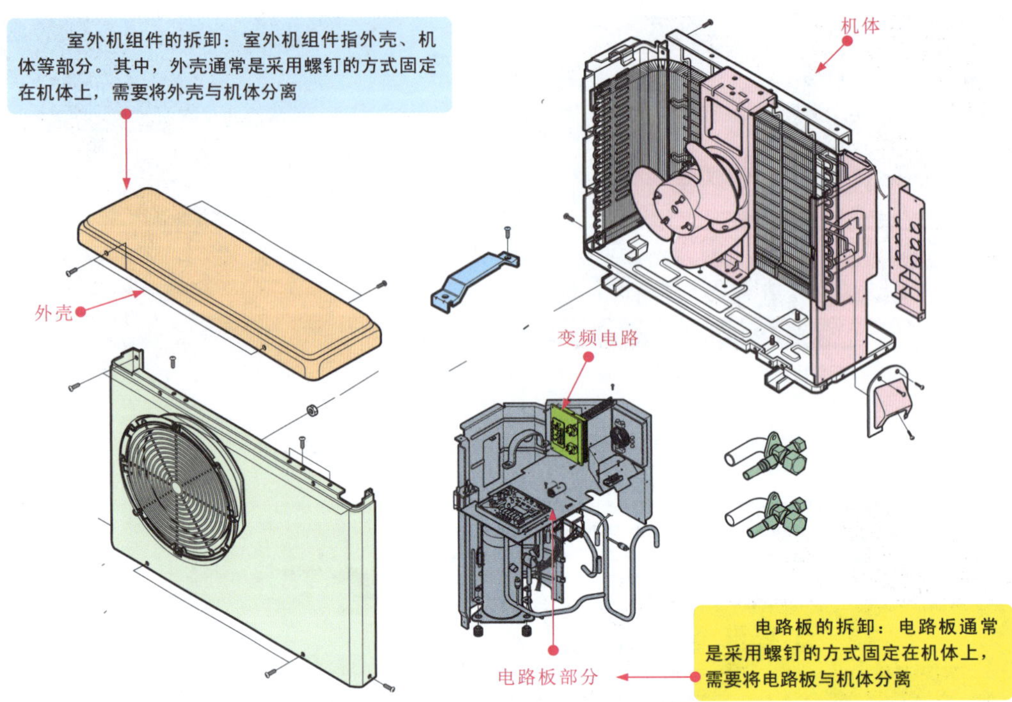

图19-4 变频空调器室外机的拆卸示意图

19.2.2 变频空调器室外机变频电路的拆卸

图 19-5 为变频空调器室外机中变频电路板的拆卸方法。

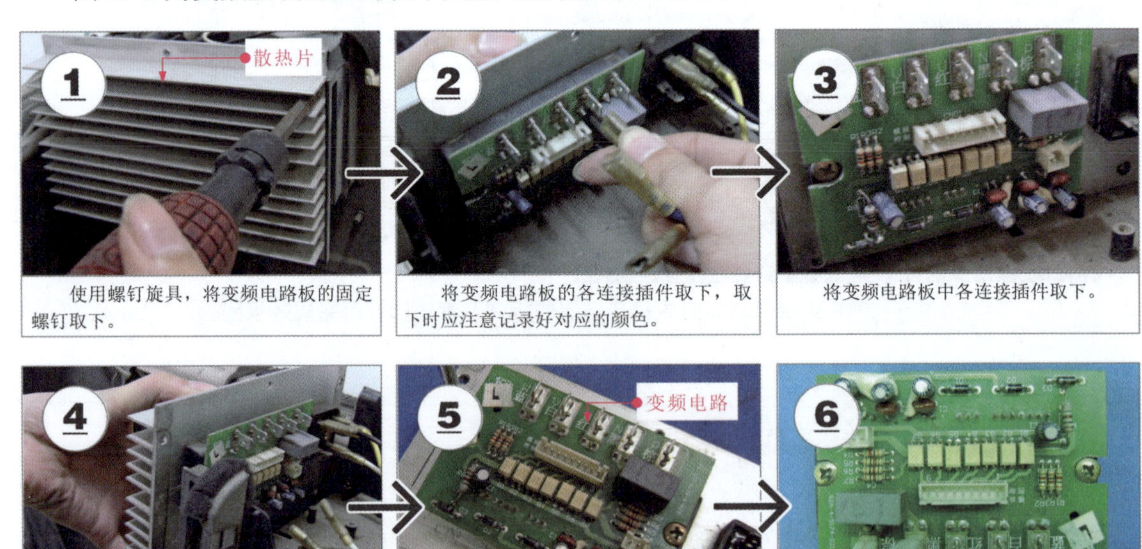

图19-5 变频空调器室外机中变频电路板的拆卸方法

第 20 章 闸阀和节流组件的检测代换

20.1 电磁四通阀的特点与检测代换

20.1.1 电磁四通阀的功能特点

为方便读者学习，提高效率，电磁四通阀的功能特点提供电子版，读者可扫码阅读。

20.1.2 电磁四通阀的检测方法

电磁四通阀出现故障后，空调器可能会出现制冷 / 制热模式不能切换、制冷（热）效果差等现象。若怀疑电磁四通阀损坏，就需要按照步骤对电磁四通阀进行检测，如图 20-1 所示。

图20-1 电磁四通阀的检测示意图

电磁四通阀的检测方法通常可分为 3 步：第 1 步检查电磁四通阀管路的连接处是否有泄漏，第 2 步是对电磁四通阀线圈阻值进行检测，第 3 步是对电磁四通阀管路温度进行检测。

（1）检查电磁四通阀管路连接处是否泄漏

检测电磁四通阀时，可先用白纸擦拭电磁四通阀的四个管路焊接处，如图 20-2 所示，检查是否存在泄漏的现象，若白纸上有油污，则说明该焊接处有泄漏故障，需进行补漏操作。

图20-2 检查电磁四通阀管路连接处是否泄漏的方法

（2）电磁四通阀线圈阻值的检测方法

若检测电磁四通阀的管路连接处没有泄漏的现象，则需要对电磁四通阀内的线圈进行检测，需要先将其连接插件拔下，再使用万用表对电磁四通阀线圈阻值进行检测，如图 20-3 所示，即可判断电磁四通阀是否出现故障。

（3）电磁四通阀管路温度的检测方法

若电磁四通阀线圈阻值正常，则应对电磁四通阀管路的温度进行检测，用手分别触摸管路即可判断出故障，如图 20-4 所示。

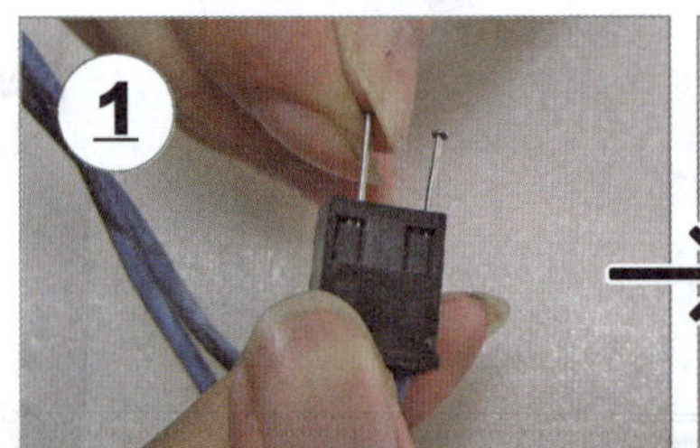

由于四通阀线圈阻值需要通过插件来进行检测，因此需要先对插件进行加工。使用大头针插入到插件中，方便进行检测。

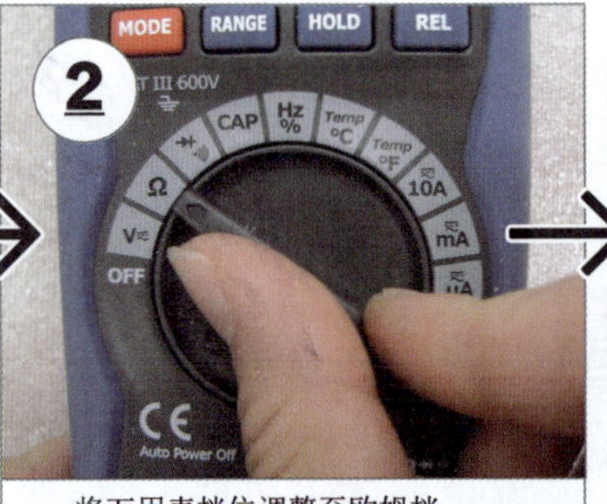

将万用表挡位调整至欧姆挡。

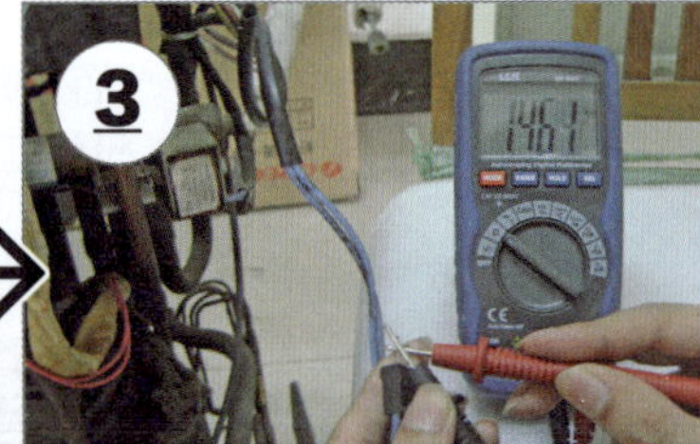

将万用表的表笔分别搭在两个大头针上，正常情况下，万用表可测得阻值约为 1.46kΩ。若阻值差别过大则损坏。

图20-3 电磁四通阀线圈阻值的检测方法

用手分别触摸电磁四通阀的连接管路和导向毛细管，感觉管路的温度。

根据触摸感觉到的管路温度，判断电磁四通阀是否发生故障。

图20-4 电磁四通阀管路温度的检测方法

在空调器正常运行状态下，电磁四通阀管路的温度状态见表 20-1。

表20-1 电磁四通阀工作时的管路温度

空调器工作状态	接压缩机排气管	接压缩机吸气管	接蒸发器
制冷状态	热	冷	冷
制热状态	热	冷	热
空调器工作状态	接冷凝器	左侧毛细管温度	右侧毛细管温度
制冷状态	热	较冷	较热
制热状态	冷	较热	较冷

电磁四通阀常见故障表现和故障原因见表 20-2。

表20-2 电磁四通阀常见故障表现和故障原因

故障表现	压缩机排气管一侧	压缩机吸气管一侧	蒸发器一侧	冷凝器一侧	左侧毛细管	右侧毛细管	原因
不能从制冷转到制热	热	冷	冷	热	阀体温度	热	阀体内脏污
	热	冷	冷	热	阀体温度	阀体温度	毛细管阻塞变形
	热	冷	冷	暖	阀体温度	暖	压缩机故障
不能从制热转到制冷	热	冷	热	冷	阀体温度	阀体温度	压力差过高
	热	冷	热	冷	阀体温度	阀体温度	毛细管堵塞
	热	冷	热	冷	热	热	导向阀损坏
	暖	冷	暖	冷	暖	阀体温度	压塑机故障
制热时内部泄漏	热	热	热	热	阀体温度	热	串气、压力不足、阀芯损坏
	热	冷	热	冷	暖	暖	导向阀泄漏
不能完全转换	热	暖	暖	热	阀体温度	热	压力不够、流量不足；或滑块、活塞损坏

◆ 电磁四通阀不能从制冷转到制热时，提高压缩机排出压力，清除阀体内的脏物或更换电磁四通阀。

◆ 电磁四通阀不能完全转换时，提高压缩机排出压力或更换电磁四通阀。

◆ 电磁四通阀制热时内部泄漏时，提高压缩机排出压力，敲动阀体或更换电磁四通阀。

◆ 电磁四通阀不能从制热转到制冷时，检查制冷系统，提高压缩机排出压力，清除阀体内脏物，更换电磁四通阀或更换维修压缩机。

20.1.3　电磁四通阀的拆卸代换方法

若电磁四通阀内部堵塞或部件损坏无法进行修复时，则需要对电磁四通阀进行代换。对电磁四通阀的整体进行代换时，需要使用气焊设备对损坏的电磁四通阀进行拆焊，然后根据损坏电磁四通阀的规格参数选择适合的部件进行代换。

（1）电磁四通阀的拆卸方法

电磁四通阀安装在室外机压缩机的上方，与多根制冷管路相连，在对其拆卸时，可依照拆卸流程逐一操作，取下需要代换的电磁四通阀，如图 20-5 所示。

图20-5 电磁四通阀的拆卸流程

由图可知，拆卸电磁四通阀时，应先取下线圈，然后将各个连接的管路焊开，最终取下电磁四通阀，完成拆卸。

① 拆卸电磁四通阀的线圈

拆卸电磁四通阀线圈时，应先将线圈的连接线拔下，然后拧下固定螺钉，才可以将线圈从电磁四通阀上取下，如图 20-6 所示。

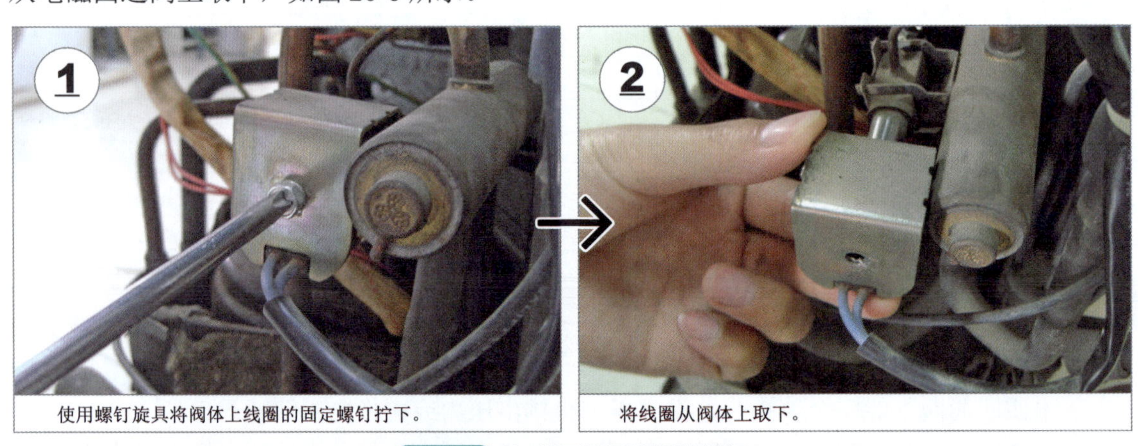

图20-6 电磁四通阀线圈的拆卸

② 拆卸电磁四通阀的连接管路

接下来使用气焊枪将电磁四通阀的各连接管路进行拆卸，如图 20-7 所示。

使用气焊枪对电磁四通阀上与压缩机排气管相连的管路进行加热，待加热一段时间后使用钳子将管路分离

最后对电磁四通阀上与蒸发器相连的管路进行拆焊操作

图20-7 电磁四通阀各连接管路的拆卸方法

(2)电磁四通阀的代换方法

对电磁四通阀进行代换时，首先应根据损坏电磁四通阀的规格参数选择适合的元器件进行代换。找到匹配的电磁四通阀后，则需要将新的电磁四通阀安装到空调器到外机管路中。

电磁四通阀的代换方法如图 20-8 所示。

将电磁四通阀放置到原位置，注意对齐管路。

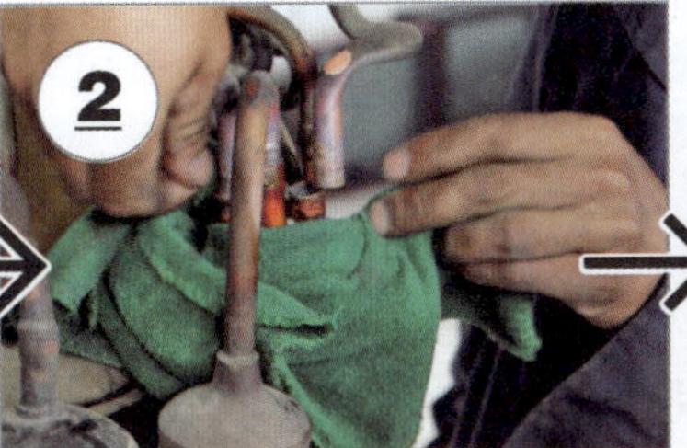

在电磁四通阀阀体上覆盖一层湿布，防止焊接时，阀体过热。

使用气焊设备将电磁四通阀的四根管路分别与制冷管路焊接在一起。

焊接时间不要过长，以防阀体内的部件损坏，使新电磁四通阀报废。

焊接完成，待管路冷却后，将盖在阀体上的湿布取下。

焊接完成后，进行检漏、抽真空、充注制冷剂等操作，再通电试机，故障排除。

图20-8 电磁四通阀的代换方法

【提示说明】

若电磁四通阀管路连接正常，只是线圈出现异常时，可单独对电磁四通阀的线圈进行更换，具体取下线圈的方法可参考图 20-6。在代换时，需要寻找与损坏电磁四通阀线圈规格、参数及安装方式相同的电磁线圈。接下来，将新的线圈从电磁四通阀上取下，并按步骤安装在原电磁四通阀上，完成电磁四通阀中线圈的代换，如图 20-9 所示。

使用螺钉旋具拧下新电磁四通阀电磁线圈的固定螺钉，取下电磁线圈。

将新电磁线圈插到损坏电磁线圈的安装位置处，使用螺钉旋具拧上新电磁线圈的固定螺钉。

图20-9 代换线圈的方法

20.2 电子膨胀阀的检测代换

为方便读者学习，提高效率，20.2.1 和 20.2.2 部分提供电子版，读者可扫码阅读以下内容。

20.2.1 电子膨胀阀的结构特点

20.2.2 电子膨胀阀的工作原理

20.2.3 电子膨胀阀的检测代换

在变频空调器的制冷系统中，由于采用了电子膨胀阀和室内风扇的微电脑控制，以及小型变频器的配合，实现了压缩机的“不间断运转”，从而避免了化霜时室温的降低，提高了工作效率。电子膨胀阀的加工精度高，价格比毛细管高，故障率相对毛细管也较高。

电子膨胀阀故障一般有脉冲电动机损坏，转子卡住和针阀密封性差等故障。在正常情况下，当空调器加电启动后，电子膨胀阀应有“咯嗒”的响声，且空调器运行一段时间后用手摸电子膨胀阀的两端，进口处是温热的，出口处是冰凉的。

若没有响声，或在空调器制冷模式下，压缩机工作一段时间后电子膨胀阀结霜，则需要检测其供电（直流 12V）、线圈等是否正常。若经检测直流供电电压正常，则说明空调器控制电路正常，若此时电子膨胀阀内仍无声音，则多为电子膨胀阀阀体不良。接下来，可检测电子膨胀阀电动机线圈阻值，如图 20-10 所示。

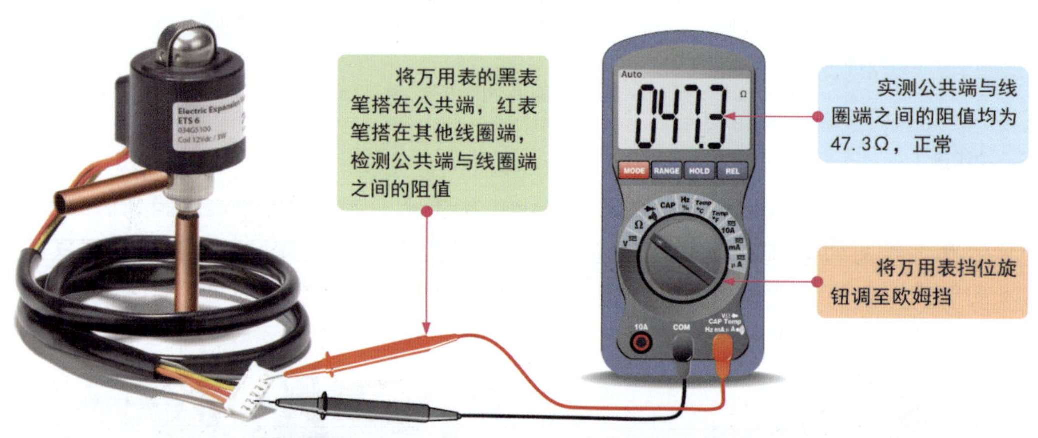

图20-10 电子膨胀阀电动机线圈阻值的检测方法

在正常情况下，五根引线线圈的公共端（1 号线，接直流 12V）与线圈端（2、3、4、5 号线）之间的阻值应均在 47Ω 左右，2 号线与 3、4 号线的电阻值约为 94Ω。若测得引线之间电阻为无穷大，则说明线圈开路；如果阻值过小，则说明线圈短路，均需要更换。

在正常情况下，六根引线线圈分为两组，其中 1、3、5 为一组，1 号线为公共端，1 号线与 3、5 号线的电阻分别为 47.3Ω、47.5Ω；2、4、6 号线为第二组，2 号线为公共端，1 号线与 4、6 号线的电阻值均为 47.5Ω(实际应用中常将 1、2 号线连接在一起作为一个公共端)。若测得引线之间电阻为无穷大，则说明线圈开路；如果阻值过小，则说明线圈短路，均需要更换。

若实际检测电子膨胀阀电动机线圈均正常，则可能是阀体内脏堵，可用高压气体进行吹洗。

20.3 干燥过滤器、毛细管和单向阀的检测代换

在学习干燥过滤器、毛细管和单向阀的检测代换之前，首先要对干燥过滤器、毛细管和单向阀的功能有一定的了解，然后在此基础上对干燥过滤器、毛细管和单向阀进行检测代换。

为方便读者学习，提高效率，20.3.1 ～ 20.3.3 部分提供电子版，读者可扫码阅读以下内容。

20.3.1 干燥过滤器的功能特点

20.3.2 毛细管的功能特点

20.3.3 单向阀的功能特点

20.3.4 干燥过滤器、毛细管的检测代换

（1）干燥过滤器、毛细管的检测方法

干燥过滤器、毛细管最常见的故障表现就是结霜，而结霜往往是由于堵塞造成的，根据堵塞的原因不同，可分为油堵、脏堵和冰堵。不论是哪种原因造成的堵塞，都会使空调器运行出现异常。为了确定是否为干燥过滤器出现冰堵或脏堵的故障，可通过对制冷管路各部分的观察进行判断。图 20-11 为干燥过滤器的主要检测点。

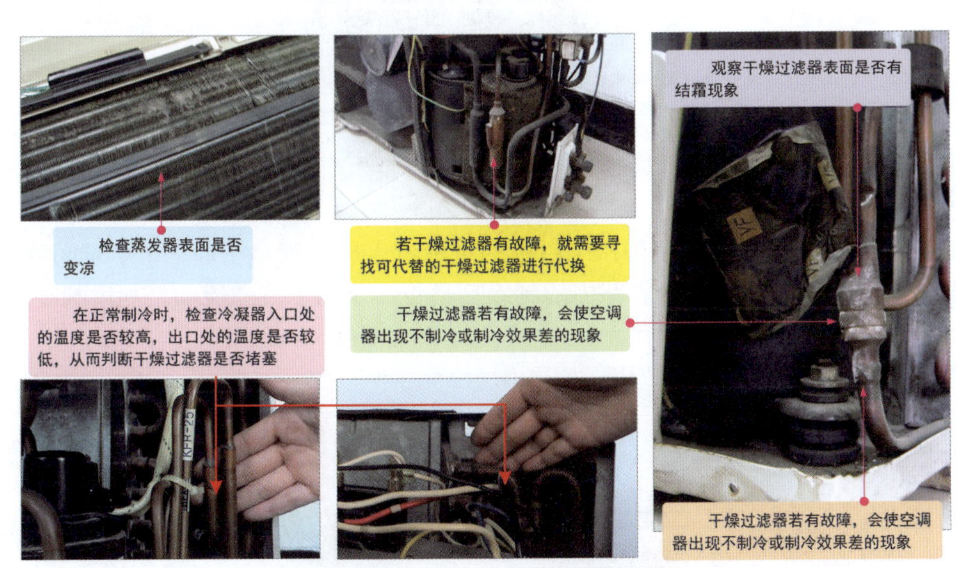

图20-11 干燥过滤器的主要检测点

判断空调器干燥过滤器是否出现故障可通过倾听蒸发器和压缩机的运行声音、触摸冷凝器的温度以及观察干燥过滤器表面是否结霜进行判断。

干燥过滤器的检测方法如图 20-12 所示。

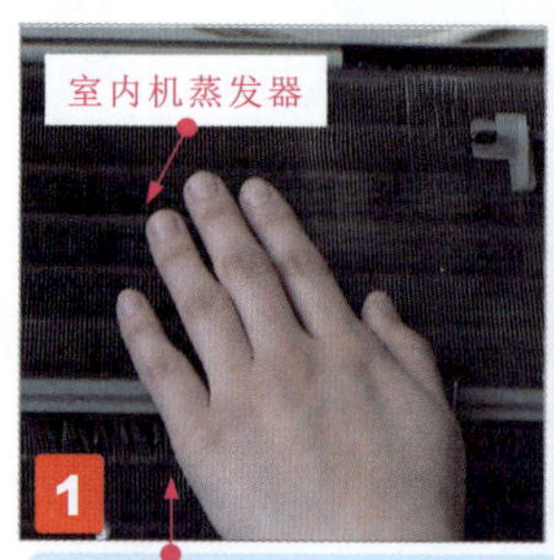

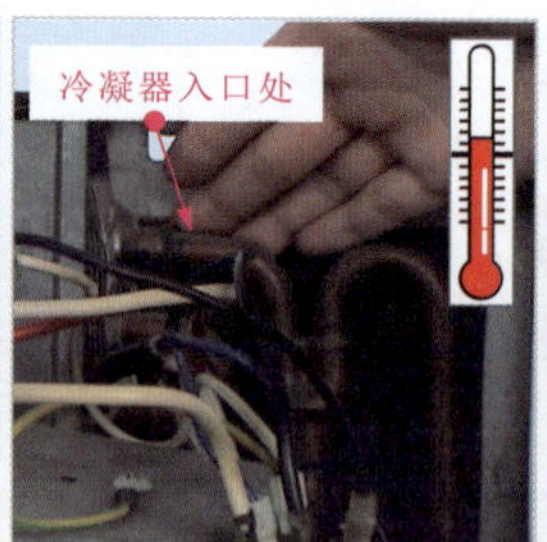

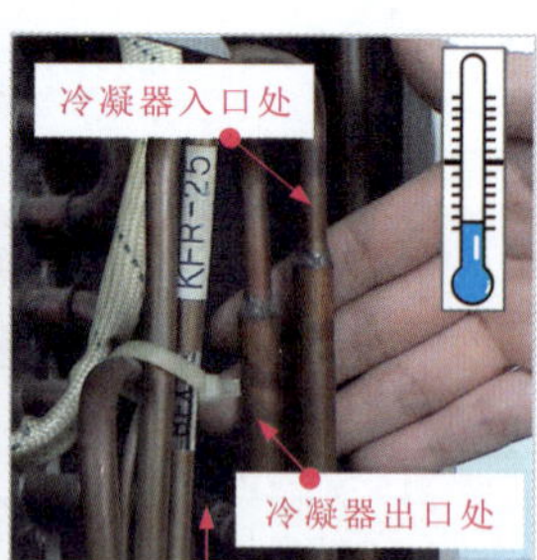

图20-12 干燥过滤器的检测方法

若怀疑是毛细管出现故障后，空调器可能会出现不制冷（热）、制冷（热）效果差等现象。在对毛细管进行检查时，可根据具体的故障现象采用不同的检查方法，如图20-13所示。

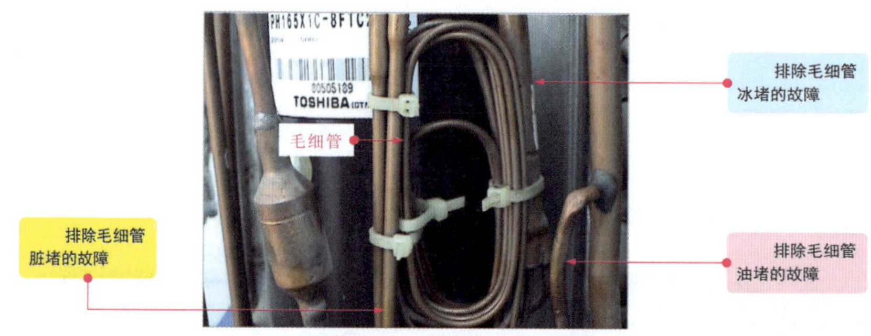

图20-13 毛细管的检测示意图

由图可知，在对毛细管进行检查时，主要是检查是否有油堵、脏堵以及冰堵现象。

① 排除毛细管油堵

毛细管出现油堵故障，多是因压缩机中的机油进入制冷管路引起的。一般可利用制冷、制热重复交替开机启动来使制冷管路中的制冷剂呈正、反两个方向流动。利用制冷剂自身的流向将油堵冲开。

毛细管油堵故障的排除方法如图20-14所示。

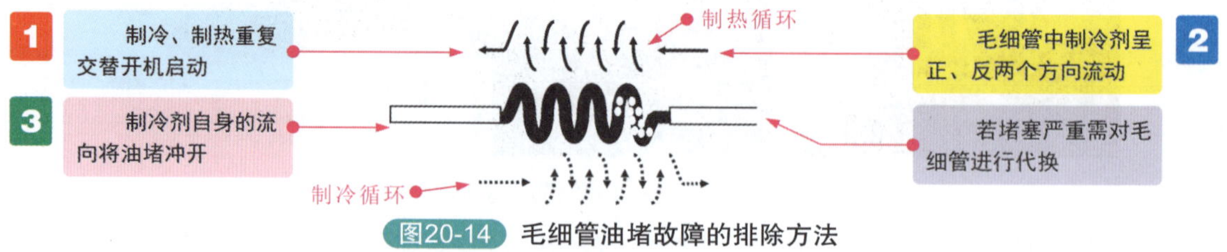

图20-14 毛细管油堵故障的排除方法

【提示说明】

若是在炎热的夏天出现油堵故障，空调器需要强制制热，采用的方法有冰水降温法和并联电阻法，如图20-15所示。

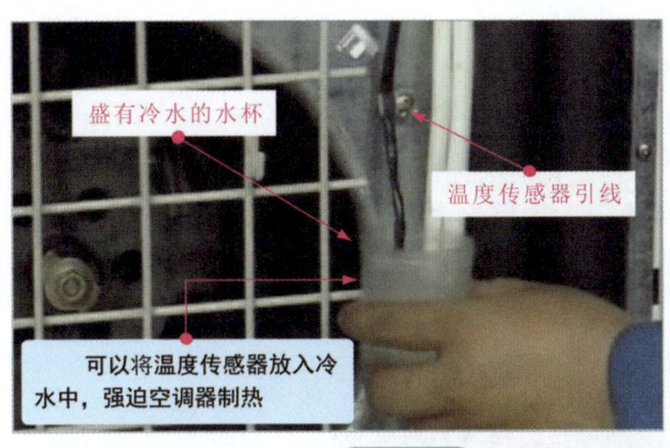

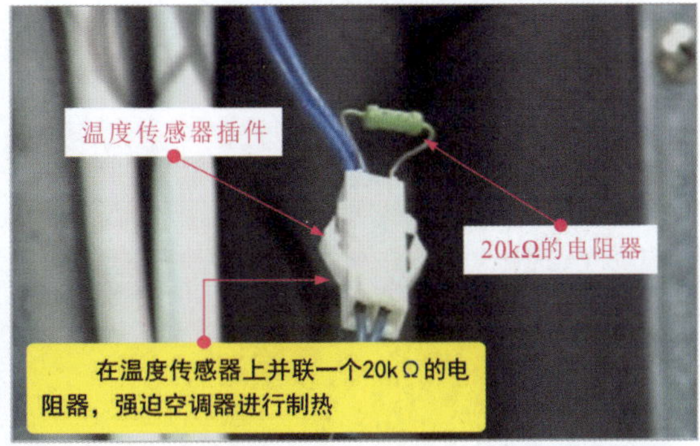

图20-15 夏天强制制热排除毛细管油赌故障的方法

② 排除毛细管脏堵

毛细管出现脏堵故障，多是因移机或维修操作过程中有脏污进入制冷管路引起的。通常采用充氮清洁的方法排除故障，若毛细管堵塞十分严重，则需要对其进行更换。

毛细管脏堵故障的排除方法如图 20-16 所示。

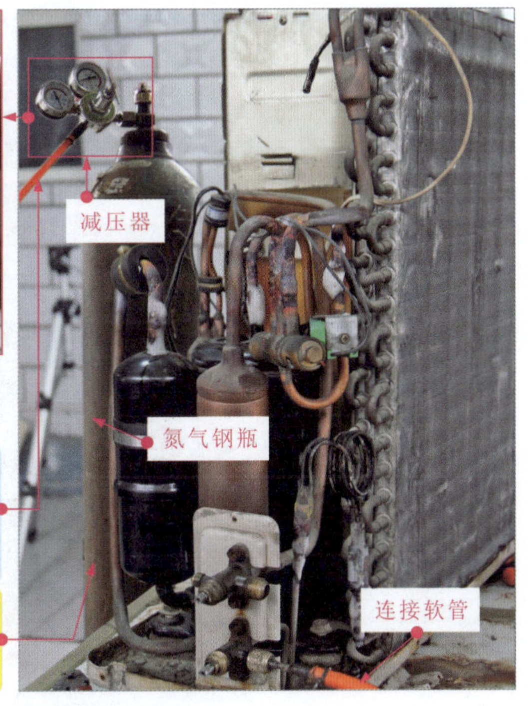

图20-16 毛细管脏堵故障的排除方法

③ 排除毛细管冰堵

毛细管冰堵多是因充注制冷剂或添加冷冻机油中带有水分造成的，通常通过加热、敲打毛细管的方法排除故障，如图 20-17 所示。

【提示说明】

若是由于充注制冷剂后造成的冰堵故障，则应抽真空，重新充注制冷剂；若是因为添加压缩机冷冻机油后造成的冰堵故障，则应先排净冷冻机油后，再重新添加冷冻机油。

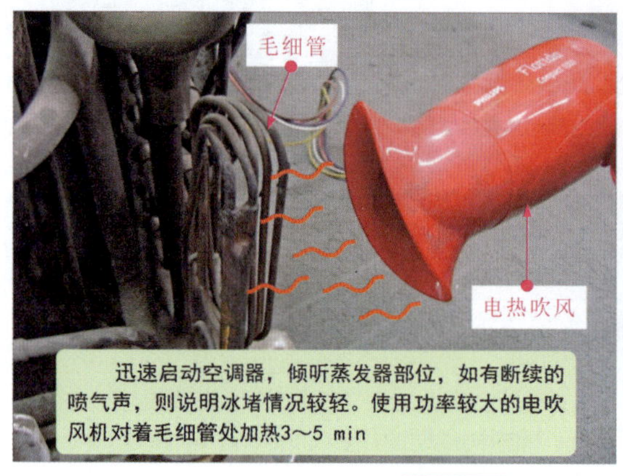

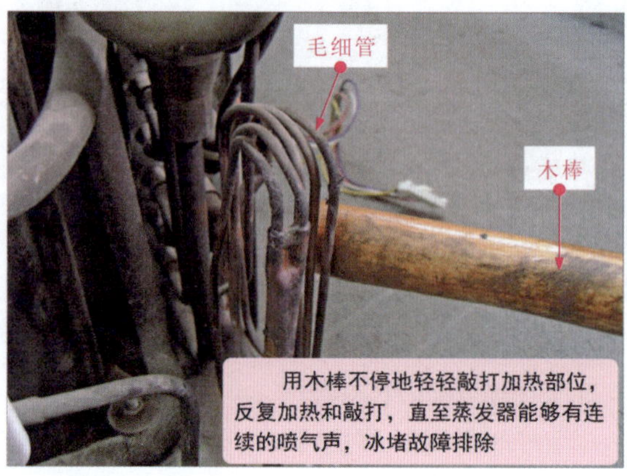

图20-17 毛细管冰堵故障的排除方法

（2）干燥过滤器、毛细管和单向阀的拆卸代换方法

一般情况下，冷暖式空调器中，干燥过滤器、毛细管和单向阀安装在室外机体内并连接在一起，位于压缩机上部的支架上。如需检修、代换时常常将这三个部件作为一个整体进行操作。

① 干燥过滤器、毛细管和单向阀的拆卸方法

在对干燥过滤器、毛细管和单向阀进行拆卸时，可按照具体的连接方法，将与单向阀连接的管路、与干燥过滤器连接的管路焊开，取下损坏的器件，图 20-18 为干燥过滤器、毛细管和单向阀的具体拆卸流程。

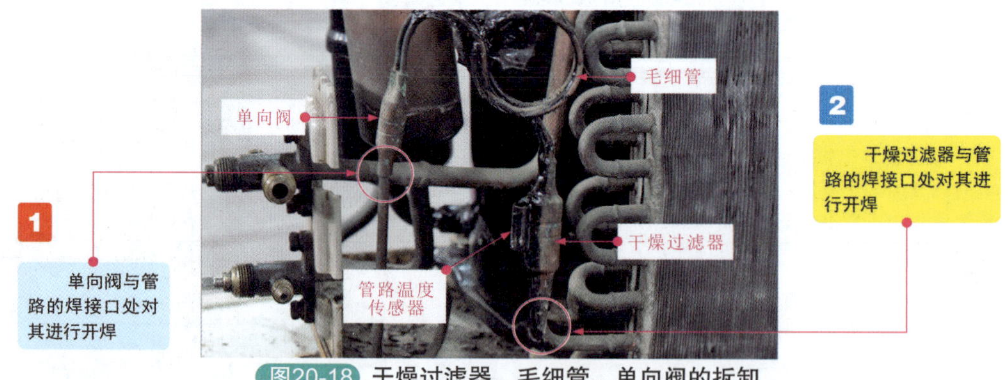

图20-18 干燥过滤器、毛细管、单向阀的拆卸

由图可知，干燥过滤器、毛细管、单向阀安装位置比较特殊，拆卸时可先单向阀与管路的焊接口处进行开焊，然后对干燥过滤器与管路的焊接口处进行开焊。

首先对单向阀焊接口处进行开焊，使其分离，如图 20-19 所示。

将单向阀与管路接口处分离后，接下对干燥过滤器与焊接口处进行开焊，使其分离，如图 20-20 所示。

② 干燥过滤器、毛细管和单向阀的代换方法

若干燥过滤器、毛细管、单向阀出现故障较为严重，无法通过修复进行使用时，就需要对干燥过滤器、毛细管、单向阀整体进行代换。

代换时就需要根据脏堵严重的干燥过滤器、毛细管、单向阀整体的管路直径、大小选择适合的进行代换，如图 20-21 所示，选择好后接下便可对该组件进行代换。

在进行开焊前，为了防止焊炬火焰高温损坏干燥过滤器上的管路温度传感器，需要将传感器取下

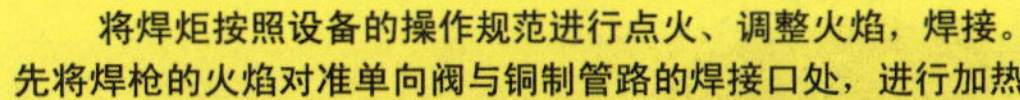

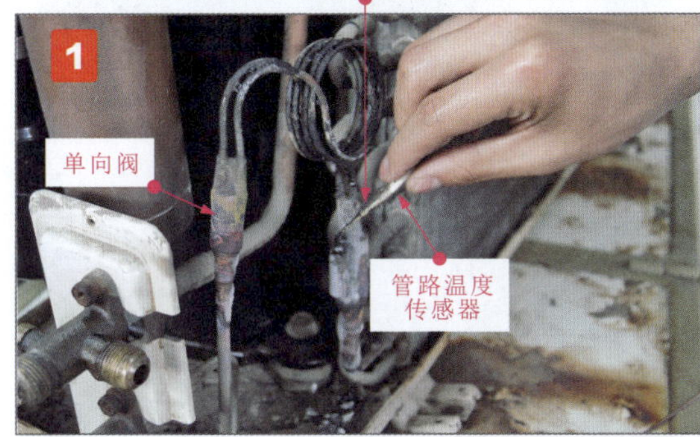

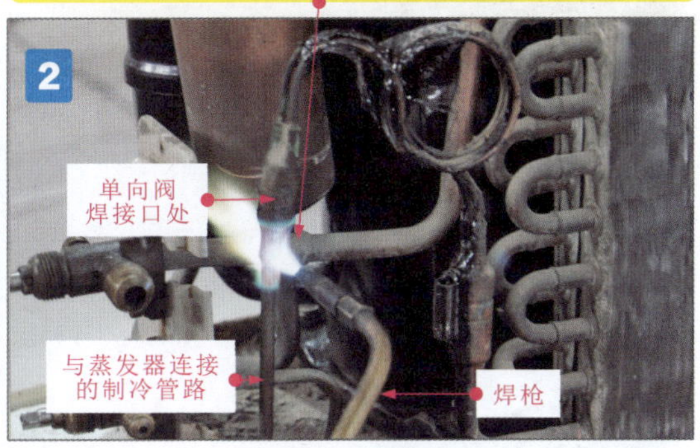

加热一段时间后，焊接处明显变红后，用钳子钳住单向阀向上提起，即可将单向阀与管路接口处分离

图20-19 单向阀焊接口处开焊

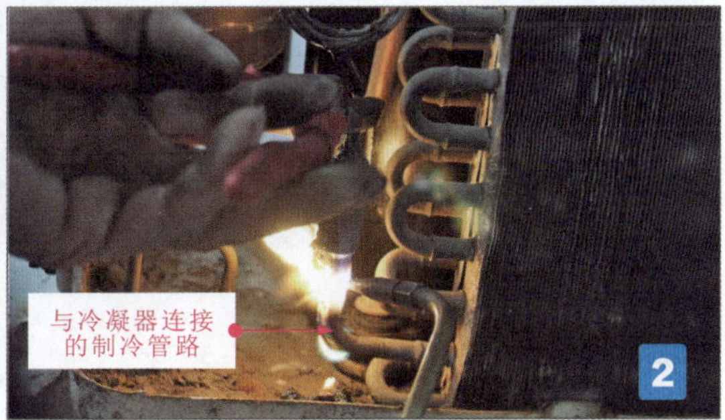

将焊枪对准干燥过滤器与铜制管路的焊接口处，进行加热

加热一段时间，焊接口处明显变红后，用钳子钳住干燥过滤器向上提起，即可将干燥过滤器与管路接口处分离

图20-20

3 此时就可将单向阀、毛细管、干燥过滤器作为一体组件从空调器管路上取下了

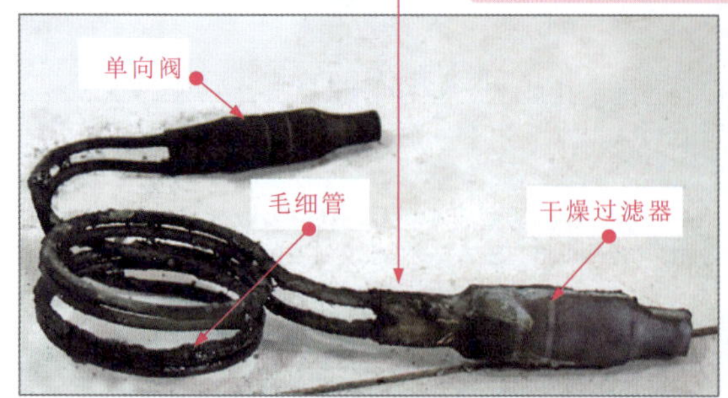

图20-20 干燥过滤器与焊接口处进行开焊的操作方法

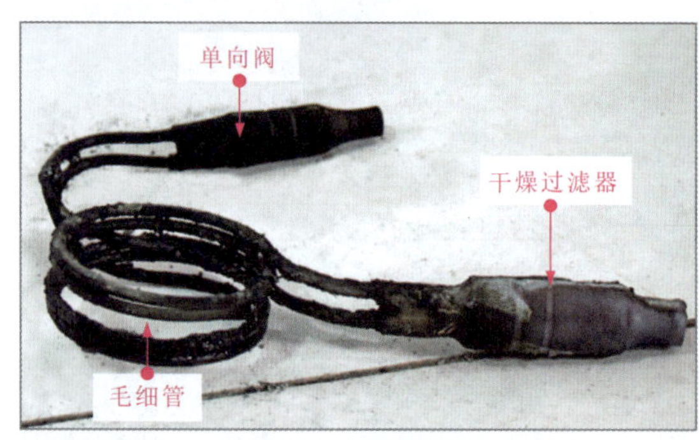

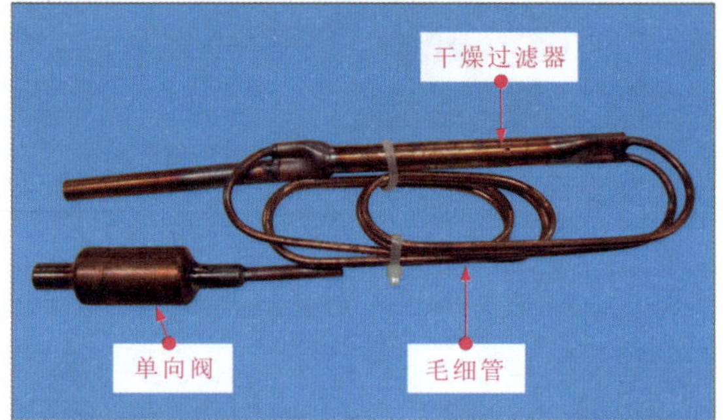

图20-21 选择合适的干燥过滤器、毛细管以及单向阀

选好需要更换的干燥过滤器、毛细管和单向阀后，接下来，则需要对其进行安装操作，完成代换。

干燥过滤器、毛细管、单向阀的代换方法如图 20-22 所示。

1 选择好合适的干燥过滤器、毛细管、单向阀后，首先将干燥过滤波器的一端插接到接冷凝器的管路中

2 将单向阀的一端插接到与蒸发器连接的管路中

3 使用焊枪加热单向阀与管路接口处，且距离焊接处稍远的部分，加热过程中来回移动焊枪，均匀加热

当单向阀与管路接口处呈现暗红色时，将焊条放置到焊口处熔化，单向阀与管路接口处呈现暗红色

使用焊枪加热干燥过滤器与管路接口处，且距离焊接处稍远的部分，加热过程中来回移动焊枪，均匀加热

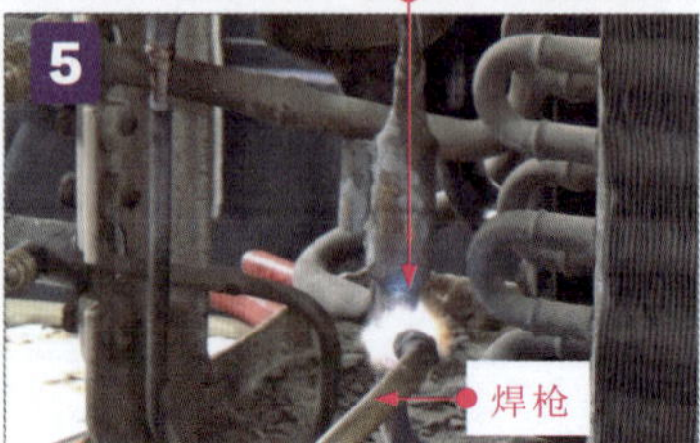

使用焊枪加热干燥过滤器与管路接口处，且距离焊接处稍远的部分，加热过程中来回移动焊枪，均匀加热

图20-22 干燥过滤器、毛细管、单向阀的代换方法

第21章 变频空调器控制电路的故障检修

21.1 控制电路的结构原理

为方便读者学习，提高效率，本节提供电子版，读者可扫码阅读以下内容。

21.1.1 控制电路的结构组成

21.1.2 控制电路的工作原理

21.2 控制电路的电路分析

（1）海信 KFR-35GW/06ABP 型变频空调器室内机控制电路

图 21-1 为海信 KFR-35GW/06ABP 型变频空调器的室内机控制电路原理图。该电路是以微处理器 IC08（TMP87CH46N）为核心的自动控制电路。

具体电路信号流程如下。

• 变频空调器开机后，由电源电路送来的 +5V 直流电压为变频空调器室内机控制电路部分的微处理器 IC08 以及存储器 IC06 提供工作电压，其中微处理器 IC08 的 ㉒ 脚和 ㊷ 脚为 +5V 供电端，存储器 IC06 的⑧脚为 +5V 供电端。

• 接在微处理器 ㉛ 脚外部的遥控接收电路，接收用户通过遥控器发射器发来的控制信号。该信号作为微处理器工作的依据。此外 ㊶ 脚外接应急开关，也可以直接接收用户强行启动的开关信号。微处理器接收到这些信号后，根据内部程序输出各种控制指令。

• 开机时微处理器的电源供电电压由 0 上升到 +5V，这个过程中启动程序有可能出现错误，因此需要在电源供电电压稳定之后再启动程序，这个任务是由复位电路来实现的。

IC1 是复位信号产生电路，②脚为电源供电端，①脚为复位信号输出端，当电源 +5V 加到②脚时，经 IC1 延迟后，由①脚输出复位电压，该电压经滤波（C20、C26）后加到 CPU 的复位端 ⑱ 脚。

复位信号比开机时间有一定的延时，防止 CPU 在电源供电未稳的状态下启动。

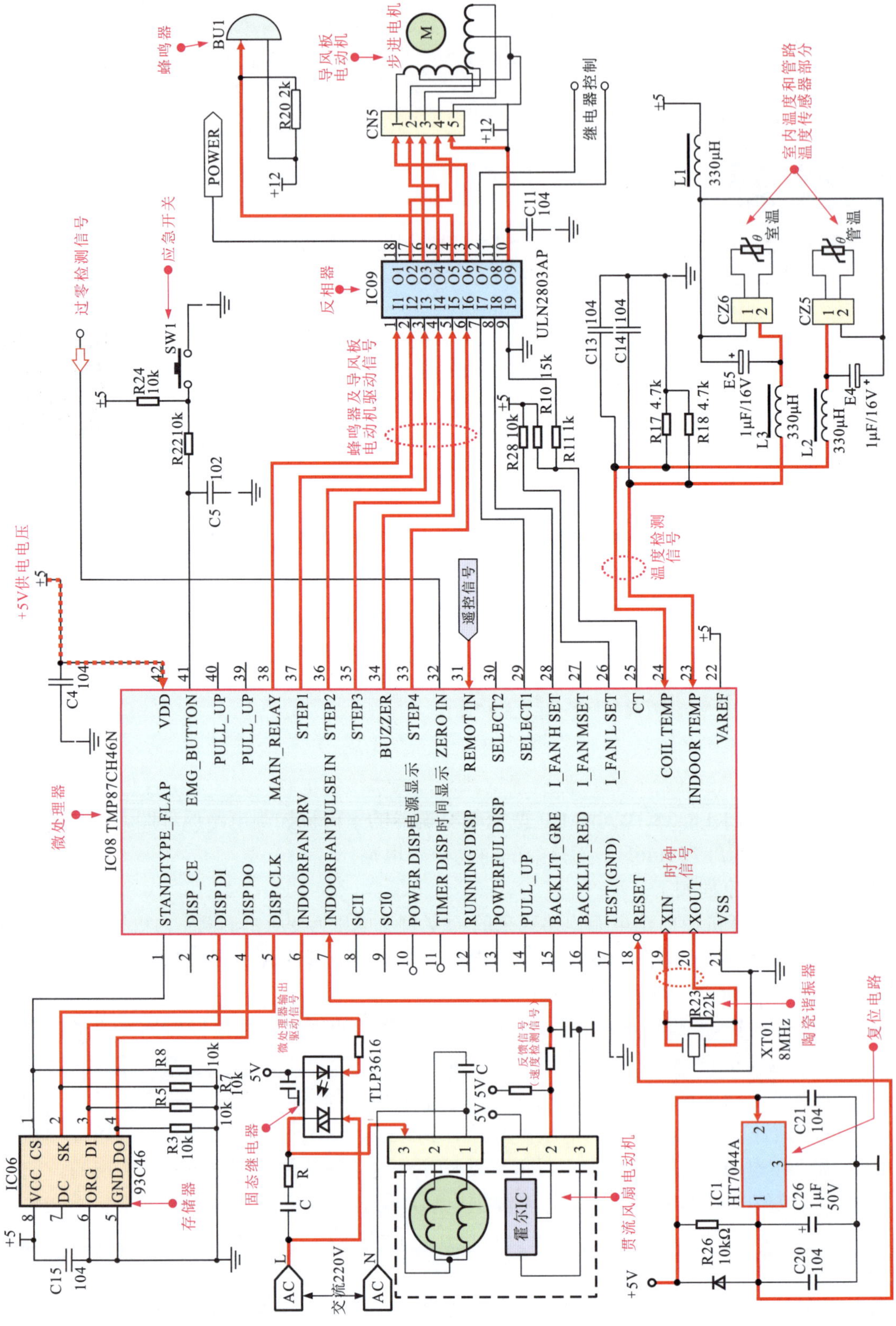

+5V供电电压

微处理器

IC08 TMP87CH46N

Pin	Left signal	Right signal	Pin
1	STANDTYPE_FLAP	VDD	42
2	DISP_CE	EMG_BUTTON	41
3	DISP DI	PULL_UP	40
4	DISP DO	PULL_UP	39
5	DISP CLK	MAIN_RELAY	38
6	INDOORFAN DRV	STEP1	37
7	INDOORFAN PULSE IN	STEP2	36
8	SCII	STEP3	35
9	SCI0	BUZZER	34
10	POWER DISP电源显示	STEP4	33
11	TIMER DISP时间显示	ZERO IN	32
12	RUNNING DISP	REMOT IN	31
13	POWERFUL DISP	SELECT2	30
14	PULL_UP	SELECT1	29
15	BACKLIT_GRE	I_FAN H SET	28
16	BACKLIT_RED	I_FAN MSET	27
17	TEST(GND)	I_FAN L SET	26
18	RESET	CT	25
19	XIN	COIL TEMP	24
20	XOUT	INDOOR TEMP	23
21	VSS	VAREF	22

IC06 93C46 (VCC CS, DC SK, ORG DI, GND DO) 存储器

C15 104, R3 10k, R5 10k, R7 10k, R8 10k, C4 104, +5

固态继电器 TLP3616 微处理器输出驱动信号

AC L, AC N, 交流220V, C, R, 5V

贯流风扇电动机 霍尔IC 反馈信号（速度检测信号） 5V 5V C

+5V R26 10kΩ IC1 HT7044A C20 104 C26 1μF 50V C21 104 复位电路

时钟信号 R23 22k XT01 8MHz 陶瓷谐振器

过零检测信号 R24 10k R22 10k SW1 应急开关 C5 102

遥控信号

POWER BU1 蜂鸣器 +12 R20 2k

蜂鸣器及导风板电动机驱动信号

反相器 IC09 ULN2803AP (I1–I9, O1–O9) C11 104 R28 10k R10 15k R11 1k

CN5 导风板电动机 步进电机 M +12

继电器控制

C13 104 C14 104 温度检测信号 R17 4.7k R18 4.7k

L1 330μH +5 L3 330μH E5 1μF/16V CZ6 室温 L2 330μH E4 1μF/16V CZ5 管温

室内温度和管路温度传感器部分

图21-1 海信KFR-35GW/06ABP型变频空调器的室内机控制电路原理图

• 室内机控制电路中微处理器 IC08 的 ⑲ 脚和 ⑳ 脚与陶瓷谐振器 XT01 相连，该陶瓷谐振器是用来产生 8 MHz 的时钟晶振信号，作为微处理器 IC08 的工作条件之一。

• 微处理器 IC08 的①脚、③脚、④脚和⑤脚与存储器 IC06 的①脚、③脚、④脚和②脚相连，分别为片选信号（CS）、数据输入（DI）、数据输出（DO）和时钟信号（CLK）。

在工作时微处理器将用户设定的工作模式、温度、制冷、制热等数据信息存入存储器中。信息的存入和取出是经过串行数据总线 SDA 和串行时钟总线 SCL 进行的。

• 微处理器 IC08 的⑥脚输出贯流风扇电动机的驱动信号，⑦脚输入反馈信号（贯流风扇电动机速度检测信号）。

当微处理器 IC08 的⑥脚输出贯流风扇电动机的驱动信号，固态继电器 TLP3616 内发光二极管发光，TLP3616 中的晶闸管受发光二极管的控制，当发光二极管发光时，晶闸管导通，有电流流过，交流输入电路的 L 端（火线）经晶闸管加到贯流风扇电动机的公共端，交流输入电路的 N 端（零线）加到贯流风扇电动机的运行绕组，再经启动电容 C 加到电机的启动绕组上，此时贯流风扇电动机启动带动贯流风扇运转。

同时贯流风扇电动机霍尔元件将检测到的贯流风扇电动机速度信号由微处理器 IC08 的⑦脚送入，微处理器 IC08 根据接收到的速度信号，对贯流风扇电动机的运转速度进行调节控制。

• 微处理器 IC08 的 ㉝ ～ ㊲ 脚输出蜂鸣器以及导风板电动机的驱动信号，经反相器 IC09 后控制蜂鸣器及导风板电动机工作。

直流 +12V 接到导风板电动机两组线圈的中心抽头上。微处理器经反相放大器控制线圈的 4 个引出脚，当某一引脚为低电平时，该脚所接的绕组中便会有电流流过。如果按一定的规律控制绕组的电流就可以实现所希望的旋转角度和旋转方向。

• 温度传感器接在电路中，使之与固定电阻构成分压电路，将温度的变化变成直流电压的变化，并将电压值送入微处理器（CPU）的 ㉓、㉔ 脚，微处理器根据接收的温度检测信号输出相应的控制指令。

（2）海信 KFR-35GW/06ABP 型变频器室外机控制电路

图 21-2 为海信 KFR-35GW/06ABP 型变频空调器室外机的控制电路原理图。该电路是以微处理器 U02（TMP88PS49N）为核心的自动控制电路。

具体电路信号流程如下。

• 变频空调器开机后，由室外机电源电路送来的 +5V 直流电压，为变频空调器室外机控制电路部分的微处理器 U02 以及存储器 U05 提供工作电压，其中微处理器 U02 的 ㊺ 脚和 ㊽ 脚为 +5V 供电端，存储器 IC06 的⑧脚为 +5V 供电端。

• 室外机控制电路得到工作电压后，由复位电路 U03 为微处理器提供复位信号，微处理器开始运行工作。

同时，陶瓷谐振器 RS01（16M）与微处理器内部振荡电路构成时钟电路，为微处理器提供时钟信号。

• 存储器 U05（93C46）用于存储室外机系统运行的一些状态参数，例如，变频压缩机的运行曲线数据、变频电路的工作数据等；存储器在其②脚（SCK）的作用下，通过④脚将数据输出，③脚输入运行数据，室外机的运行状态通过状态指示灯指示出来。

• 图 21-3 为该变频空调器室外风扇（轴流风扇）电动机驱动电路。从图中可以看出，室外机微处理器 U02 向反相器 U01（ULN2003A）输送驱动信号，该信号从①、⑥脚送入反相器中。反相器接收驱动信号后，控制继电器 RY02 和 RY04 导通或截止。通过控制继电器的

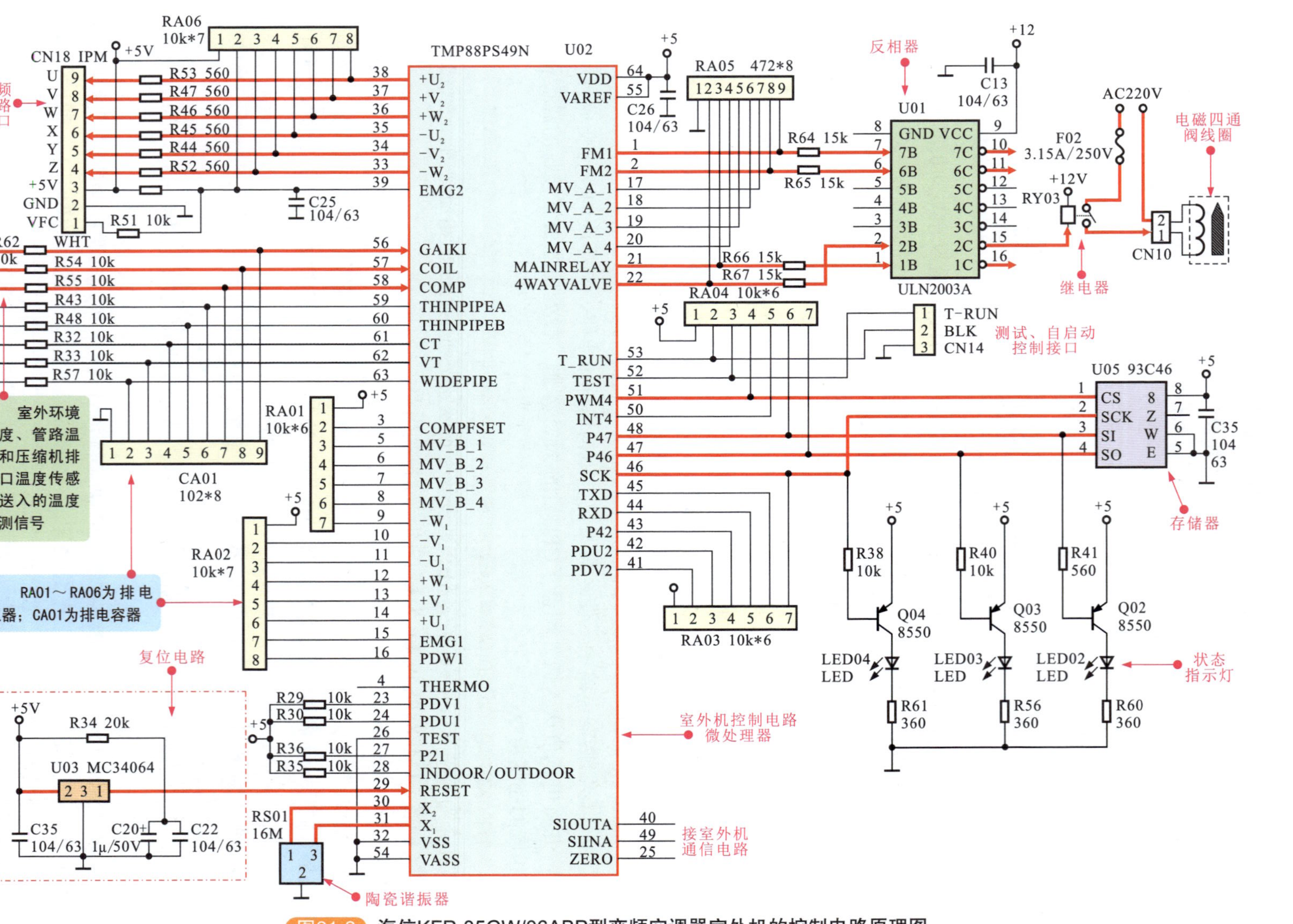

图21-2 海信KFR-35GW/06ABP型变频空调器室外机的控制电路原理图

导通/截止，从而控制室外风扇电动机的转动速度，使风扇实现低速、中速和高速的转换。电动机的启动绕组接有启动电容。

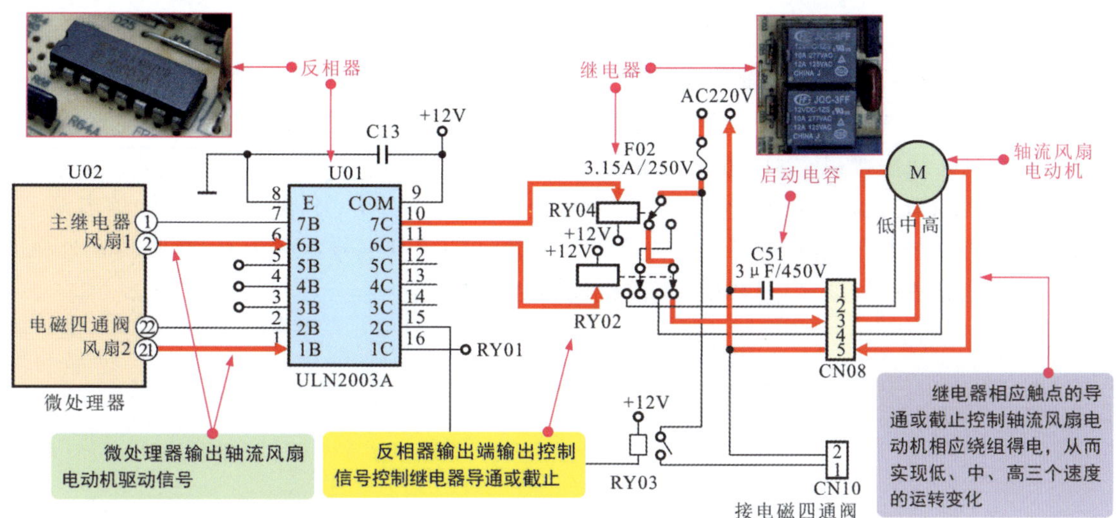

图21-3　变频空调器室外风扇（轴流风扇）电动机驱动电路

• 空调器电磁四通阀的线圈供电是由微处理器控制的，微处理器的控制信号经过反相放大器后去驱动继电器，从而控制电磁四通阀的动作。

在制热状态时，室外机微处理器U02输出控制信号，送入反相器U01（ULN2003A）的②脚，经反相器放大的控制信号，由其⑮脚输出，使继电器RY03工作，继电器的触点闭合，交流220V电压经该触点为电磁四通阀供电，来对内部电磁导向阀阀芯的位置进行控制，进而改变制冷剂的流向。

• 室外机组中设有一些温度传感器为室外微处理器提供工作状态信息，图21-4为该变频空调器中的传感器接口电路部分。

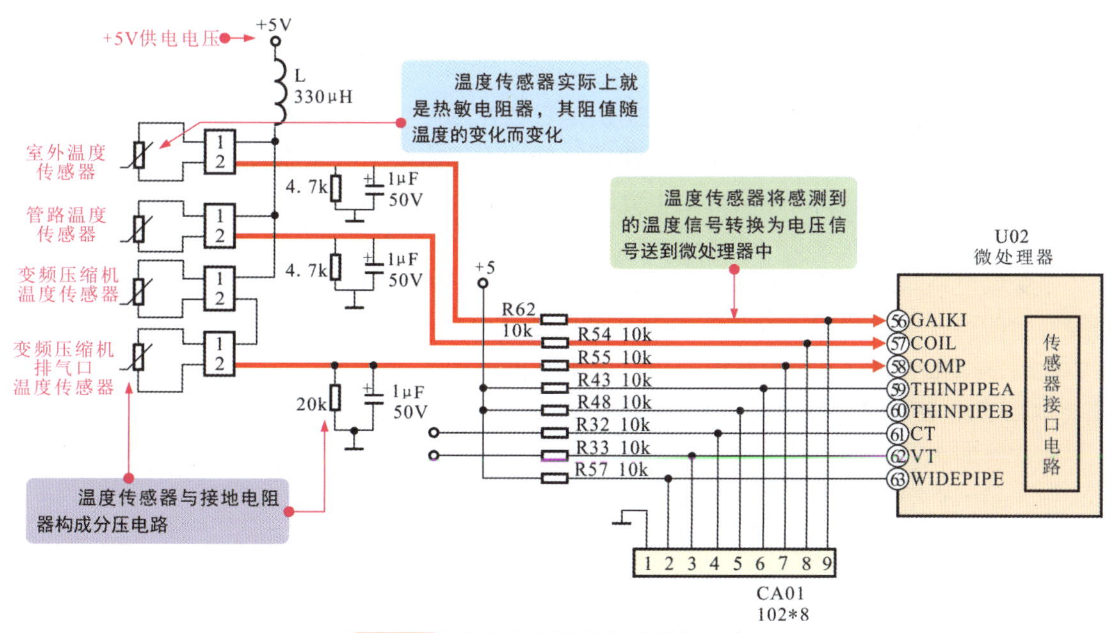

图21-4　变频空调器的传感器接口电路

设置在室外机检测部位的温度传感器通过引线和插头接到室外机控制电路板上，经接口插件分别与直流电压 +5V 和接地电阻相连，然后加到微处理器的传感器接口引脚端。温度变化时，温度传感器的阻值会发生变化。温度传感器与接地电阻构成分压电路，分压点的电压值会发生变化，该电压送到微处理器中，在内部传感器接口电路中经 A/D 变换器将模拟电压量变成数字信号，提供给微处理器进行比较判别，以确定对其他部件的控制。

• 室外机主控电路工作后，接收由室内机传输的制冷 / 制热控制信号后，便对变频电路进行驱动控制，经由接口 CN18 将驱动信号送入变频电路中。

• 微处理器 U02 的 ㊵、㊾、㉕ 脚为通信电路接口端。其中，由 ㊾ 脚接收由通信电路（空调器室内机与室外机进行数据传输的关联电路）传输的控制信号，并由其 ㊵ 脚将室外机的运行和工作状态数据经通信电路送回室内机控制电路中。

21.3 控制电路的故障检修

21.3.1 控制电路的检修分析

控制电路中各部件不正常都会引起控制电路故障，进而引起空调器出现不启动、制冷 / 制热异常、控制失灵、操作或显示不正常等现象，对该电路进行检修时，应首先采用观察法检查控制电路的主要元器件有无明显损坏或元器件脱焊、插口不良等现象，如出现上述情况则应立即更换或检修损坏的元器件，若从表面无法观测到故障点，则需根据控制电路的信号流程以及故障特点对可能引起故障的工作条件或主要部件逐一进行排查。

图 21-5 为典型变频空调器控制电路的检修分析。

21.3.2 控制电路的检修方法

对变频空调器控制电路的检修，可按照前面的检修分析进行逐步检测，对损坏的元器件或部件进行更换，即可完成对控制电路的检修。

（1）继电器的检测

在变频空调器中，继电器的通断状态决定着被控部件与电源的通断状态，若继电器功能失常或损坏，将直接导致变频空调器某些功能部件不工作或某些功能失常的情况，因此，变频空调器检测中，继电器的检测也是十分关键的环节。

① 电磁继电器的检测

在变频空调器室外机中通常采用电磁继电器控制室外机中的轴流风扇电动机、电磁四通阀等。一般可在断电状态下检测继电器线圈阻值和继电器触点的状态来判断继电器的好坏，具体检测方法在前面章节已经详细介绍，这里不再重复。

② 固态继电器的检测

结合前面我们了解固态继电器的内部结构，判断固态继电器的性能，可通过检测发光二极管端和晶闸管端阻值的方法判断好坏，如图 21-6 所示。

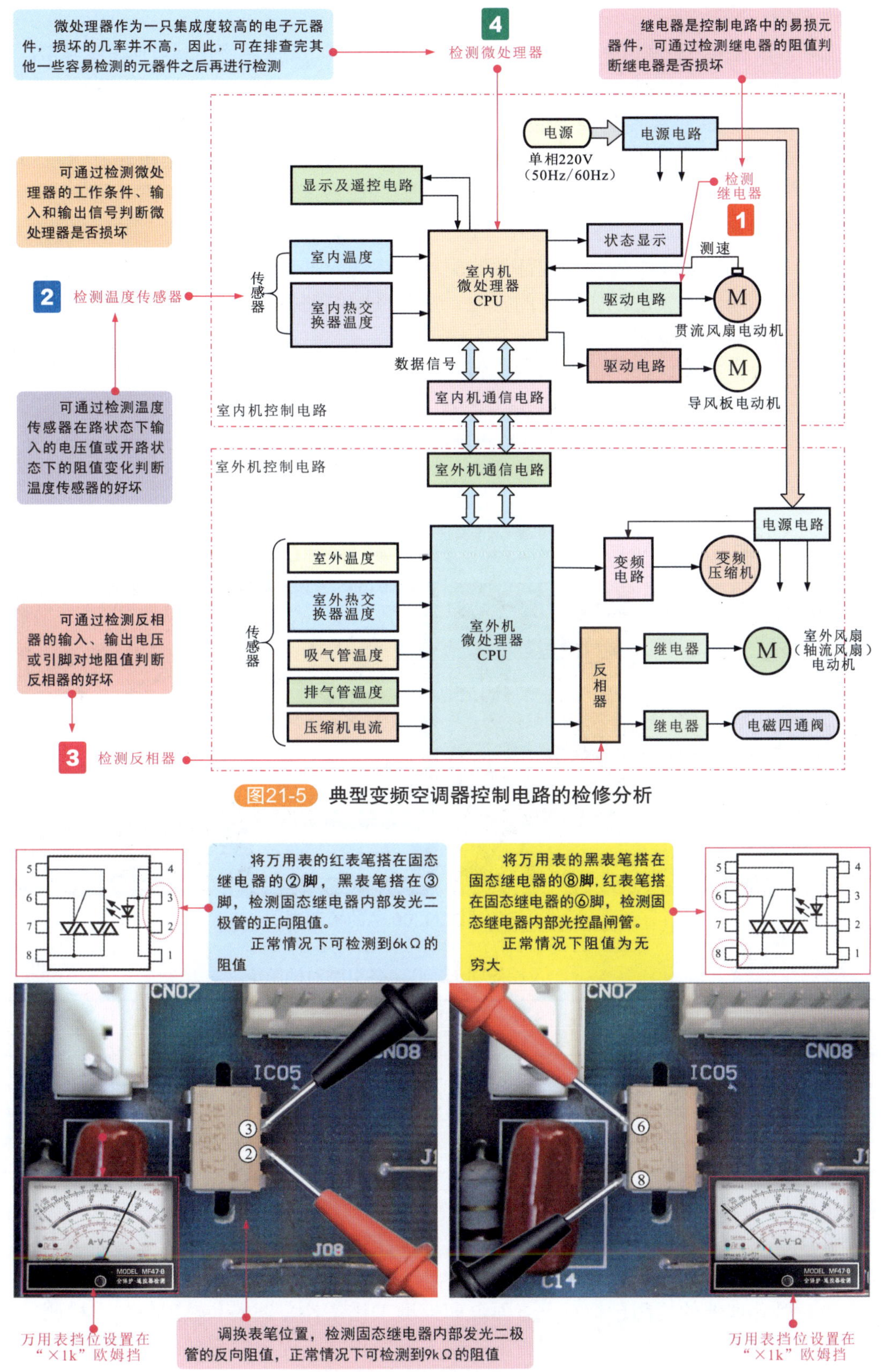

图21-5　典型变频空调器控制电路的检修分析

图21-6　固态继电器的检测方法

(2)温度传感器的检测

在变频空调器中，温度传感器是不可缺少的控制元器件，如果温度传感器损坏或异常，通常会引起变频空调器不工作、室外机不运行等故障，因此掌握温度传感器的检修方法是十分必要的。

检测温度传感器通常有两种方法：一种是在路检测温度传感器供电端信号和输出电压（送入微处理器的电压）；一种是开路状态下，检测不同温度环境下的电阻值。具体检测放大在前面的章节中已经详细介绍，这里不再重复。

(3)反相器的检测

反相器是变频空调器中各种功能部件的驱动电路部分，若该元器件损坏将直接导致变频空调器相关的功能部件失常，如常见的室内、室外风扇电动机不运行、电磁四通阀不换向引起的变频空调器不制热等。

判断反相器是否损坏时，可使用万用表对其各引脚的对地阻值进行检测判断，若检测出的阻值与正常值偏差较大，说明反相器已损坏，需进行更换。

图 21-7 为室外机反相器 ULN2003A 的检测方法。正常时测得反相器 ULN2003A 各引脚的对地阻值见表 21-1。

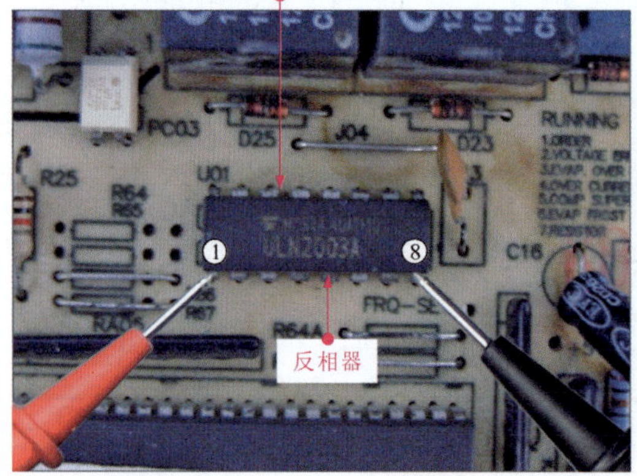

图21-7 反相器ULN2003A的检测方法

表21-1 反相器ULN2003A各引脚对地阻值

引脚号	对地阻值（×100Ω）	引脚号	对地阻值（×100Ω）	引脚号	对地阻值（×100Ω）	引脚号	对地阻值（×100Ω）
①	5	⑤	5	⑨	4	⑬	5
②	6.5	⑥	5	⑩	5	⑭	5
③	6.5	⑦	5	⑪	5	⑮	5
④	6.5	⑧	0（接地）	⑫	5	⑯	5

(4)微处理器的检测

微处理器是变频空调器中的核心部件，若该部件损坏将直接导致变频空调器不工作、控制功能失常等故障。

一般对微处理器的检测包括三个方面，即检测工作条件、输入和输出信号。检测结果的判断依据为：在工作条件均正常的前提下，输入信号正常，而无输出或输出信号异常，则说明微处理器本身损坏。

① 微处理器输出控制信号的检测方法

当微处理器出现故障时，应首先对微处理器输出的控制信号进行检测，若输出的控制信号正常，表明微处理器工作正常；若输出的控制信号不正常，则表明微处理器没有正常工作，此时应对微处理器的工作条件进行检测。

图 21-8 为室外机微处理器输出控制信号的检测方法（以轴流风扇电动机驱动信号的检测为例）。

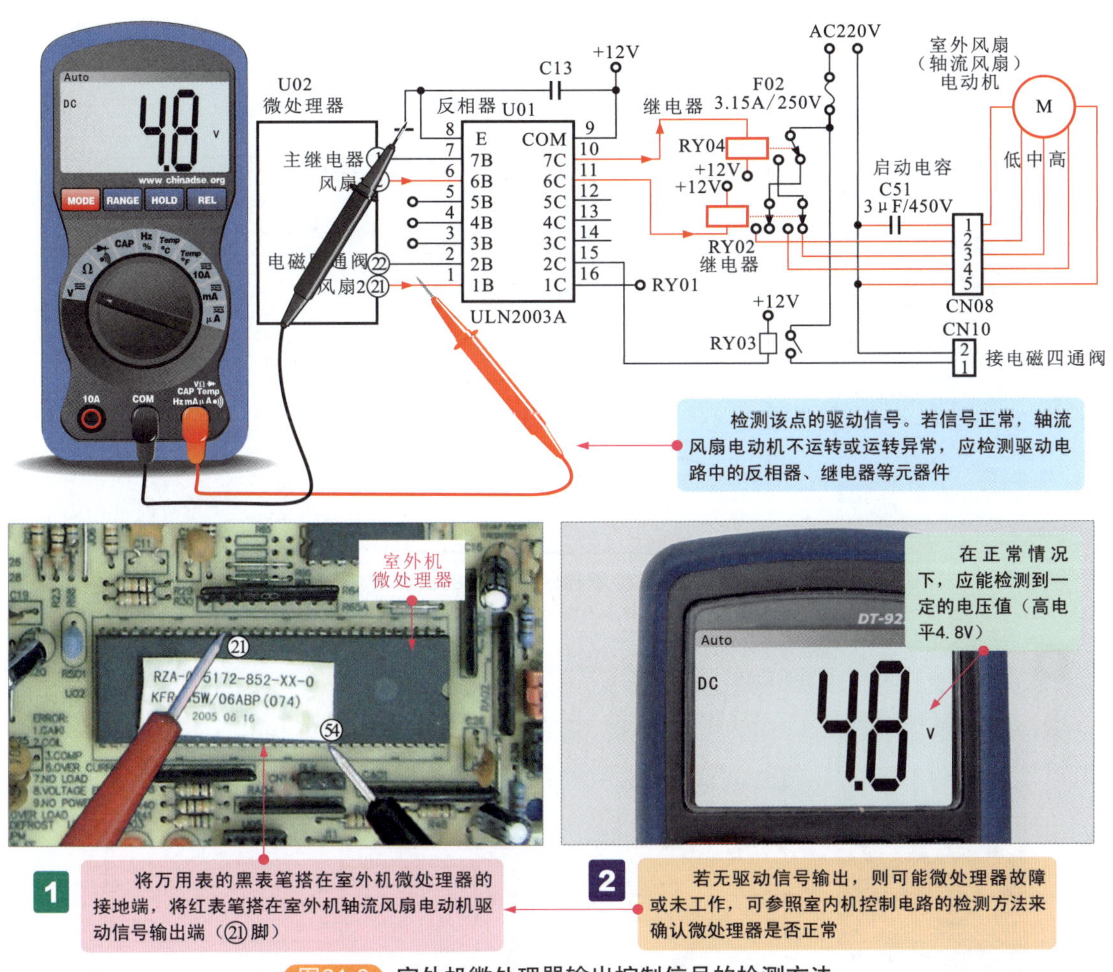

图21-8　室外机微处理器输出控制信号的检测方法

② 微处理器三大工作条件的检测

微处理器正常工作需要满足一定的工作条件，其中包括直流供电电压、复位信号和时钟信号等。若经上述检测微处理器无控制信号输出时，可分别对微处理器这些工作条件进行检测，判断微处理器的工作条件是否满足需求。

a. 供电电压的检测

直流供电电压是微处理器正常工作最基本的条件。若经检测微处理器的直流供电电压正常，则表明供电电路部分正常，应进一步检测微处理器的其他工作条件；若经检测无直流供电或直流供电异常，则应对前级供电电路中的相关部件进行检查，排除故障。

图 21-9 为微处理器供电电压的检测方法。

b. 微处理器复位信号的检测

复位信号是微处理器正常工作的必备条件之一，在开机瞬间，微处理器复位信号端得到复位信号，内部复位，为进入工作状态做好准备。若经检测，开机瞬间微处理器复位端复位信号正常，应进一步检测微处理器的其他工作条件；若经检测无复位信号，则多为复位电路部分存在异常，应对复位电路中的各元器件进行检测，排除故障。

图 21-10 为微处理器复位信号的检测方法。

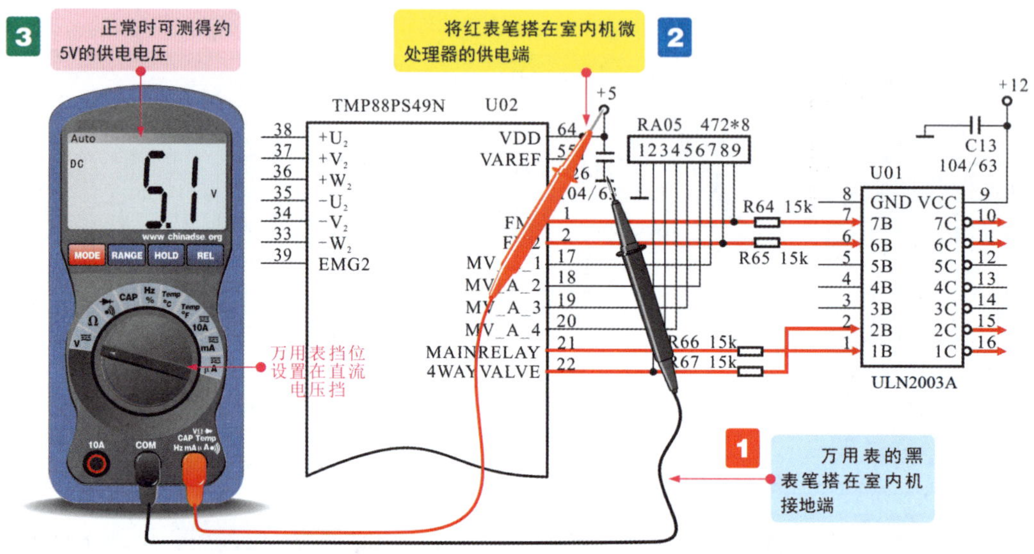

图21-9 微处理器供电电压的检测方法

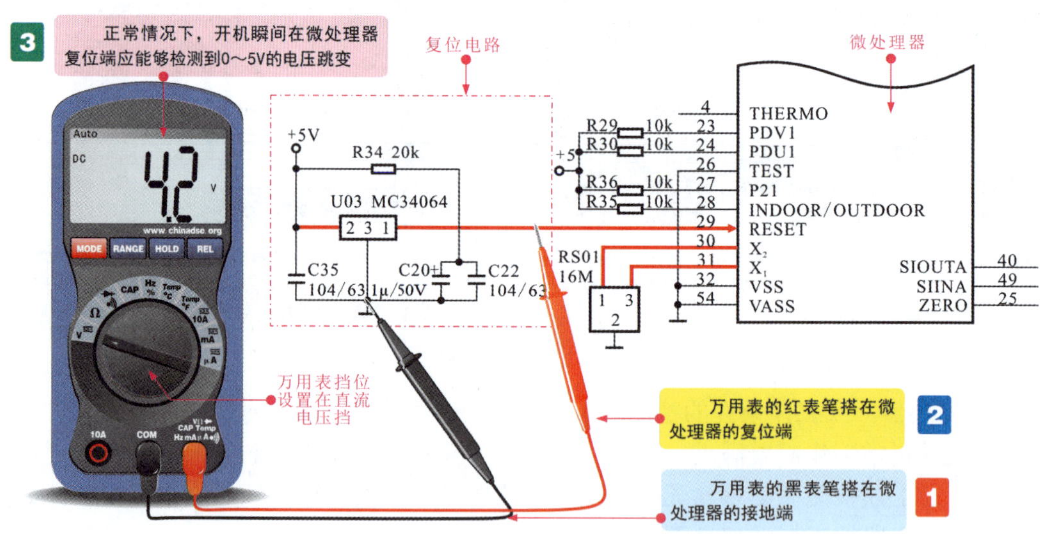

图21-10 微处理器复位信号的检测方法

c. 时钟信号的检测方法

时钟信号是微处理器工作的另一个基本条件，若该信号异常，将引起微处理器出现不工作或控制功能错乱等现象。一般可用示波器检测微处理器时钟信号端信号波形或陶瓷谐振器引脚的信号波形进行判断，如图 21-11 所示。

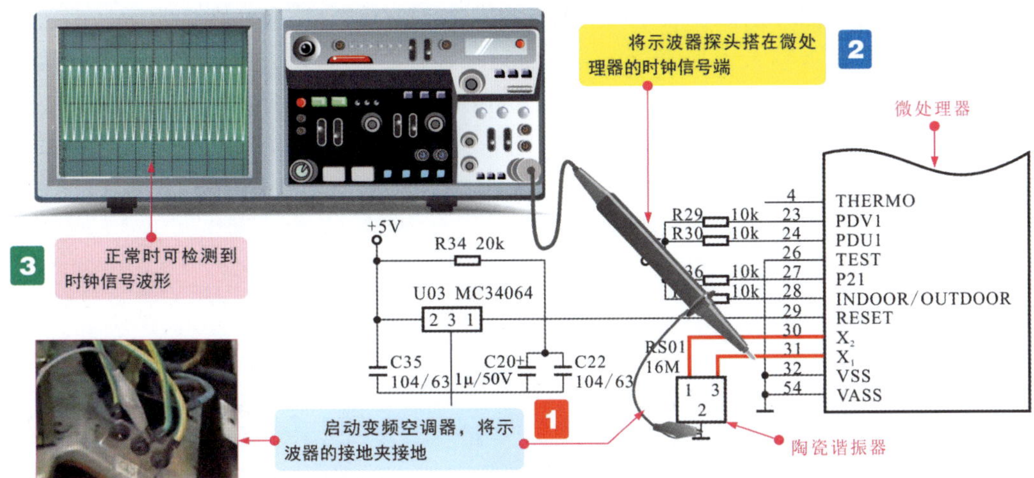

图21-11　室内机微处理器时钟信号的检测方法

需要注意的是，当实际检测陶瓷谐振器两引脚之间的阻值为无穷大时，不能由此确定其本身正常，因此，当其内部发生开路故障时，实测阻值也会是无穷大，因此，使用万用表检测引脚阻值只能是粗略判断其当前状态，若要明确好坏，一般采用替换法进行。

③ 微处理器输入控制信号的检测

微处理器正常工作需要向微处理器输入相应的控制信号，其中主要包括温度检测信号（室内机部分还包括遥控信号）。若经上述检测微处理器的工作条件能够满足，而微处理器输出异常时，还需要对微处理器输入的控制信号进行检测。

微处理器输入控制信号（温度传感器感测信号）的检测方法如图 21-12 所示。

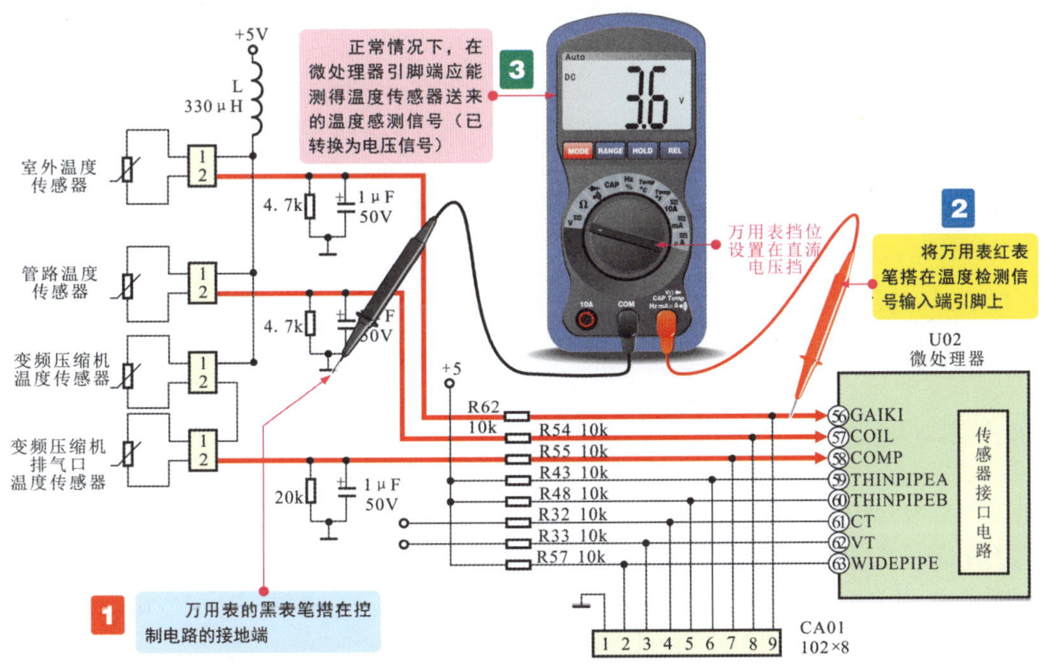

图21-12　微处理器输入控制信号（温度传感器感测信号）的检测方法

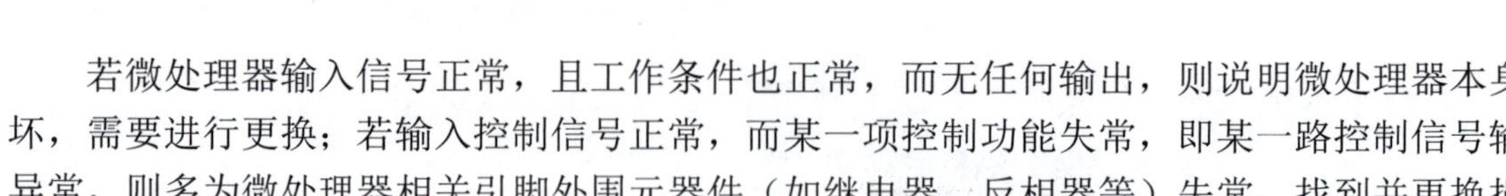

若微处理器输入信号正常，且工作条件也正常，而无任何输出，则说明微处理器本身损坏，需要进行更换；若输入控制信号正常，而某一项控制功能失常，即某一路控制信号输出异常，则多为微处理器相关引脚外围元器件（如继电器、反相器等）失常，找到并更换损坏元器件即可排除故障。

第 22 章
变频空调器通信电路的故障检修

22.1 通信电路的结构原理

为方便读者学习，提高效率，本节提供电子版，读者可扫码阅读以下内容。

22.1.1 通信电路的结构组成

22.1.2 通信电路的工作原理

22.2 通信电路的电路分析

图 22-1 为典型（海信 KFR-35GW/06ABP 型）空调器中的通信电路。由图可知，该电路主要是由室内机发送光耦 IC02（TLP521）、室内机接收光耦 IC01（TLP521）、室外机发送光耦 PC02（TLP521）、室外机接收光耦 PC01（TLP521）等构成的。

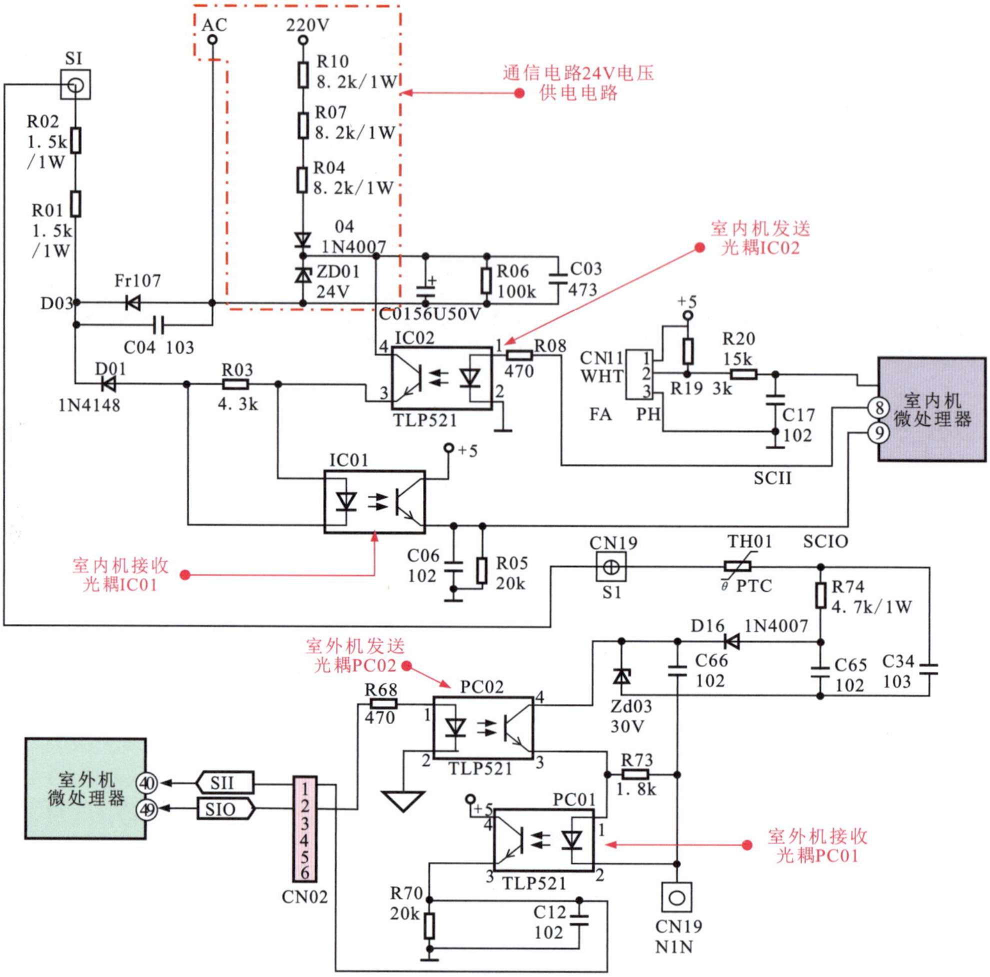

图22-1 海信KFR-35GW/06ABP型变频空调器中的通信电路

对空调器中通信电路进行详细分析时，可分为两种不同的工作状态进行分析，即一种为室内机发送、室外机接收信号时的流程；另一种为室外机发送、室内机接收信号时的流程。

（1）室内机发送、室外机接收信号的流程

变频空调器通电后，室内机的微处理器输出指令。当前为室内机发送指令、室外机接收指令的信号状态，如图 22-2 所示。

室内机发送信号、室外机接收信号的过程可分为两步进行分析。

① 交流 220 V 电压经分压电阻、整流二极管、稳压二极管处理后输出 +24V 直流电压，并送入光耦 IC02 的④脚，经③脚输出后送往光耦 IC01 的①脚，由光耦 IC01 的②脚输出。

该信号经二极管 D01、电阻器 R01、R02 后送至通信电路连接引线及接线盒 SI，并经过接线盒 CN19、TH01、电阻器 R74、二极管 D16 送到室外机发送光耦 PC02 的④脚，由③脚输出送至室外机接收光耦 PC01 的①脚，由②脚输出与 CN19（供电引线 N 端）形成回路，完成对通信电路的供电工作。

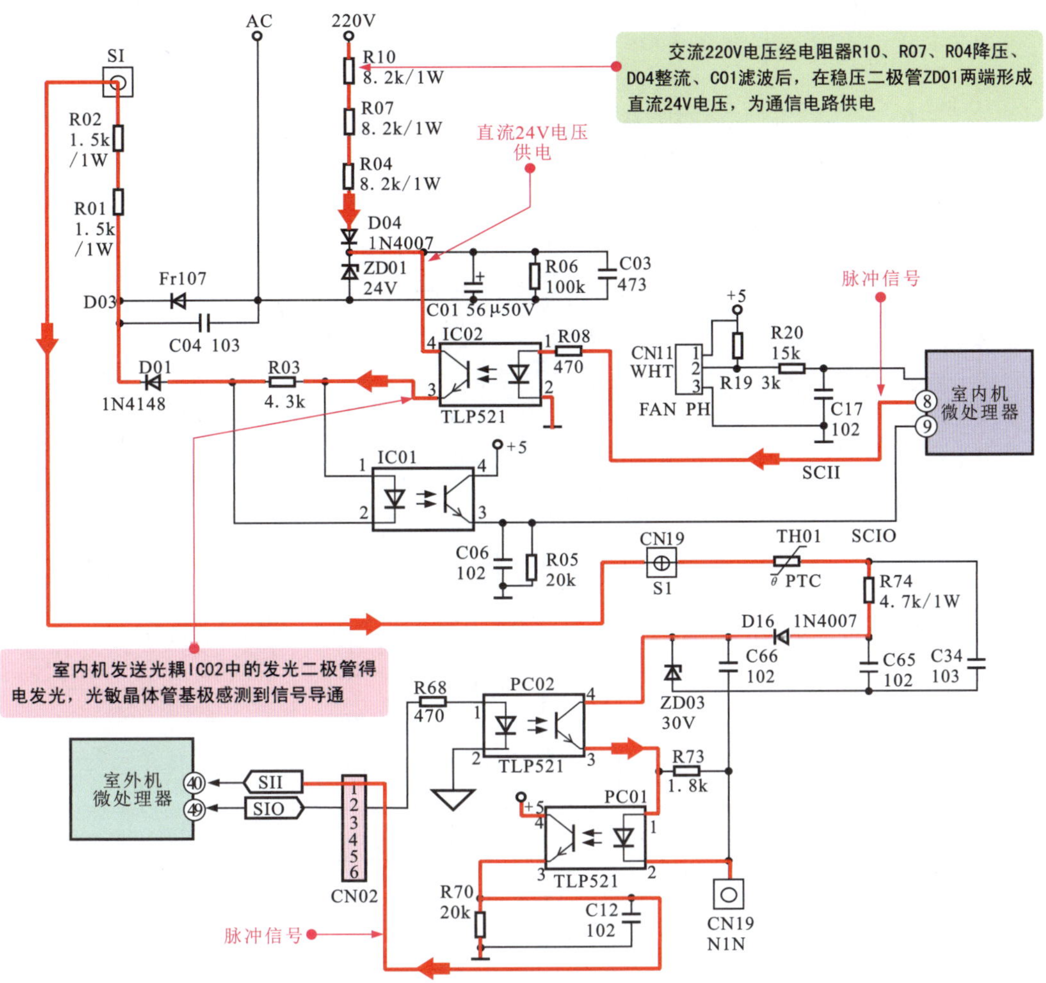

图22-2　海信KFR-35GW/06ABP型变频空调器室内机发送、室外机接收信号的信号流程

② 由室内机微处理器⑧脚发出脉冲信号送往室内机发送光耦 IC02 的①脚，室内机发送光耦 IC02 工作后，将电信号转换成光信号（光耦 IC02 内部发光二极管发光），然后再经光耦 IC02 内部的光敏晶体管转换成电信号由③脚输出。

由室内机发送光耦 IC02 输出的电信号经电阻 R03、二极管 D01、TH01、电阻器 R74、二极管 D16 后送到室外机发送光耦 PC02 的④脚，并由③脚输出，送至室外机接收光耦 PC01 的①脚，此时 PC01 的发光二极管导通。室外机接收光耦 PC01 将电信号通过③脚输出送至室外机微处理器的 ㊵ 脚，完成室内机向室外机的信息传送。

（2）室外机发送、室内机接收信号的流程

空调器室外机微处理器接收到指令信号，并进行识别和处理后，向室外机的相关电路和部件发出控制指令，同时将反馈信号送回室内机微处理器中。此时，为室外机发送指令、室内机接收指令的信号状态，如图 22-3 所示。

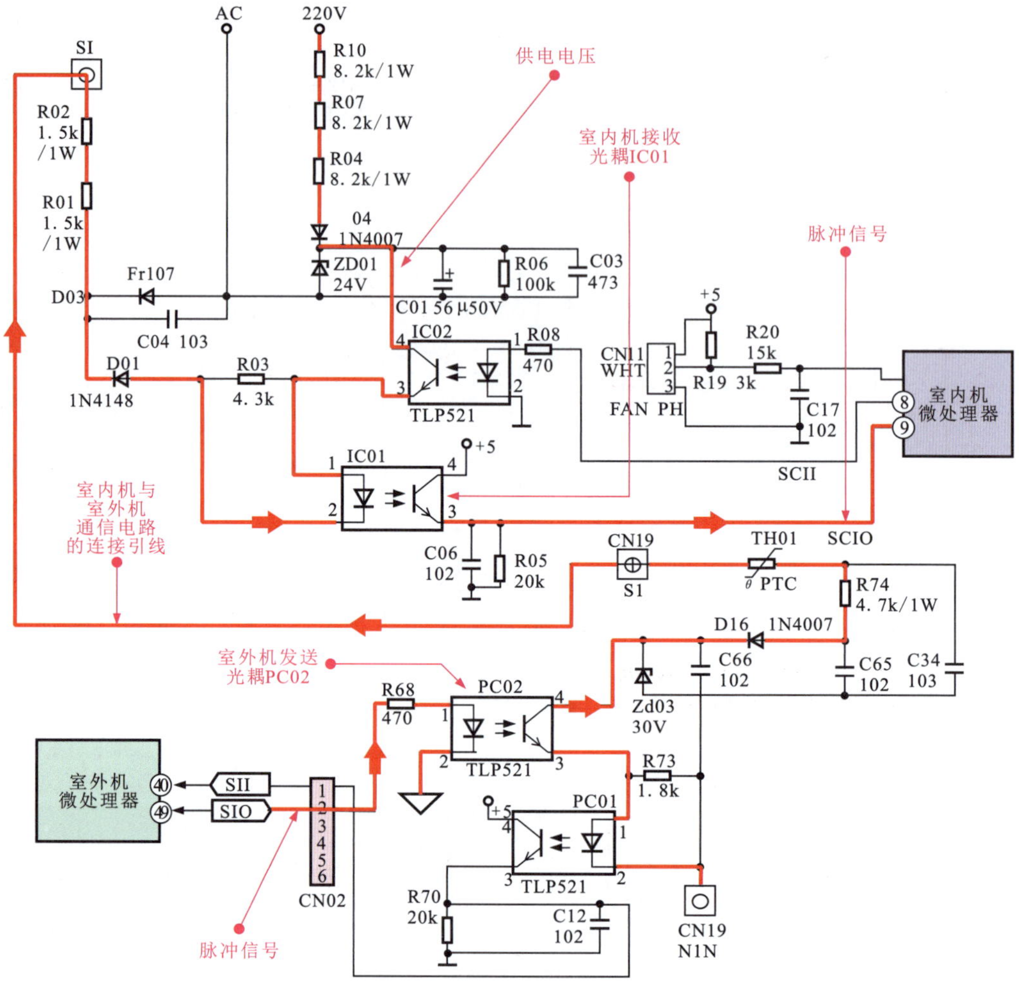

图22-3 海信KFR-35GW/06ABP型变频空调器室外机发送、室内机接收信号的信号流程

同样，室外机发送信号、室内机接收信号的过程可分为两步进行分析。

① 交流 220 V 电压经分压电阻、整流二极管、稳压二极管处理后输出 +24V 直流电压，并送入光耦 IC02 的④脚，经③脚输出后送往光耦 IC01 的①脚，由光耦 IC01 的②脚输出。

该信号经二极管 D01、电阻器 R01、R02 后送至通信电路连接引线及接线盒 SI，并经过接线盒 CN19、TH01、电阻器 R74、二极管 D16 送到室外机发送光耦 PC02 的④脚，由③脚输出送至室外机接收光耦 PC01 的①脚，由②脚输出与 CN19（供电引线 N 端）形成回路，完成对通信电路的供电工作。

② 由室外机微处理器 ㊾ 脚输出的脉冲信号送往室外机发送光耦 PC02 的①脚，此时 PC02 工作，由④脚输出电信号，该信号经二极管 D16、电阻器 R74、TH01、电阻器 R02、R01、二极管 D01 后送入室内机接收光耦 IC01 的②脚，此时室内机接收光耦 IC01 内部的发光二极管发光，光敏晶体管导通，将接收到的电信号送至室内机微处理器的⑨脚，反馈信号送达，完成室外机向室内机的信息传送。

22.3　通信电路的故障检修

通信电路是变频空调器中的重要的数据传输电路，若该电路出现故障通常会引起空调器室外机不运行或运行一段时间后停机等不正常现象，对该电路进行检修时，应先根据故障对其进行检修分析，然后对可能产生故障的元器件或部件进行检测，若出现故障时，则需要对其进行更换，即可完成对通信电路的检修。

22.3.1　通信电路的检修分析

当变频空调器的通信电路出现故障后，则会造成各种控制指令无法实现、室外机不能正常运行、运行一段时间后停机或开机即出现整机保护等故障，由于通信电路实现了室内外机的信号传送，若该电路中某一元器件损坏，均会造成变频空调器不能正常运行的故障，其故障特点如图 22-4 所示。

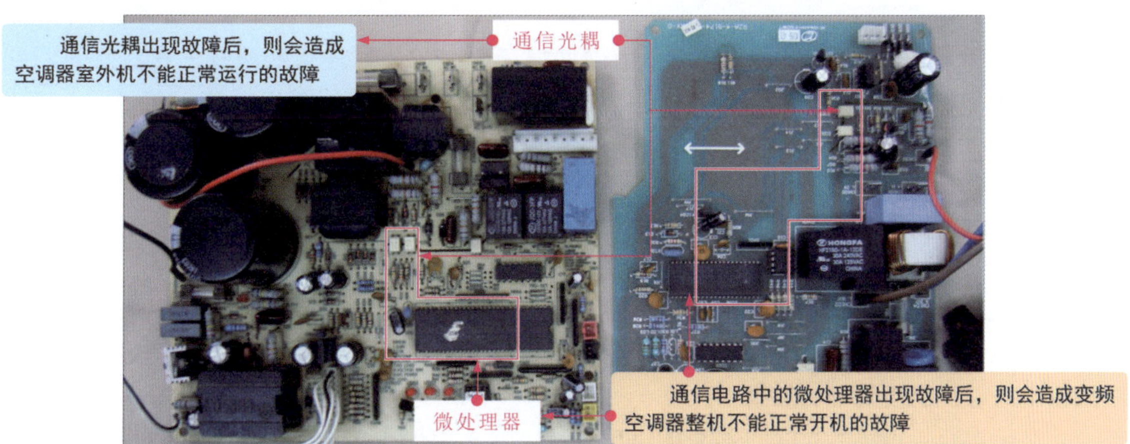

图22-4　变频空调器通信电路的故障特点

对空调器的通信电路进行检修时，可依据故障现象分析出产生故障的具体原因，并根据通信电路的信号流程对可能产生故障的部件逐一进行排查。

当通信电路出现故障时，首先应对通信电路输出的直流低压进行检测，若通信电路输出的直流低压均正常，则表明通信电路正常；若输出的直流低压异常，可顺电路流程对前级电路进行检测，如图 22-5 所示。

22.3.2　通信电路的检修方法

对于变频空调器通信电路的检测，可使用万用表或示波器测量待测变频空调器的通信电路，然后将实测值或波形与正常变频空调器通信电路的数值或波形进行比较，即可判断出通信电路的故障部位。

检测时，可依据通信电路的检修分析对可能产生故障的部件逐一检修，首先我们先对变频空调器室内机的通信电路进行检修。

（1）室内机与室外机连接部分的检修方法

当变频空调器不能正常工作，怀疑是通信电路出现故障时，应先对室内机与室外机的连

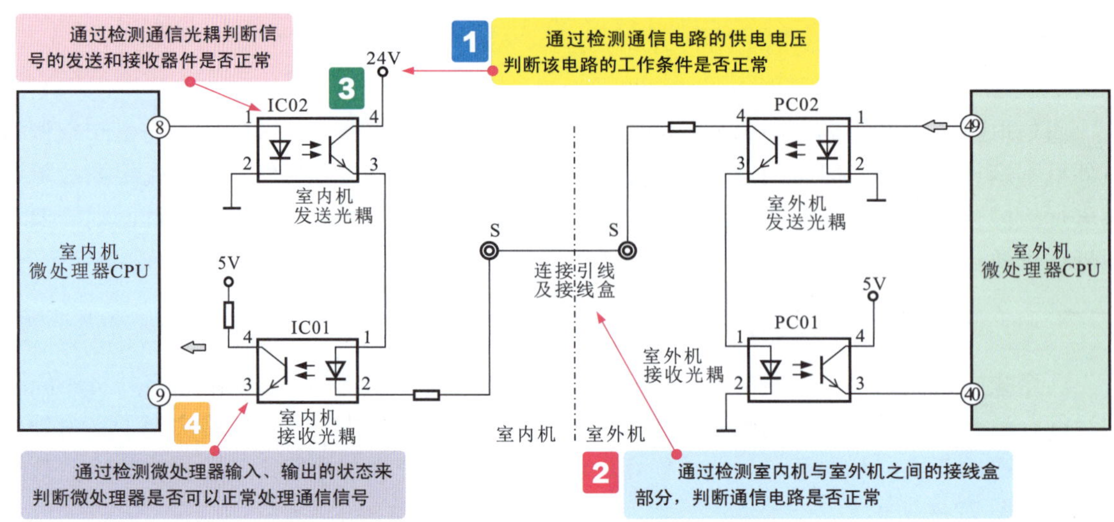

图22-5 空调器中通信电路的检修流程

接部分进行检修。检修时可先观察是否由硬件损坏造成的，如连接线破损、接线触点断裂等，若连接完好，则需要进一步使用万用表检测连接部分的电压值是否正常。

若检测室内机连接引线处的电压维持在 24V 左右，则多为室外机微处理器未工作，应查通信电路；若电压仅在零至几十伏之间变换，则多为室外机通信电路故障；若电压为 0V，则多为通信电路的供电电路异常，应对供电部分检修。

室内机与室外机连接部分检修方法如图 22-6 所示。

（2）通信电路供电电压的检修方法

检测通信电路中室内机与室外机的连接部分正常时，若故障依然没有排除，则应进一步对通信电路的供电电压进行检测。

正常情况下，应能检测到 +24V 的供电电压，若该电压不正常，则需要对供电电路中的相关部件进行检测，如稳压二极管、限流电阻、整流二极管等；若电压值正常，则需要对通信电路中的关键部件进行检测。

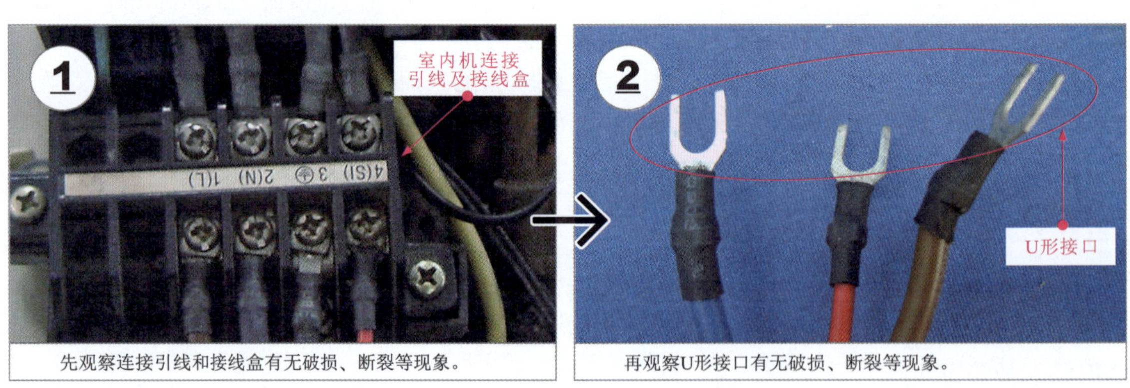

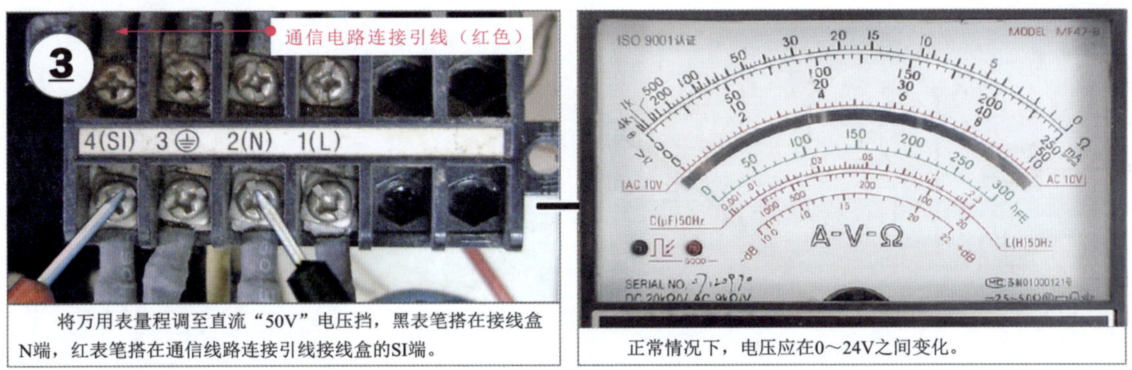

图22-6　室内机与室外机连接部分检修方法

通信电路供电电压的检修方法如图22-7所示。

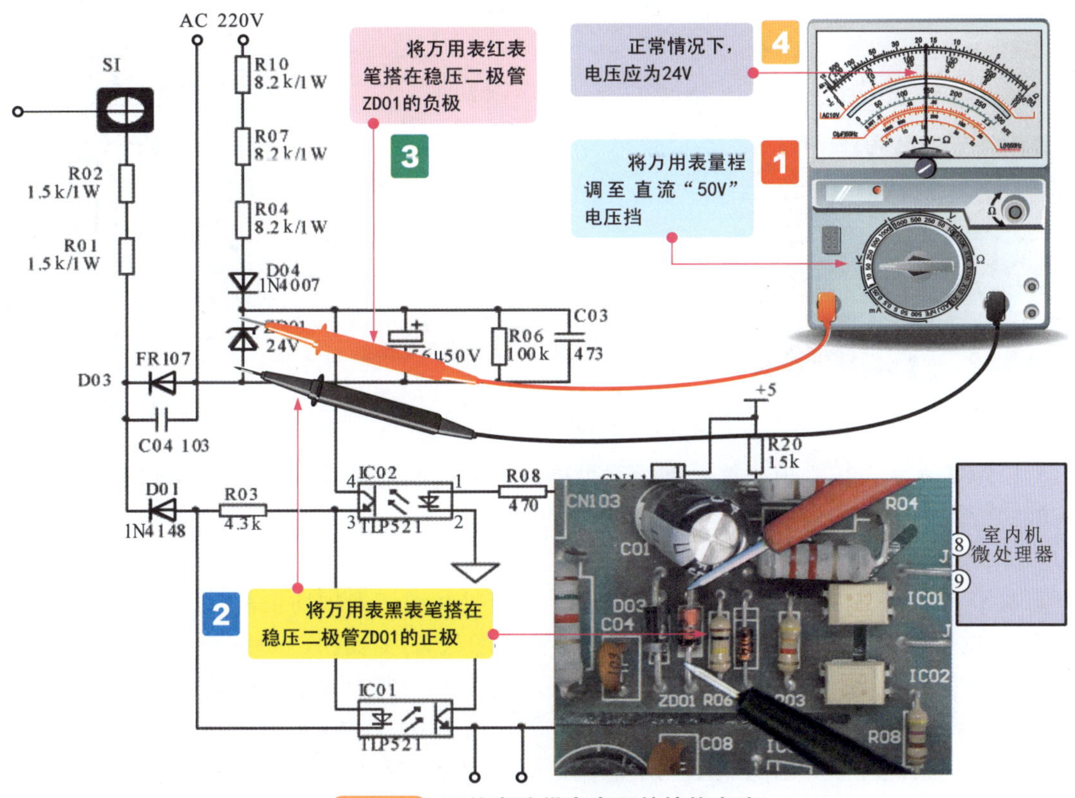

图22-7　通信电路供电电压的检修方法

若检测通信电路的供电电压异常，则应先对该电路中的稳压二极进行检测，对稳压二极管本身进行检测时，可检测其正反向阻值是否正常。

（3）通信光耦的检修方法

经检测通信电路的供电电压正常时，则需要对该电路中的关键部件——通信光耦进行检测。在通信电路中通信光耦共有四个，每个通信光耦的检测方法基本相同，下面我们以其中一个为例，介绍一下具体的检修方法。

如图22-8所示，首先检测输入端电压。若输入的电压值与输出的电压值变化正常，则表明通信光耦可以正常工作。

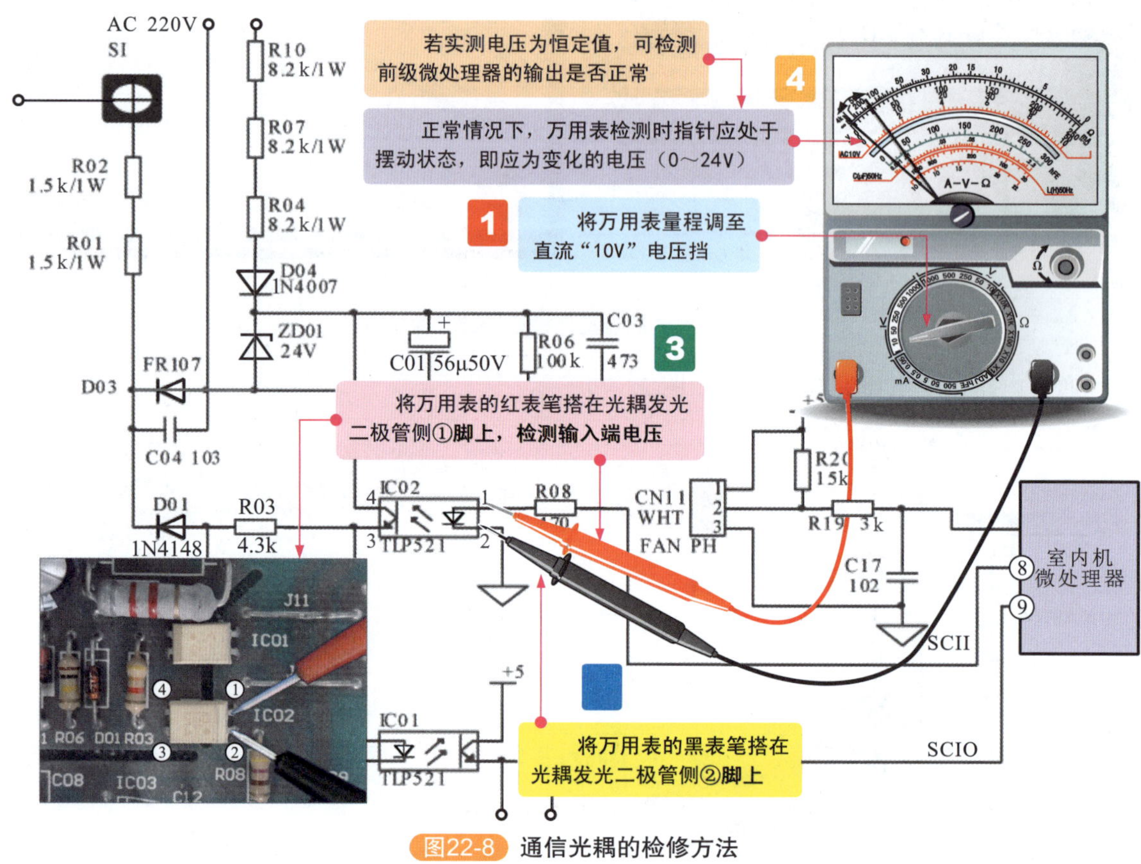

图22-8 通信光耦的检修方法

若检测输入的电压为恒定值，则应对微处理器输出的电压进行检测。正常情况下，输出端应能够检测到变化的电压。

（4）微处理器输入 / 输出状态的检修方法

若检测通信电路中室内外机的连接部分、供电以及通信光耦均正常时，变频空调器仍不能正常工作，则需要进一步对微处理器输入 / 输出的状态进行检修。

通常在室内机发送，室外机接收的状态下，使用万用表检测室内机微处理器的输出电压时万用表的指针应处于摆动状态，即应为变化的电压值（0 ～ 5V）。

若室内机微处理器输出的电压为恒定值，则表明室内机微处理器未输出脉冲信号，应对控制电路部分进行排查。

微处理器输入 / 输出状态的检修方法如图 22-9 所示。

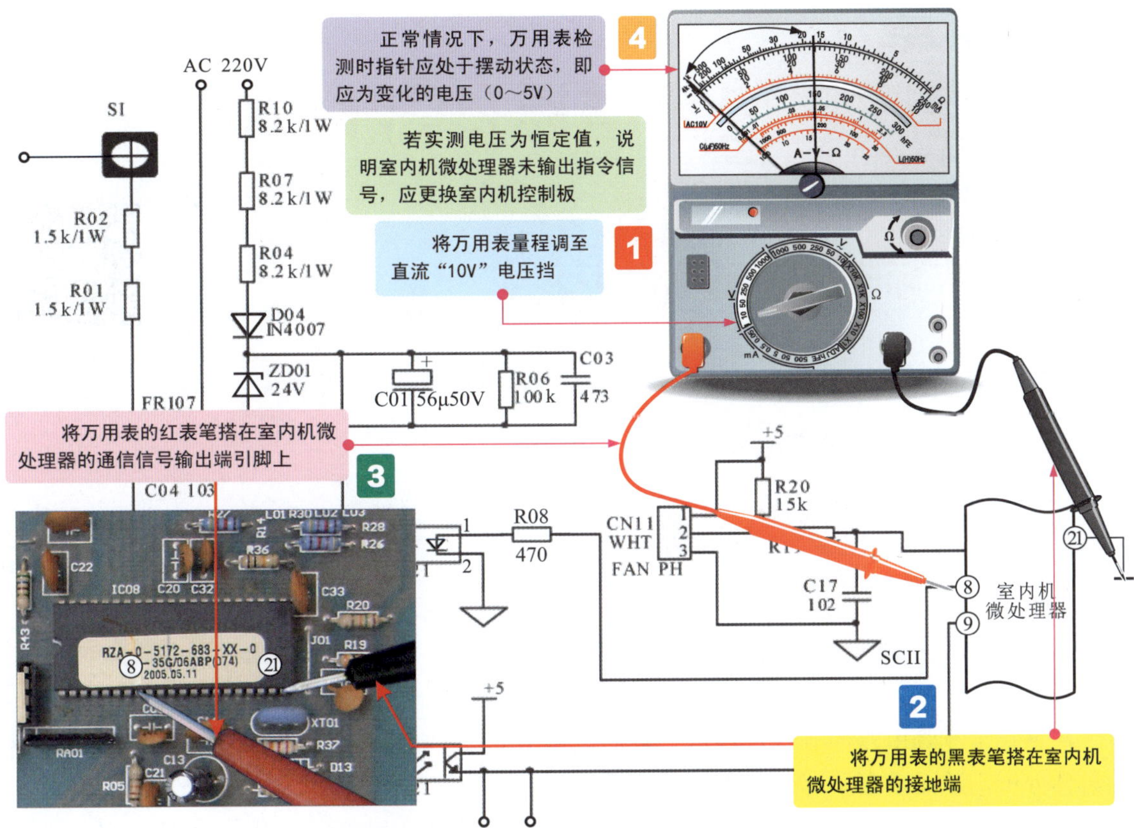

图22-9　微处理器输入/输出状态的检修方法

第 23 章 变频空调器变频电路的故障检修

23.1 变频电路的结构原理

为方便读者学习，提高效率，本节提供电子版，读者可扫码阅读以下内容。

23.1.1 变频电路的结构组成

23.1.2 变频电路的工作原理

23.2 变频电路的电路分析

在了解了变频电路的变频过程后，我们以典型变频空调器中的变频电路为例，进行电路的具体分析，从而清晰了解该电路的工作原理。

（1）LG FMU2460W3M 型变频空调器变频电路的基本工作过程和信号流程

图 23-1 为 LG FMU2460W3M 型变频空调器的变频电路。可以看到，该变频电路主要由光电耦合器、变频模块、变频压缩机等部分构成。

室外机电源电路为变频电路中智能功率模块和光电耦合器提供直流工作电压；室外机控制电路中的微处理器输出 PWM 驱动信号，经光电耦合器 IC01S ～ IC06S 转换为电信号后，分别送入智能功率模块对应引脚，经智能功率模块内部电路的逻辑处理和变换后，输出变频驱动信号加到变频压缩机三相绕组端，驱动变频压缩机工作。

（2）海信 KFR-50LW/27ZB 型变频空调器变频电路的基本工作过程和信号流程

图 23-2 为海信 KFR-50LW/27ZB 型变频空调器的室外机变频电路。可以看到，该电路主要是由逻辑控制芯片 IC11、变频模块 U1、晶体 Z1（8M）、过流检测电路（U2A、R32 ～ R40）等部分构成的。主要功能就是为变频压缩机提供驱动信号，用来调节变频压缩机的转速，实现变频空调器制冷剂的循环，完成热交换的功能。

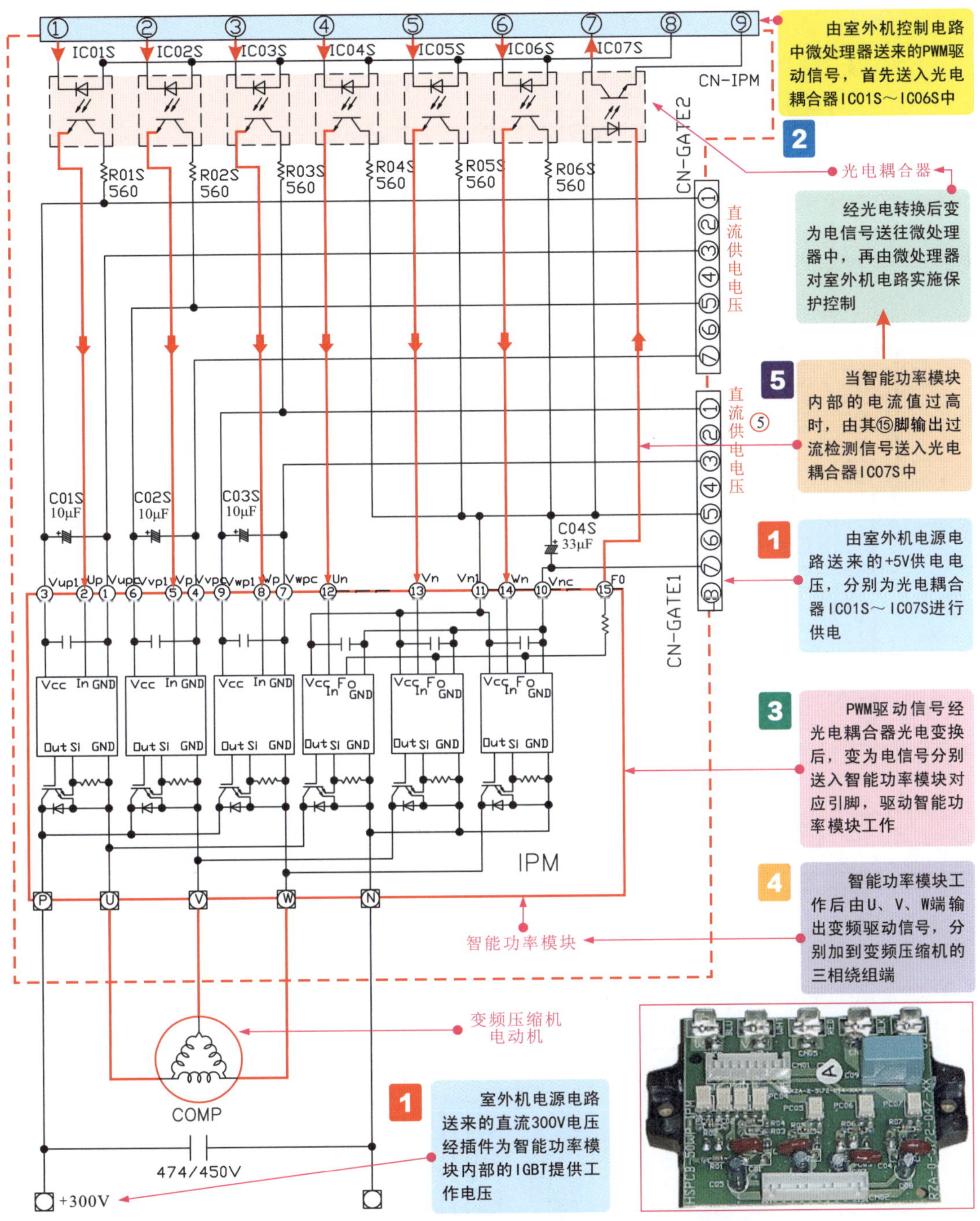

图23-1 LG FMU2460W3M型变频空调器的变频电路

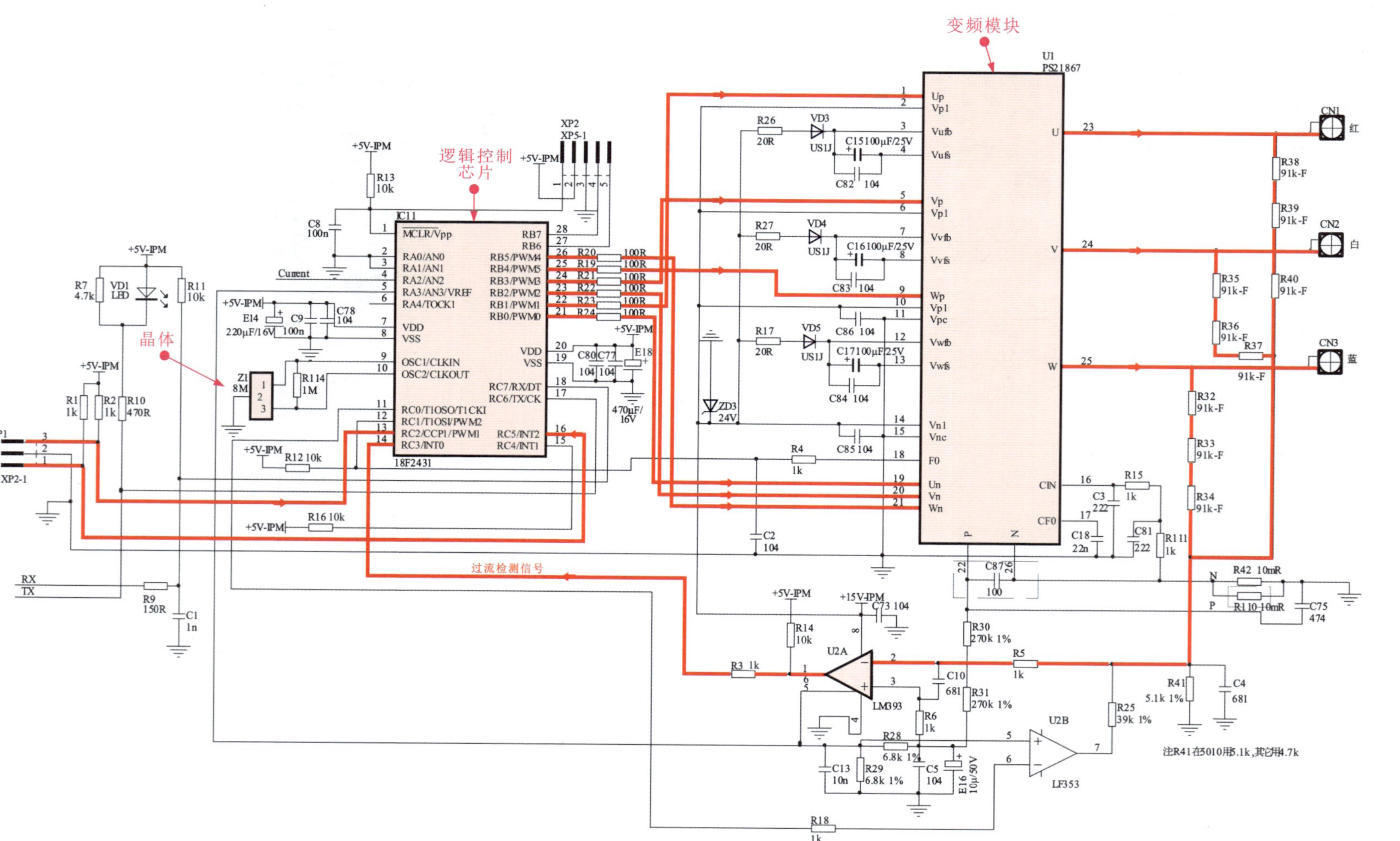

图23-2 海信KFR-50LW/27ZB型变频空调器的室外机变频电路

23.3　变频电路的故障检修

变频电路出现故障经常会引起变频空调器出现不制冷 / 制热、制冷或制热效果差、室内机出现故障代码、压缩机不工作等现象。

23.3.1　变频电路的检修分析

对变频电路进行检修，应首先采用观察法检查变频电路的主要元器件有无明显损坏或元器件脱焊、插口不良等现象，如出现上述情况则应立即更换或检修损坏的元器件。

在实际检修过程中，变频空调器出现故障后，大多情况下不能实现正常的通电开机，此时，对变频电路的检测即为对变频电路中各部件的检测，这是掌握变频电路检修技能的关键。

图 23-3 典型变频空调器变频电路的检修分析。

如图所示，变频电路中较易损坏的部件主要有智能功率模块、光电耦合器等，可重点监测。若检测变频电路中关键元器件正常，可尝试进行通电测试。即在通电状态下，根据变频电路的信号流程检测电路中的供电、输入输出的驱动信号等进行逐级排查。

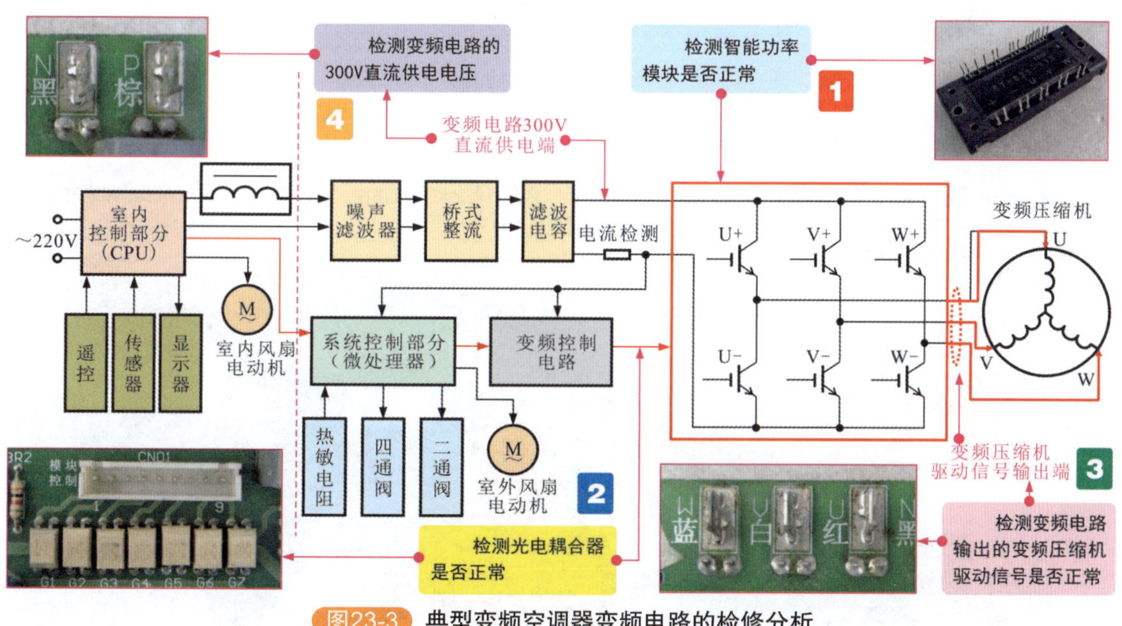

图23-3　典型变频空调器变频电路的检修分析

23.3.2　变频电路的检修方法

对变频空调器变频电路的检修，可按照前面的检修分析进行逐步检测，对损坏的元器件或部件进行更换，即可完成对变频电路的检修。

（1）智能功率模块的检测

确定智能功率模块是否损坏时，可根据智能功率模块内部的结构特性，使用万用表的二极管检测挡检测 P（+）端与 U、V、W 端，或 N（+）端与 U、V、W 端，或 P 端与 N 端之间的正反向导通特性，若符合正向导通、反向截止的特性，则说明智能功率模块正常，否则说明智能功率模块损坏，如图 23-4 所示。

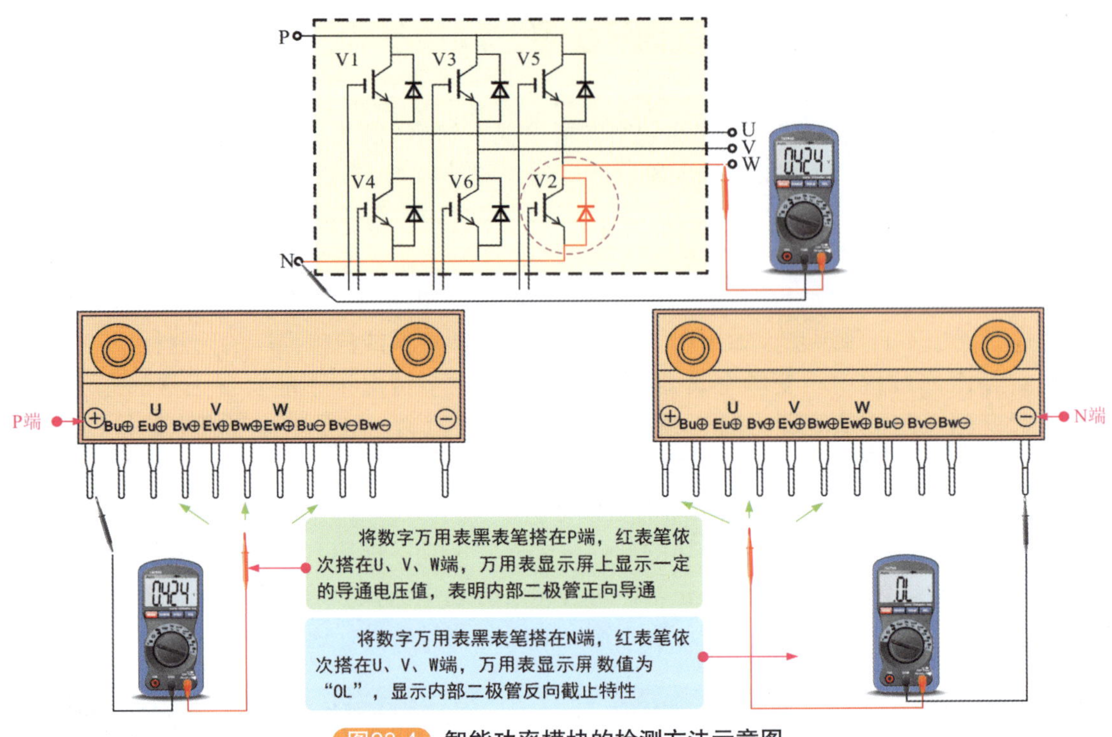

图23-4 智能功率模块的检测方法示意图

图 23-5 为 STK621-410 型智能功率模块的检测方法。

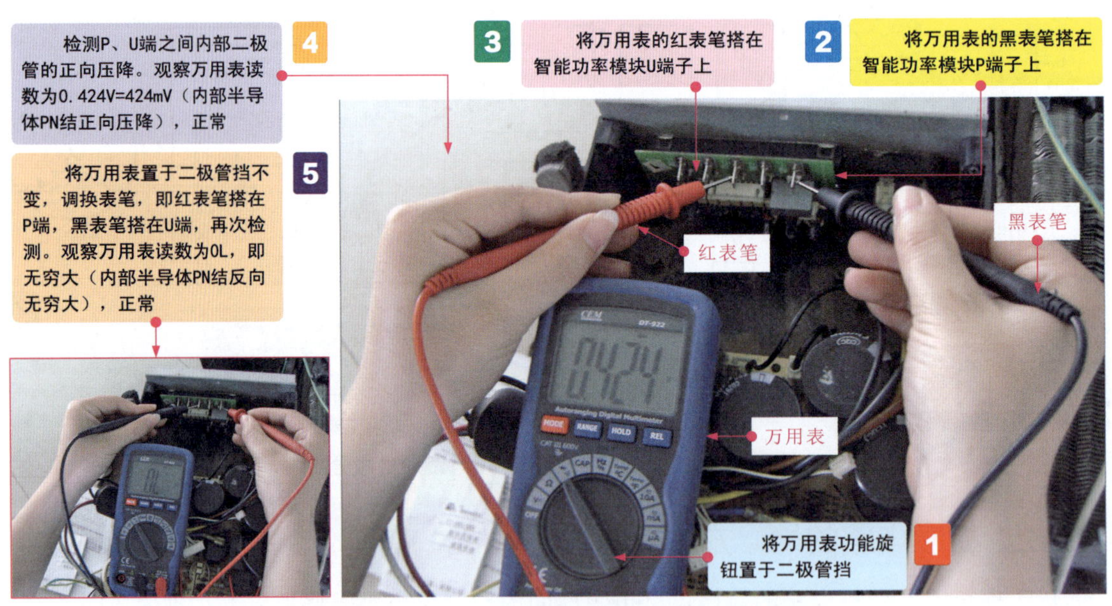

图23-5 STK621-410型智能功率模块的检测方法

智能功率模块其他引脚之间也需要采用图 23-5 所示方法进行逐一检测。

① 将黑表笔搭在 P 端子上，红表笔搭在 U 端子上，智能功率模块 P 端与 U 端之间正向测量结果为 424mV。

② 将黑表笔搭在 P 端子上，红表笔搭在 V 端子上，智能功率模块 P 端与 V 端之间正向测量结果为 424mV。

③ 将黑表笔搭在 P 端子上，红表笔搭在 W 端子上，智能功率模块 P 端与 W 端之间正向测量结果为 423mV。

④ 将红表笔搭在 P 端子上，黑表笔搭在 U 端子上，智能功率模块 P 端与 U 端之间反向测量结果为无穷大。

⑤ 将红表笔搭在 P 端子上，黑表笔搭在 V 端子上，智能功率模块 P 端与 V 端之间反向测量结果为无穷大。

⑥ 将红表笔搭在 P 端子上，黑表笔搭在 W 端子上，智能功率模块 P 端与 W 端之间反向测量结果为无穷大。

⑦ 将黑表笔搭在 N 端子上，红表笔搭在 U 端子上，智能功率模块 N 端与 U 端之间反向测量结果为无穷大。

⑧ 将黑表笔搭在 N 端子上，红表笔搭在 V 端子上，智能功率模块 N 端与 V 端之间反向测量结果为无穷大。

⑨ 将黑表笔搭在 N 端子上，红表笔搭在 W 端子上，智能功率模块 N 端与 W 端之间反向测量结果为无穷大。

⑩ 将红表笔搭在 N 端子上，黑表笔搭在 U 端子上，智能功率模块 N 端与 U 端之间正向测量结果为 421mV。

⑪ 将红表笔搭在 N 端子上，黑表笔搭在 V 端子上，智能功率模块 N 端与 V 端之间正向测量结果为 422mV。

⑫ 将红表笔搭在 N 端子上，黑表笔搭在 W 端子上，智能功率模块 N 端与 W 端之间正向测量结果为 425mV。

⑬ 将红表笔搭在 N 端子上，黑表笔搭在 P 端子上，智能功率模块 P 端与 N 端之间正向测量结果为 765mV。

⑭ 将黑表笔搭在 N 端子上，红表笔搭在 P 端子上。智能功率模块 P 端与 N 端之间反向测量结果为无穷大。

任何一个数值异常，都表明智能功能模块内部可能存在故障。

（2）光电耦合器的检测

光电耦合器是用于驱动智能功率模块的控制信号输入电路，损坏后会导致来自室外机控制电路中的 PWM 信号无法送至智能功率模块的输入端。

若经上述检测室外机控制电路送来的 PWM 驱动信号正常，供电电压也正常，而变频电路无输出，则应对光电耦合器进行检测。

图 23-6 为光电耦合器的检测方法。

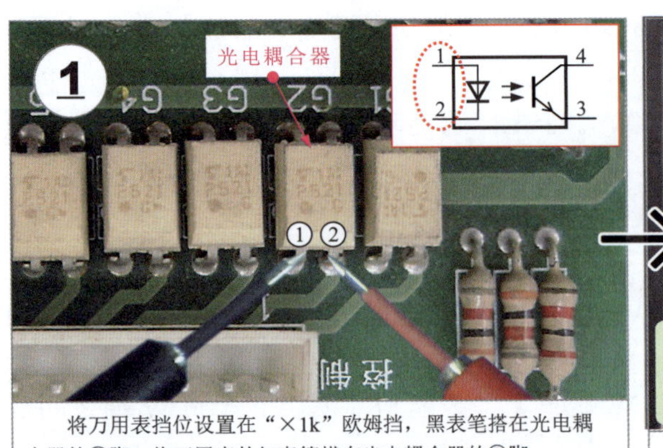

将万用表挡位设置在“×1k”欧姆挡，黑表笔搭在光电耦合器的①脚，将万用表的红表笔搭在光电耦合器的②脚。

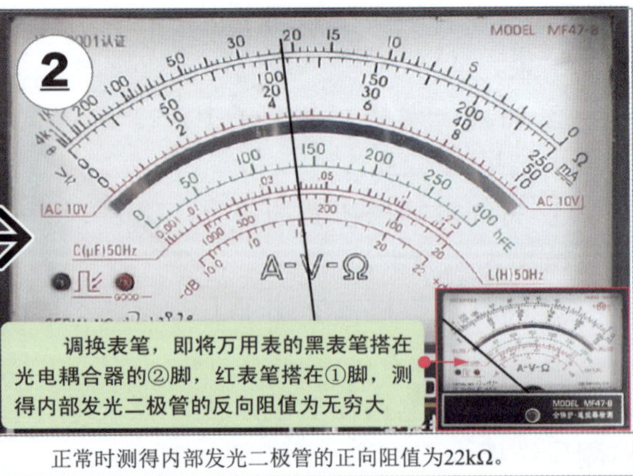

正常时测得内部发光二极管的正向阻值为22kΩ。

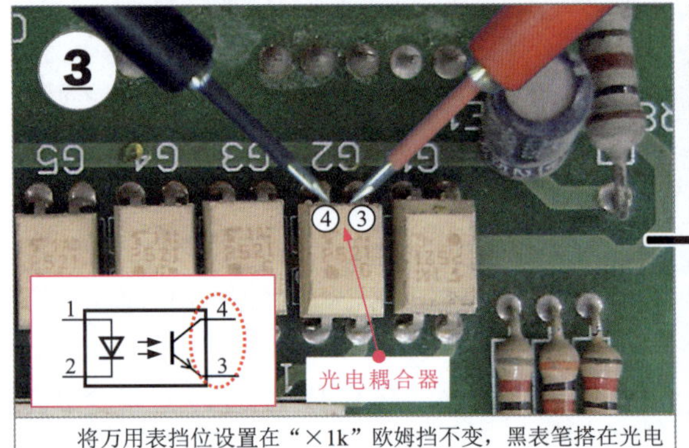

将万用表挡位设置在“×1k”欧姆挡不变，黑表笔搭在光电耦合器的④脚，红表笔搭在光电耦合器的③脚。

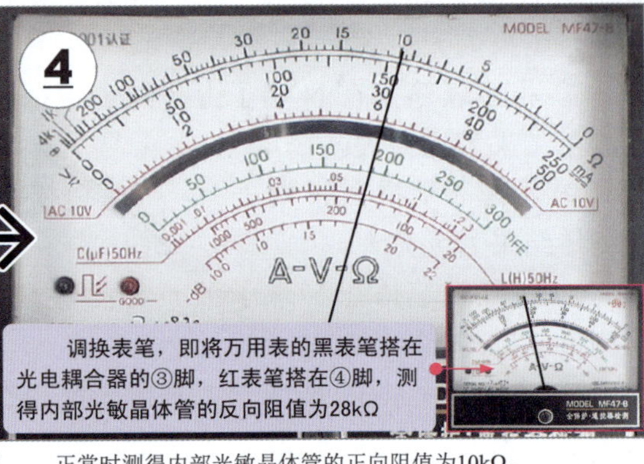

正常时测得内部光敏晶体管的正向阻值为10kΩ。

图23-6 光电耦合器的检测方法

(3) 变频电路中信号的检测

对变频电路中信号进行检测，要求待测变频空调器能够接入电源，且不会进入待机保护状态。检测时操作遥控器，将空调器置于制冷或制热模式中，为变频电路工作提供基本的控制前提。接下来，参照检修分析，分别对变频压缩机驱动信号、变频电路 +300V 供电电压、变频电路 PWM 驱动信号进行检测。

① 变频压缩机驱动信号的检测

通电检测变频电路时，应首先对变频电路（智能功率模块）输出的变频压缩机驱动信号进行检测，若变频压缩机驱动信号正常，则说明变频电路正常；若变频压缩机驱动信号不正常，则需对电源电路板和控制电路板送来的供电电压和压缩机驱动信号进行检测。

图 23-7 为变频压缩机驱动信号的检测方法。

在上述检测过程中，对变频压缩机驱动信号进行检测时，使用了示波器进行测试，若不具备该检测条件时，也可以用万用表测电压的方法进行检测和判断，如图 23-8 所示。

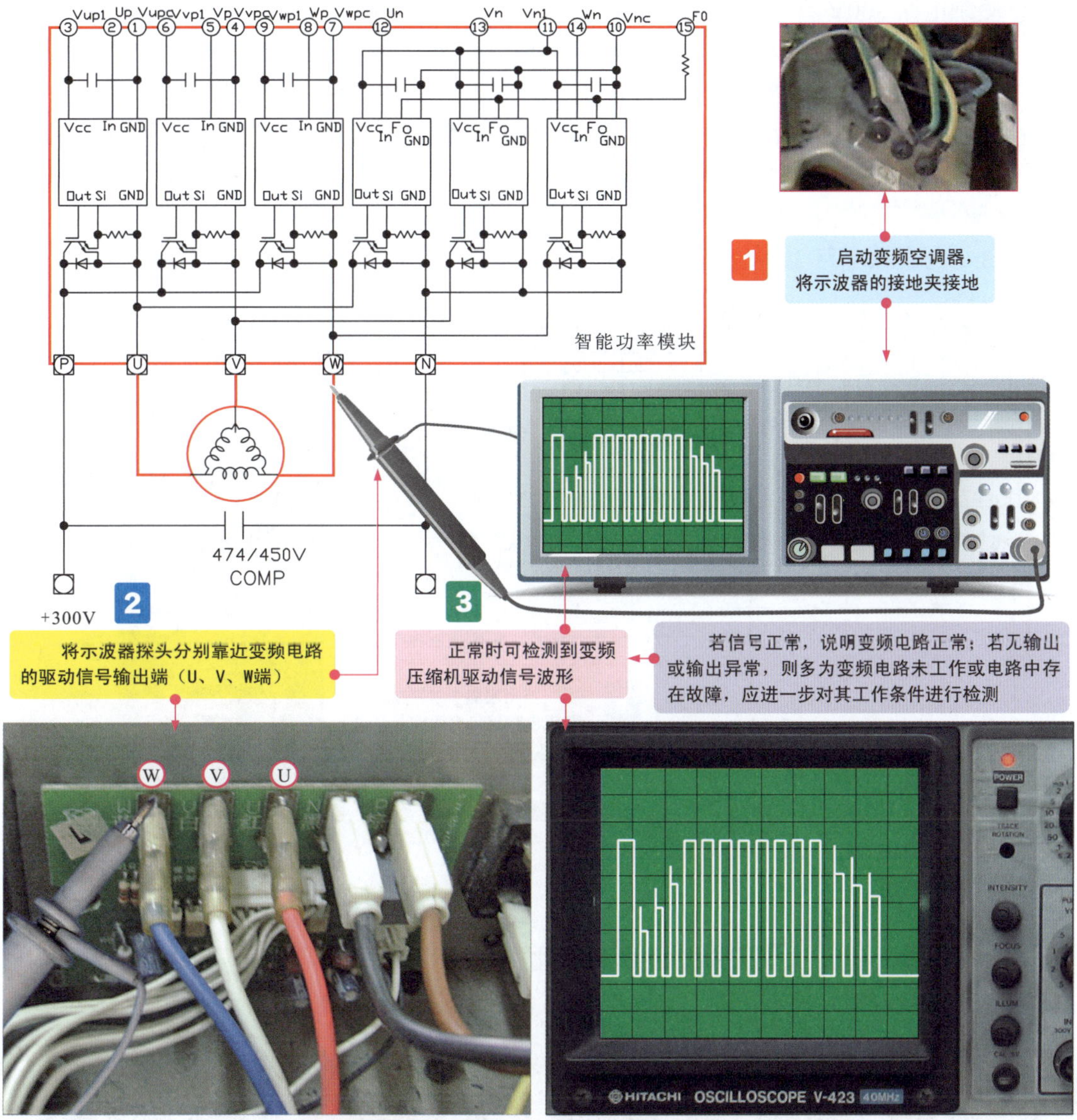

Vup1 Up Vupc Vvp1 Vp Vvpc Vwp1 Wp Vwpc Un Vn Vn1 Wn Vnc FO

智能功率模块

P U V W N

474/450V COMP

+300V

1 启动变频空调器，将示波器的接地夹接地

2 将示波器探头分别靠近变频电路的驱动信号输出端（U、V、W端）

3 正常时可检测到变频压缩机驱动信号波形

若信号正常，说明变频电路正常；若无输出或输出异常，则多为变频电路未工作或电路中存在故障，应进一步对其工作条件进行检测

W V U

HITACHI OSCILLOSCOPE V-423 40MHz

图23-7　变频压缩机驱动信号的检测方法

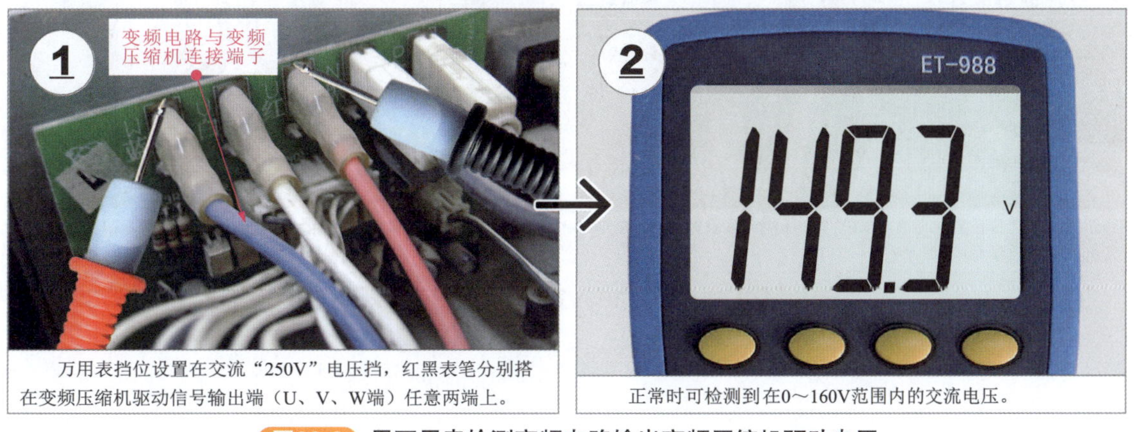

万用表挡位设置在交流“250V”电压挡，红黑表笔分别搭在变频压缩机驱动信号输出端（U、V、W端）任意两端上。

正常时可检测到在0～160V范围内的交流电压。

图23-8　用万用表检测变频电路输出变频压缩机驱动电压

② 变频电路 300V 直流供电电压的检测

变频电路的工作条件有两种，即供电电压和 PWM 驱动信号，若变频电路无驱动信号输出，在判断是否为变频电路的故障时，应首先对这两个工作条件进行检测。

检测时应先对变频电路（智能功率模块）的 300 V 直流供电电压进行检测，若 300 V 直流供电电压正常，则说明电源供电电路正常，若供电电压不正常，则需继续对另一个工作条件 PWM 驱动信号进行检测。

图 23-9 为变频电路 300V 直流供电电压的检测方法。

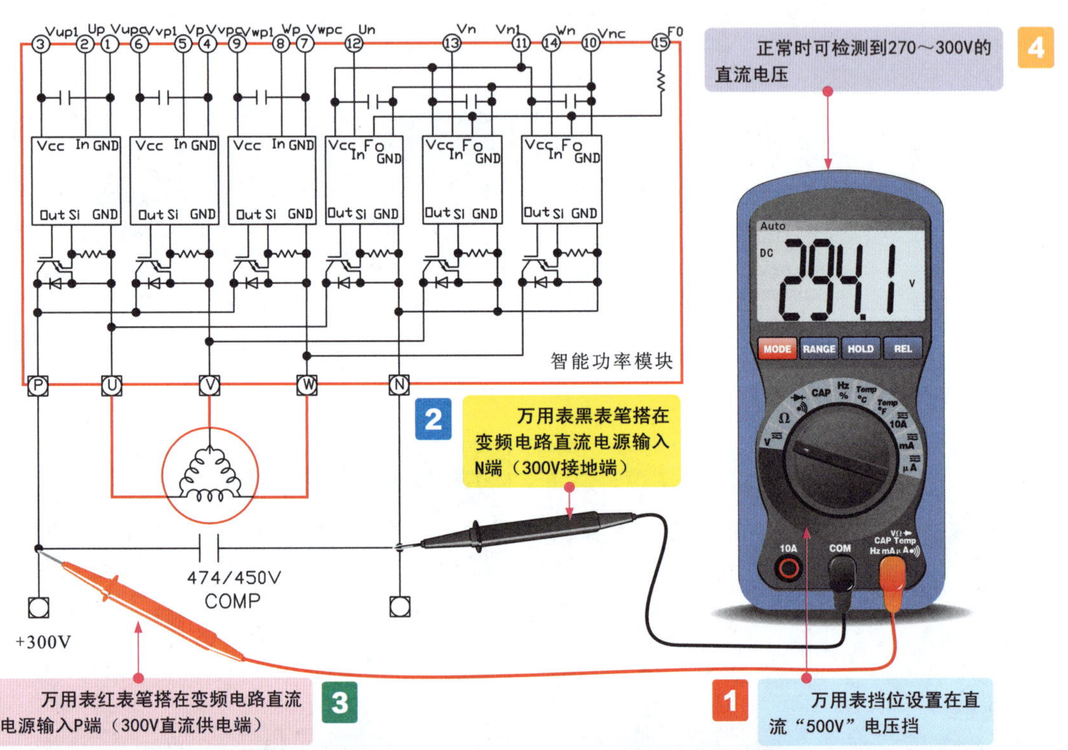

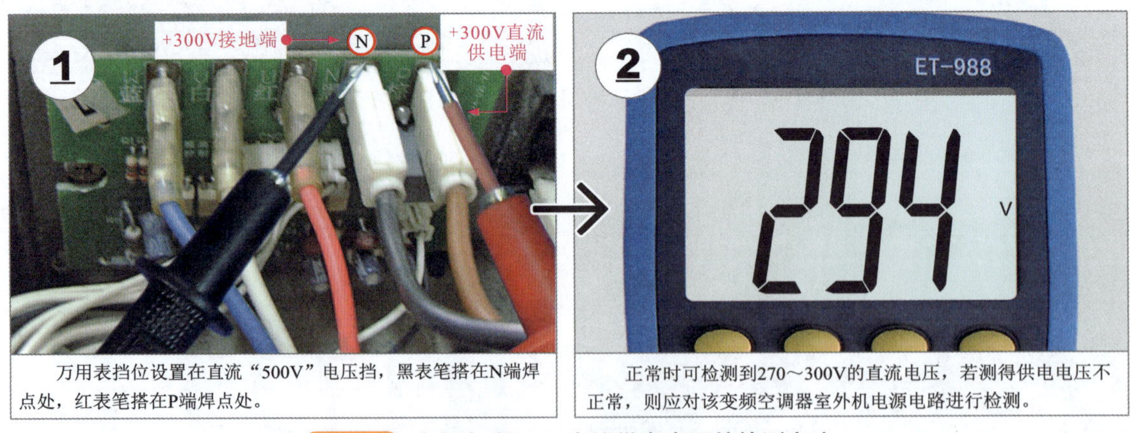

万用表挡位设置在直流“500V”电压挡，黑表笔搭在N端焊点处，红表笔搭在P端焊点处。

正常时可检测到270～300V的直流电压，若测得供电电压不正常，则应对该变频空调器室外机电源电路进行检测。

图23-9 变频电路300V直流供电电压的检测方法

③ 变频电路 PWM 驱动信号的检测

若经检测变频电路的供电电压正常，接下来需对控制电路板送来的 PWM 驱动信号进行检测，若 PWM 驱动信号也正常，而变频电路无输出，则多为变频电路故障，应重点对光电耦合器和智能功率模块进行检测；若 PWM 驱动信号不正常，则需对控制电路进行检测。

图 23-10 为变频电路 PWM 驱动信号的检测方法。

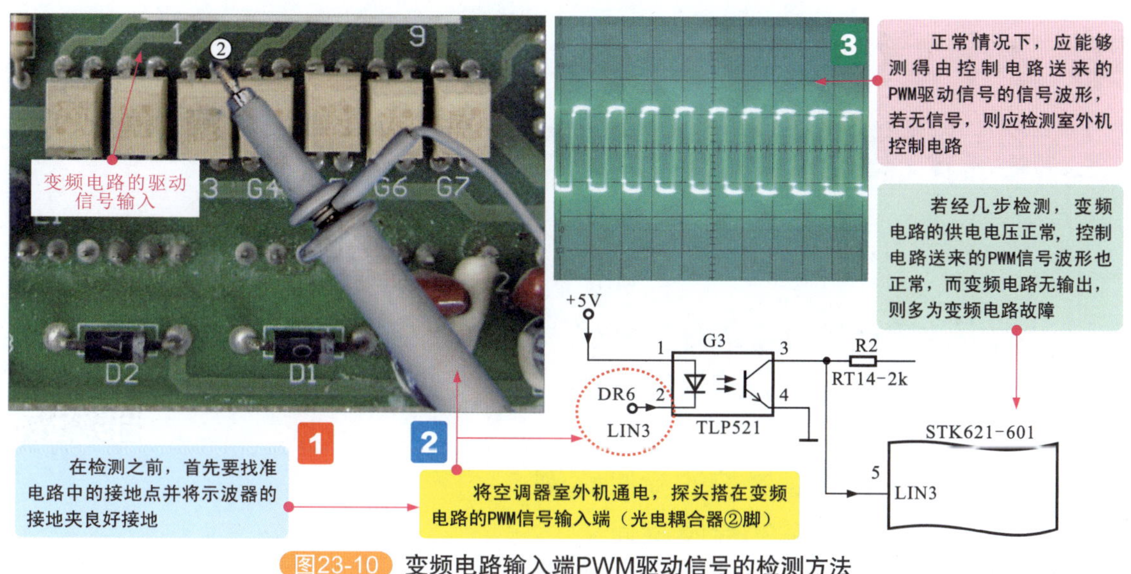

图23-10　变频电路输入端PWM驱动信号的检测方法

第 24 章 空调器常见故障综合检修案例

为方便读者学习，提高效率，本章提供电子版，读者可扫码阅读以下内容。